工业设计系列教程

ERGONOMICS AND ITS APPLICATION

人机工程学与应用

徐 涵 刘俊杰 陈 炜 编著

辽宁美术出版社

图书在版编目（ＣＩＰ）数据

人机工程学与应用／徐涵等编著． —— 沈阳：辽宁
美术出版社，2014.5
工业设计系列教程
ISBN 978-7-5314-6098-5

Ⅰ．①人…　Ⅱ．①徐…　Ⅲ．①人-机系统-教材
Ⅳ．①TP18

中国版本图书馆CIP数据核字(2014)第090160号

出　版　者：辽宁美术出版社
地　　　址：沈阳市和平区民族北街29号　邮编：110001
发　行　者：辽宁美术出版社
印　刷　者：沈阳市鑫四方印刷包装有限公司
开　　　本：889mm×1194mm　1/16
印　　　张：8
字　　　数：230千字
出版时间：2014年5月第1版
印刷时间：2014年5月第1次印刷
责任编辑：李　彤　杨玉燕
封面设计：范文南　洪小冬
版式设计：杨玉燕
技术编辑：鲁　浪
责任校对：李　昂
ISBN 978-7-5314-6098-5
定　　　价：45.00元

邮购部电话：024-83833008
E-mail:lnmscbs@163.com
http://www.lnmscbs.com
图书如有印装质量问题请与出版部联系调换
出版部电话：024-23835227

前 言
PREFACE

　　我国高等艺术院校的发展已经走过了五十余年的风风雨雨。几十年来，我们在遵循以现实主义为主要导向的教学思路上，结合本民族的优良文化传统，不断进行着艰辛的探索和不懈的努力，为社会培养了大量的优秀艺术人才。尤其是近些年来，我国的美术教育呈现出前所未有的良好发展态势，《21世纪中国高等教育教学改革系列教材》的编辑与出版也正是对这种发展态势的积极回应，同时也是传统美术教育的经验总结及对新时期下美术教学改革所做出的努力尝试。

　　传统的美术教育侧重对学生基本能力的培养，侧重于艺术技巧的磨炼，这无疑是合理的。但在当代艺术发展的新语境之下，我们的某些教学理念及教学内容正面临着挑战。现代主义艺术运动对传统艺术观念的挑战是巨大的，它深刻地影响着人们既有的思维方式和行为模式。面对急速变化的艺术世界，如何把美术教育纳入到作为完整文化形态的"大美术"背景中，我们的教学改革就显得尤为迫切了。实际上，作为视觉艺术教育，培养学生的价值判断能力，立足视觉感知经验的文化追溯和思考，应该成为当代语境下美术教育的基本立足点。

　　"一旦我们认识到创造性思维在任何一个认识领域都是知觉思维，艺术在普通教育的中心地位便变得十分明显了。"（鲁道夫·阿恩海姆《视觉思维》）美术教育是人类社会中一种极为重要的文化活动，它是直接指向创造性思维的。本系列教材编写的指导思想在于拓宽基本功教学的传统思路，使美术教育中的技能活动转入到更深层次的思维活动中，写作上既能体现传统教育的宝贵经验，又能对当代艺术发展中的新问题为学生提供富有价值的理论引导；注重对教学方法、教学理念的研究，力求建构完善的学科教育体系。可以说，这套系列教材也是我们近几年来教学研究的理论总结。参与这套教材编写的各位教师长期工作在教学第一线，是教学活动的身体力行者，他们的教育活动和艺术实践构成了本教材的写作灵魂。

　　我们希望这套教材的出版能得到社会各界人士的批评意见，这也就达到了我们抛砖引玉的目的，毕竟，教学改革的工作需要我们所有关心艺术事业的人来共同完成。

　　感谢辽宁美术出版社的大力支持，没有他们，这套教材的面世是不可想象的。

万国华

目 录
CONTENTS

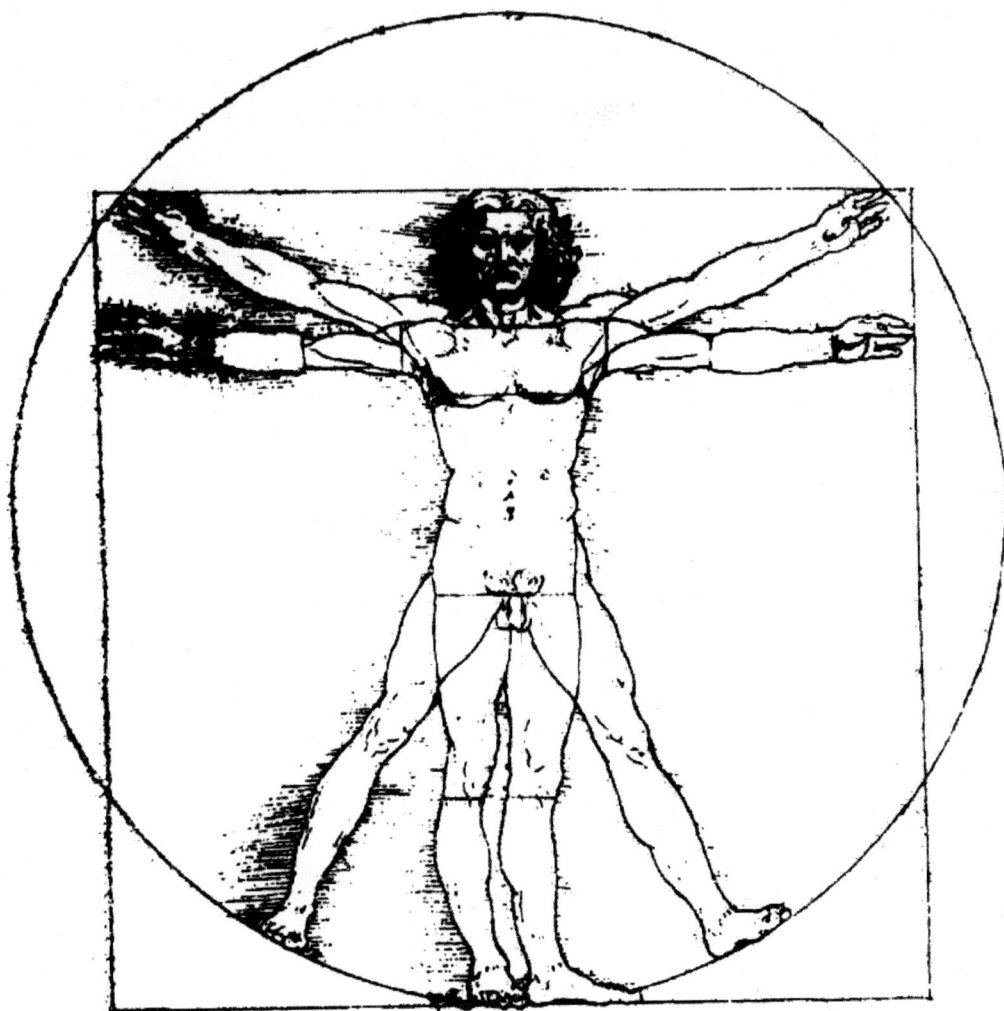

第**1**章

概 论

本章要点
- 人机工程学的形成与发展
- 人机工程学的基本概念与研究范围
- 人机工程学的学科特性与相关学科

在涉足人机工程学之前，我们可能对这门学科的部分内容有一些经验性的接触，比如说凳子的高度一般为400mm、床长为2000mm、桌子高750mm等，这些尺度是如何确定的呢?它与我们的日常生活和工作环境又存在哪些关联?这将是本书要讨论和研究的问题。

日常生活与工作环境中人机工程学应用巡视。

例1：大沙发豪华气派，配备活动靠垫更显人性化；

例2：升级换代产品——学生双肩背书包取代挎式书包，有利于学生健康成长（图1）；

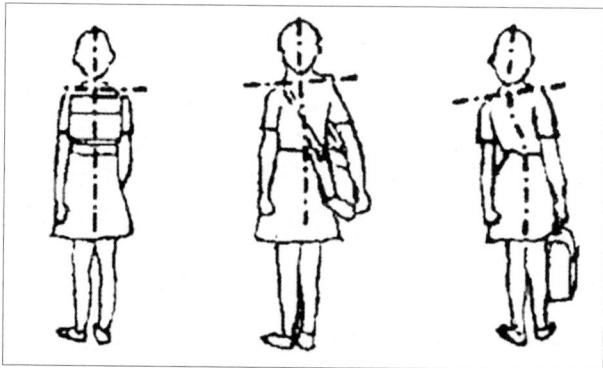

图1

例3："叫壶"的出现，改善了传递信息的"人机界面"，也增加了安全系数；

例4：2003年SARS肆虐流行期间，北京市应时推出了具有防疫功能的"带耳朵的垃圾箱"；

例5：工厂装配车间的生产线上用弹性绳索悬挂着螺丝刀，使工人操作使用既省力又方便；

例6：住宅客厅入口设置玄关，用来强化私密性的心理需求；

例7：步行街盲道的增设凸显了人文的关怀；

例8：城市通过广场建设来分解人流，以扩充人们的活动空间。

作为一名设计师，我们不应满足知道是怎样，更加重要的是要知道为什么要这样，要做到"知其然而且知其所以然"。人机工程学就是这么一种学科。它的宗旨是以行为者达到舒适、安全、高效（经济）为目的，研究并优化人机系统的科学。人机工程学为设计提供了人机关系方面的理论依据和研究准则，是设计师必须掌握的基础学科之一。

第一节 人机工程学的形成与发展

人机工程学的形成与发展可以概括为经验期、创建期、发展成熟期三个阶段。

一、经验期——对劳动工效的苛刻追求与人机工程学的孕育

从广义上说，自有人类以来，就开始存在着一种人机关系。当然，最早是一种最原始，也是最简单的"人机关系"。"工欲善其事，必先利其器"，此道理早就被我们的祖先所认识。在古代虽然没有系统的人机学研究方法，但人类所创造的各种器具，从形状的发展变化来看，是符合人机工程学原理的：旧石器时代所创造的石刀、石斧等狩猎工具，大部分是直线形状；到了新石器时代，人类所创造的锄头、铲刀以及石磨等工具的形状，就逐步变得更适合人使用了；青铜器时代以后，人类新创造的工具更是大大向前发展了。这些工具由于人的使用和改进，由简单到复杂逐步科学化。

工业革命以后，以新能源、新技术为基础的大机器生产方式，在实现了前所未有的高效率的同时，也产生了比过去复杂得多的人机关系。机器的发明家和设计者忙于改善机器的性能以进一步提高效率，至于与操作者体能之间的矛盾则根本不在考虑之列。为了能够跟上机器的节奏，操作者必需拼命工作。机器成了生产的主宰，而操作者成了附庸。随之带来的是，工人劳动强度增加，工伤事故率上升，社会矛盾日益尖锐化。卓别林在影片《摩登时代》中，对大工业生产中的非人道因素进行了辛辣的揭露与讽刺。

在这种情况下，欧美一些学者和研究机构以降低劳动强度、减少事故、提高劳动生产率为目的，对人在劳动过程中的生理和心理问题等方面进行了研究。英国在一次大战期间成立了工业疲劳研究所，研究防止疲劳、提高工效的途径。当时这方面研究比较有影响的是泰勒和吉尔布雷斯夫妇。

1.铁锹作业试验

1898年，泰勒在伯利恒钢铁厂对铁锹铲煤作业进行了研究。他用5kg、10kg、17kg和20kg四种装煤量的铁锹进行试验，发现用10kg铁锹作业效率最高。这就是著名的"铁锹作业试验"。

2.砌砖作业试验

1911年，吉尔布雷斯用新发明的高速摄影机拍摄砌砖工的动作过程，经动作分析，把砌砖动作由17个减至四五个，使作业效率提高了一倍多。这一被称作"砌砖作业试验"的研究开创了"动作与时间研究"的先河。

泰勒和吉尔布雷斯的这些重要试验影响很大，而且成为后来人机工程学的重要分支，即所谓"时间与动作的研究"的主要内容。特别是泰勒的研究成果，在20世纪初成了美国和欧洲一些国家为了提高劳动生产率而推行的"泰勒制"。

这一时期一直持续到第二次世界大战之前，主要研究内容是：研究每一职业的要求；利用测试来选择工人和安排工作；挖掘利用人力的最好办法；制订培训方案，使人力得到最有效的发挥；研究最优良的工作条件；研究最好的组织管理形式；研究工作动机，促进工人和管理者之间的通力合作。

因参加研究的人员大都是心理学家，研究偏向心理学方向，因而许多人把这一阶段的人机工程学称为"应用实验心理学"。学科发展主要特点是：机械设计的主要着眼点在于力学、电学、热力学等工程技术方面的优选上；在人机关系上是以选择和培训操作为主，使人适应于机器。

二、创建期——二战中尖锐的军械问题与人机工程学的诞生

人机工程学正式建立的时间是二战期间，当时各国为了取得战争胜利，投入了大量威力强大的高性能武器，期望以技术的优势来决定战争的胜利。然而由于过分地注重武器的性能和威力，忽略了使用者的能力与极限，出现了飞机驾驶员误读仪表而意外失事(因仪表数量太多，据统计，二战中的美国飞机事故80%是由于人机工程方面的原因引起的)，或由于操作复杂、不灵活和不符合人的生理尺寸而造成战斗命中率低等现象经常发生（如德军板机孔在带手套后伸不进去，当进攻寒冷的苏联时造成了很大不便）。

战争事故引起了决策者和设计者的重视，他们逐步认识到设计任何机器不能仅着眼于机械和设施本身，同时要充分了解人使用时的方便与否，以使人能安全、自由、正确地使用。为了争取战争的胜利，各主要武器生产国集合行为学家、心理学家、生理学家和医生、工程师，开始对武器设计中的人机问题进行研究，因而促成了一门新的学科——人机工程学。

在这一发展阶段中，人机工程学的研究课题已超出了心理学的研究范畴，使许多生理学家、工程技术专家投身到该学科中来共同研究。人机工程学在这一阶段的发展特点是：重视工业与工程设计中"人的因素"，力求使机器适应于人。

三、发展和成熟期——向民用领域的延伸

二战后，专家们开始将人机工程的研究成果广泛应用到产业界(主要有家具、电器、室内设计、医疗器械、汽车与民航客机、飞船宇航员生活舱、计算机设备与软件、生产设备与工具、事故与灾害分析、消费者伤害的诉讼分析等)，以追求人与机械间的合理化，使人体工程学得到了空前的发展。过去是先设计机械，后训练人来操作；现今是先了解人，后根据人来设计使用器具。

1957年，美国人麦克考米克著《人类工程学》是第一部人机工程学方面的权威著作，它标志着这一学科进入了成熟阶段。这期间全球各地的人机工程学组织相应建立。

1949年英国成立人机工程学研究会；
1953年联邦德国成立人机工程学学会；
1957年美国成立人的因素协会；
1960年人机工程学科在全球普遍发展；
1960年成立国际人机工程学协会；
1963年日本成立人间工学学会；
1989年中国成立中国人类工效学学会；
1991年中国加入国际人类工效学学会。

现代人机工程学发展有三个特点：

1.着眼于机械装备的设计，使机器的操作不超越人类能力界限。

2.密切与实际相结合，尽可能用人机工程学原理进行具体的机械装备设计。

3.力求使实验心理学、生理学、功能解剖学等学科的专家与物理学、数学、工程学方面的研究人员共同努力，密切合作。

现代人机工程学研究的方向是：把人—机—环境系统作为一个统一的整体来研究，以创造最适合于人工作的机械设备和作业环境，使人—机—环境系统相协调，从而获得系统的最高综合效能：高效、安全、经济。

第二节　人机工程学的基本概念与研究范围

一、人机工程学的学科命名与学科定义

人机工程学是20世纪40年代后期跨越不同学科和领域，应用多种学科的原理、方法和数据发展起来的一门新兴的边缘学科。由于它的学科内容的综合性、涉及范围的广泛性以及学科侧重点的不同，学科的命名具有多样化的特点。例如：在欧洲多称为工效学(Ergonomics)；在美国多称为人类因素学(Human Factors Engineering)、人类工程学(Human Engineering)；在日本称为人间工学，等等。在我国所用的名称有人机工程学、工效学、人机学、人体工程学等。

与该学科的命名一样，对本学科所下的定义也不统一，而且随着学科的发展，其定义也在不断发生变化。

著名的美国人机工程学专家W.E.伍德森(W.E.Woodson)认为：人机工程学研究的是人与机器相互关系的合理方案，亦即对人的知觉显示、操纵控制、人机系统的设计及其布置和作业系统的组合等进行有效的研究，其目的在于获得最高的效率和作业时感到安全和舒适。

国际人机工程学会(简称IEA)的定义为：人机工程学是研究人在某种工作环境中的解剖学、生理学和心理学等方面的因素，研究人和机器及环境的相互作用，研究在工作、生活和休假时怎样统一考虑工作效率、健康、安全和舒适等问题的学科。

国际人机工程学会的定义中第一句话指出了人机学的研究对象是工作环境中的解剖学、生理学、心理学等方面的因素。第二句话指出了人机学的研究内容是人机环境的最佳匹配、人机环境系统的优化。第三句话指出了人机学的研究目的是设计一切器物都要考虑人们生活、工作的安全、舒适、高效。要注意的是人机工程学要求的"安全、舒适、高效"是重要的，但也要受其他条件

的约束、其他目标的制衡，不是唯一的，也未必总是优先的。实际设计中，应该是在限定条件下提高安全、舒适、高效的程度(如火车卧铺改为二层后虽舒适但成本大大提高)。

我国1979年出版的《辞海》中对人机工程学所下的定义为：人机工程学是一门新兴的边缘学科。它是运用人体测量学、生理学、心理学和生物力学以及工程学等学科的研究方法和手段，综合地进行人体结构、功能、心理以及力学等问题研究的学科。用以设计使操作者能发挥最大效能的机械、仪器和控制装置，并研究控制台各个仪表的最适当位置。

目前国内学者通常认为：人机工程学是研究"人—机—环境"系统中人、机、环境三大要素之间的关系，为解决该系统中人的效能、健康问题提供理论与方法的科学。

从上述概念和定义看出，尽管名称表述及内涵不尽相同，但人机工程学所研究的对象、方法、理论体系的方向却是一致的，基本涵盖了人机系统、人机界面、人机合理分工等几个方面。

二、人机工程学的基本概念

1.人机系统

系统是指为了达到一定目标，由相互依赖、起互动作用的若干部分所组成的一个整体。虽然总体的高效能一般依赖于各子系统的优良效能，但更依赖于各子系统之间的协调关系。离开互相协调、在互动中有效发挥作用的前提，子系统的"独善其身"对整个系统并无价值，在系统设计中是不适宜的。

而人机系统则是指人与他所面对的物共处于同一时间及空间所构成的系统，它由三个子系统组成（图2）。

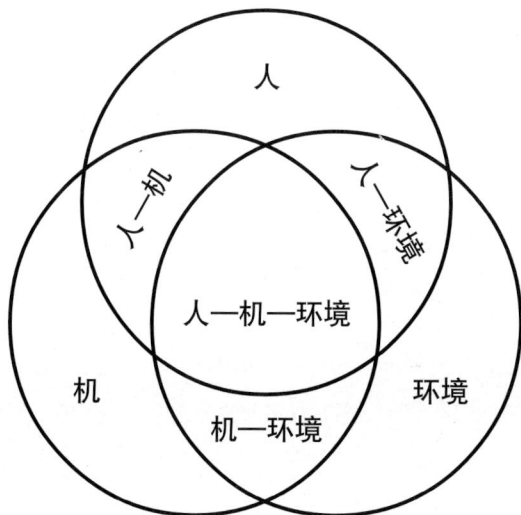

图2

(1) 人：作业者或使用者，人的心理、生理特征，及人适应机器（或人造物）和环境的能力都是其研究的课题。

(2) 机：即机器（或人造物），包括人操作和使用的一切产品和工程系统。怎样才能设计出满足人的要求，符合人的行为规律的产品是人机工程学探讨的重要课题。

(3) 环境：人工作和生活的环境、噪声、照明、气温等因素对人的工作生活的影响等是其研究的对象。

2.人机界面

指人机间能相互施加影响的区域，人通过感受器官（眼、鼻、耳、舌、口、身）接受外界发出的信息、物质和能量，又通过执行器（手、足、口、身）向外界传递信息、物质和能量，在人机交流中凡参与这两个过程的一切领域均属于人机界面（图3）。

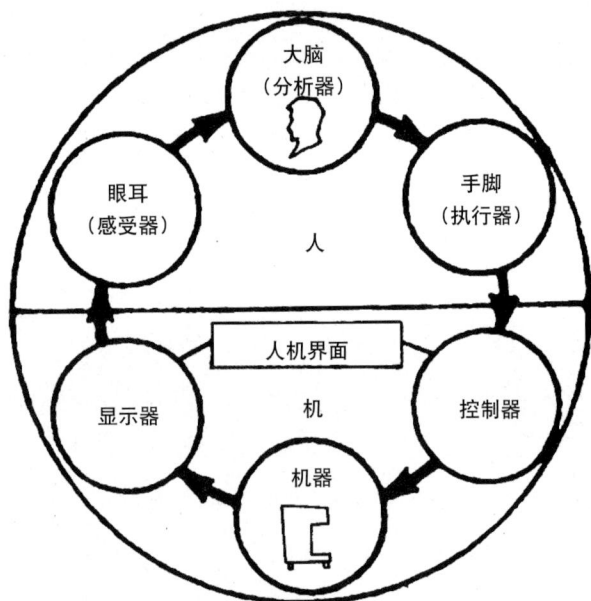

图3

人机界面按性质分三类。

(1) 控制系统人机界面（也叫人机接口）：其特点是通过机器显示系统传递信息。人通过控制系统传达操纵指令，使机器按人所规定的状态运行。

(2) 工具性人机界面：如工具手柄、家具、被服及生活用品等，其特点是要求用具符合人的形体尺寸及操控能力，使之在使用过程中感到舒适、方便、安全。

(3) 环境性人机界面：如照明、噪声、小气候等，其特点是作用于人的生理过程而影响人的舒适、健康、安全。

在实际人机系统中，往往兼有各类人机界面，甚至出现人机界面的交叉。

3.人机关系

(1) 人适机：通过最佳的训练方法，使人适应于机器和环境，更好地发挥人机系统的效能，但要注意人适机是有限度的。

(2) 机宜人：器物设计要适合解剖学、生理学、心理学等人的因素，根据人的特点来设计机器。但要注意不能单方面地强调机器适应人，应当人机相互适应，合理分工，达到人机系统的最优化。

4.人机合理分工

人机功能分配是产品设计的首要问题。人与机器各有所长。人机合理分工的基本原则是发挥人与机器各自的优势。表1是人与机器的机能对比表。

人机合理分工的一般原则如下：设计中应把笨重、快速、单调、规律性强、高级运算及在严酷和危险条件下的工作分配给机器，而将指令程序的编制、机器的监护维修、故障排除和处理意外事故等工作安排人去承担。

但是人机分工并不单纯是人机工程本身的问题，它还取决于社会、经济、科技发展水平等更广泛的条件(如劳动密集型产业对扩大就业有利、傻瓜相机虽好但不适合专业摄影)。

三、人机工程学的研究内容与研究方法

人机工程学研究的内容应包括理论和应用两个方面，但当今人体工程学研究的总趋势还是重于应用。而对于学科研究的主体方向，则由于各国科学和工业基础的不同，侧重点也不相同。例如，在美国侧重工程和人际关系；在法国侧重劳动生理学；在前苏联注重工程心理学，等等。

1.人机工程学的研究内容

(1) 研究人机系统中人的各种特性

生理特性有：人体的形态机能，静态及动态人体尺度，人体生物力学参数，人的信息输入、处理、输出的机制和能力，人的操作可靠性的生理因素等。

心理特性有：人的心理过程与个性心理特征，人在劳动时的心理状态，安全生产的心理因素和事故的心理因素分析等。

这些特性是人机工程学的基础理论部分，是解决工程技术问题的主要依据。

(2) 研究人机功能合理分配

(3) 各种人机界面的研究

(4) 作业方法与作业负荷研究

作业方法研究：作业的姿势、体位、用力、作业顺序等，目的是消除不必要的劳动消耗。

表1 人与机器的机能对比表

对比内容	人的特征机能	机器的特征机能
感受能力	人可识别物体的大小、形状、位置和颜色等特征，并对不同音色和某些化学物质也有一定的分辨能力	接受超声、辐射、微波、电磁波、磁场等信号，超过人的感受能力
控制能力	可进行各种控制，且在自由度、调节和联系能力等方面优于机器，同时，其动力源和响应运动完全合为一体，能"独立自主"	操纵力、速度、精确度、操作数量等方面都超过人的能力，但不能"独立自主"，必须外加动力源才能发挥作用
工作效能	可依次完成多种功能作业，但不能进行高阶运算，不能同时完成多种操纵和恶劣环境条件下作业	能在恶劣环境条件下工作；可进行高级运算和同时完成多种操纵控制；单调、重复的工作也不降低效率
信息处理	人的信息传递率一般为6bit/s左右，接受信息的速度约每秒20个，短时间内能同时记住信息约10个，每次只能处理一个信息	能储存信息和迅速取出信息，能长期储存，也能一次废除，信息传递能力、记忆速度和保持能力都比人高得多，在做决策之前，能将所存储的全部有关条件周密"考虑"一遍
可靠性	就人脑而言，可靠性和自动结合能力都远远超过机器。但工作过程中，人的技术高低、生理和心理状况等因素对可靠性都有影响，能处理意外的紧急事态	经可靠性设计后，其可靠性高，且质量保持不变，但本身的检查和维修能力非常微薄，不能处理意外的紧急事态
耐久性	容易产生疲劳，不能长时间连续工作，且受年龄、性别与健康情况等因素的影响	耐久性高，能长期连续工作，并大大超过人的能力
适应性	具有随机应变的能力。具有很强的学习能力。对特定的环境能很快适应	没有随机应变的能力，只有很低的学习能力，只能适应事先设定的环境
创造性	具有创造性和能动性。具有思维能力、预测能力和归纳能力。会自己总结经验	只能在人所设计的程序功能范围内进行一定程度的创造性工作，以及达到一定程度的智能化

作业负荷研究：侧重于体力负荷的测定、分析，以确定合适的作业量、作业速率、作息安排以及研究作业疲劳及其与安全生产的关系等。

(5) 作业空间的分析研究

主要研究为保证安全高效作业所需的空间范围。包括人的最佳视区、最佳作业域、最小的装配作业空间以及最低限度的安全防护范围等。

(6) 事故及其预防的研究

研究产生事故的各种人的因素、人的操作失误分析与预防措施等。

2.人机工程学的一般研究方法

(1) 实测法

实测法是借助工具、仪器设备进行测量的方法。例如人体尺寸的测量，人体生理参数的测量(能量代谢、呼吸、脉、血压、尿、汗、肌电、心电等)，作业环境参数的测量(温度、湿度、照明、噪声、辐射等)。

(2) 实验法

实验法是在人为设计的环境中测试实验对象的行为或反应的一种研究方法，一般在实验室进行，但也可以在作业现场进行。如人对各种仪表表示值的认读速度、误读率与仪表显示的亮度、对比度、仪表指针和刻度盘的形状、观察距离、观察者的疲劳程度和心情等关系的研究。

(3) 询问法

调查人通过与被调查人的谈话，评价被调查人对某一特定环境、条件的反应。询问法需要具备高超的技巧和丰富的经验，调查人要对询问的问题、先后顺序和具体的提法做好充分准备，对所调查的问题采取绝对中立的态度，对被调查人要热情关心，建立友好的关系。这种方法能帮助被调查人整理思路，对了解被调查人过去没有认真考虑过的问题特别有效。

(4) 观察法

通过直接或间接观察，记录自然环境中被调查对象的行为表现、活动规律，然后进行分析研究的方法。其技巧在于能客观地观察并记录被调查者的行为而不受任何干扰。

(5) 模拟和模型试验法

由于机器系统一般比较复杂，因而在人机系统研究时常采用模拟法。它是运用各种技术和装置的模拟，对某些操作系统进行逼真的试验，可得到所需要的更符合实际的数据的一种方法。例如训练模拟器、各种人体模型、机械模型、计算机模拟等。因为模拟器或模型通常比所模拟的真实系统价格便宜得多，而又可以进行符合实际的研究，所以应用较广。

3.人机工程学研究的程序

(1) 确定目标

人机系统有许多问题需要解决，因此必须逐个分析界定，选择系统中的主要问题作为研究目标。比如，长期效率比较低的作业环节，标准化欠佳的操作，事故频发的作业等。

(2) 收集资料

没有一定的资料既不能做出定性分析，也不能做出定量分析，因此，必须占有必要的资料。收集资料时，应针对研究目标，广泛收集与目标有关的资料，并对所收集的资料进行科学整理。

(3) 制订方案

在收集资料的基础上，应拟订多种备选方案。

(4) 综合评价

通过对备选方案的试验、费用、效果等分析比较，进行可行性论证，选出优化满意的方案供决策参考。

第三节 人机工程学的学科特性与相关学科

一、人机工程学的学科特性

人机工程学的主要任务是建立合理而可行的人机系统，更好地实施人机功能分配，更有效地发挥人的主体作用，并为劳动者创造安全舒适的环境，实现人机系统的"安全、经济、高效"的综合效能。具体地说，人机工程学的任务是为工程技术设计者提供人体合理的理论参数和要求，并应用于设计实践。

二、人机工程学的相关学科

人机工程学是由多门科学相互综合、渗透、重构而形成的一门交叉科学，其根本目的是通过揭示人、机、环境三大要素之间相互关系的规律，从而确保人—机—环境系统总体性能最优化。与人机工程学相关的学科较多，其主要涉及人体科学、安全科学、环境科学、技术科学、社会科学、建筑与建筑工程学等。这些学科都是人机工程学的基础，并为人机工程学的研究提供了先进的研究理论、方法和手段。

第2章

人体动作与行为因素

本章要点
- 人体与物体尺度的行为关联
- 人体与知觉心理的行为反映
- 人体与作业环境的行为需求

第一节 人体与物体尺度的行为关联

人体测量学是一门通过测量人体各部位尺寸来确定个人之间和群体之间在人体尺寸上差别的科学。

人类开始对人体尺度感兴趣可追溯到两千多年前，当时罗马建筑师维特鲁威从建筑学的角度对人体尺寸进行了较完整的论述，并发现人基本上以肚脐为中心，一个站立的人，双手侧向平伸的长度恰好就是人体的高度，双足趾和双手指恰好在以肚脐为中心的圆周上。文艺复兴时的达·芬奇根据这一描述，绘出了著名的人体比例图（图4）。

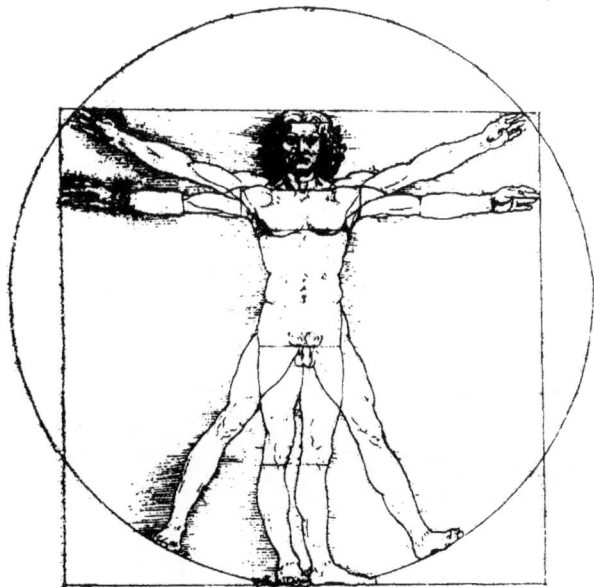

图4

此后，许多哲学家、数学家、艺术家进行了大量研究，积累了大量数据，但这些研究大多是从美学角度来研究人体比例关系，对设计没多大利用价值。

1870年，比利时数学家QUITLET发表的《人体测量学》为世界公认创建了这一学科。

一、二战期间，人们迫切需要人体测量的数据作为工业设计、武器制造的依据，这就促进了战后人体测量学的发展。1919年，美国进行了一项10万军人的多项人体测量，测量数据用于军服制作。战后，人体测量学的成果广泛应用于各行各业。

以往的测量成果可以为我们今天所借鉴。但由于人类个体和群体的差异，生活环境的变化，使用目的的不同，因此，各国的人体测量数据不可能照搬照抄的运用。

一、人体测量方法简介

国标 GB/T 5703-1999 规定了人机工程学使用的成年人和青少年的人体测量术语。该标准规定，只有在被测者姿势、测量基准面、测量方向、测点等符合下列要求的前提下，测量数据才是有效的。

（一）被测者姿势

1.立姿

指被测者挺胸直立，头部以眼耳平面定位，眼睛平视前方，肩部放松，上肢自然下垂，手伸直，手掌朝向体侧，手指轻贴大腿侧面，自然伸直膝部，左右足后跟并拢，前端分开，使两足大致呈45°夹角，体重均匀分布于两足。

2.坐姿

指被测者挺胸坐在被调节到腓骨头高度的平面上，头部以眼耳平面定位，眼睛平视前方，左右大腿大致平行，膝弯屈大致成直角，足平放在地面上，手轻放在大腿上。

（二）测量基准面和基准轴

人体测量均在测量基准面内及测量基准轴方向进行，人体测量中设定的轴线和基准面如图所示（图5）。

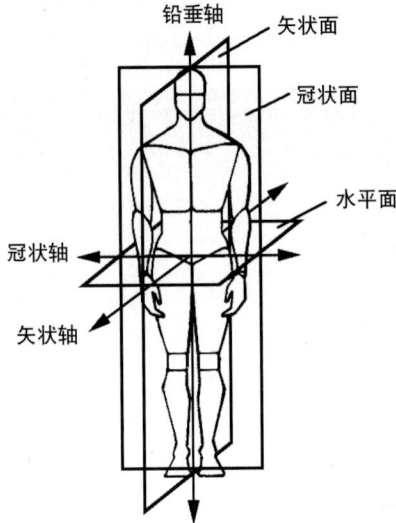

图5

(1) 矢状面：把通过人体正中线的垂直面称为正中矢状面。其他与正中矢状面平行的平面叫矢状面。

(2) 冠状面：通过铅垂轴和横轴的平面及与其平行的所有平面都称为冠状面。

(3) 水平面：与矢状面和冠状面同时垂直的所有平面都称为水平面。水平面将人体分成上下两部分。

(4) 眼耳平面：通过左右耳屏点及右眼眶下点的水平面称为眼耳平面。

(5) 基准轴：铅垂轴、矢状轴、冠状轴

（三）支承面和衣着

立姿时站立的地面或平台以及坐姿时的椅平面应该是水平、稳固、不可压缩的。

要求被测量者裸体或穿着尽量少的内衣（如只穿内裤和背心）测量，在后者情况下，测量胸围时，男性应撩起背心，女性应松开胸罩进行测量。

（四）基本测点及测量项目

在国标 GB/T 5703-1999 中规定了人机工程学使用的有关人体测量参数的测点及测量项目，其中包括7组47项静态人体尺寸数据，分别是：人体主要尺寸6项、

立姿人体尺寸6项、坐姿人体尺寸11项、人体水平尺寸10项、人体头部尺寸7项、人体手部尺寸5项、人体足部尺寸2项。至于测点和测量项目的定义在此不作介绍，需要进行测量时，可参阅该标准的有关内容。

（五）人体测量的方法

1.丈量法

丈量法主要是用测量仪器来测量人体的构造尺寸、体重、推拉力等（图6）。

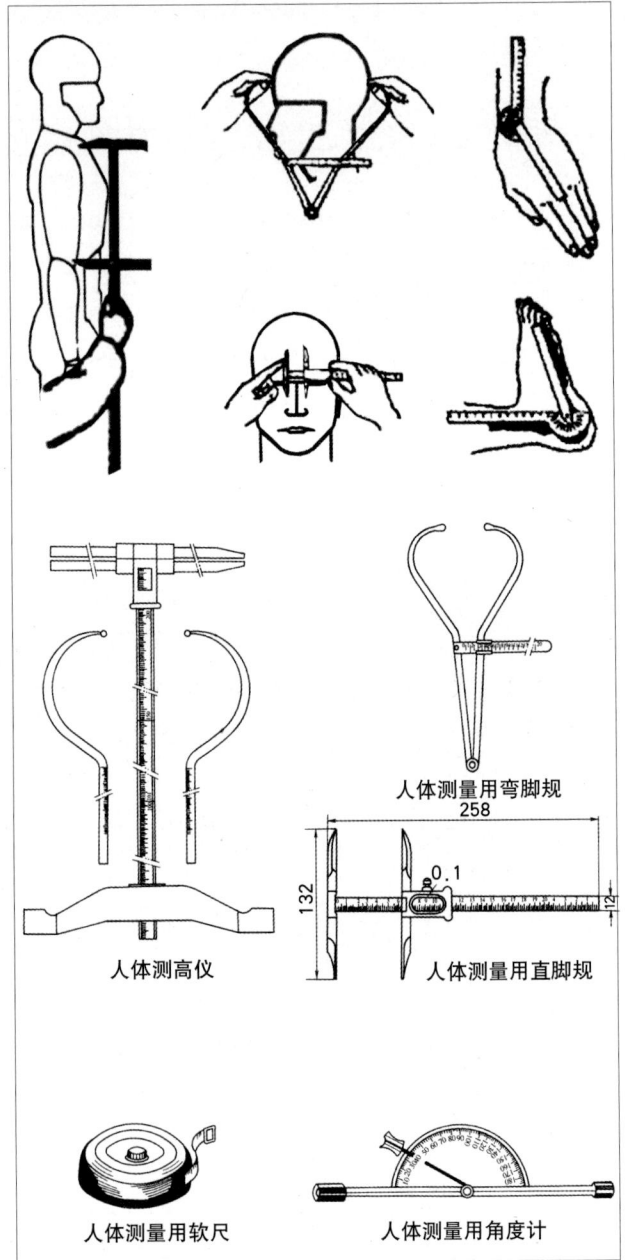

人体测量用弯脚规
258
132   0.1
人体测高仪   人体测量用直脚规
人体测量用软尺   人体测量用角度计

图6

2.摄像法

由于功能尺寸随姿势而变化，一般难以测得准确结果，这时常用摄像法。图7中A是带有光源的投影板，上

刻有10cm × 10cm的方格。每一格又分成1cm × 1cm的小方格。摄像机距投影板之间的距离是投影板高的10倍。这时投影线可粗略视为平行线。如果要求尺寸的精确，可根据被试者与投影板的间距，算出修正系数，然后将投影尺寸乘系数即可（图7）。

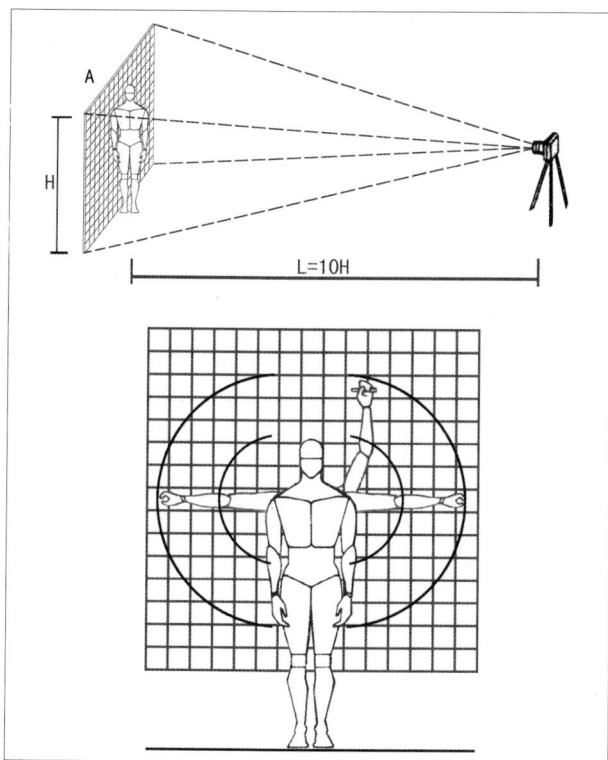

图7

3. 问卷法

对于需要测得"舒适"之类的功能尺寸，则要听被测者的主观评价，它常因人而异，故采用问卷法，如测试椅子坐面与靠背夹角为多大才舒适即为一例。

4. 自控和遥感测试法

要想测得人体在椅面、椅背或床垫上的压力分布，从而科学地确定椅面或椅背形状、床垫中弹簧的弹力，就得依靠自动控制系统，将压力输入，由电脑测得其结果。要想测得运动尺寸（如楼梯踏步、煤气灶尺寸）对人的影响，就可以利用多功能生理测试仪，采用遥控方式测量人体运动时肌肉电量的大小、心律的变化，确定这些运动尺寸的合理数值。

（六）人体测量的内容

1. 人体构造尺寸

人体构造尺寸也叫人体静态尺寸，人体静态尺寸对室内设计非常有用，室内设计中常用人体构造尺寸见本节第五点——"室内设计中常用人体尺寸"（图8）。

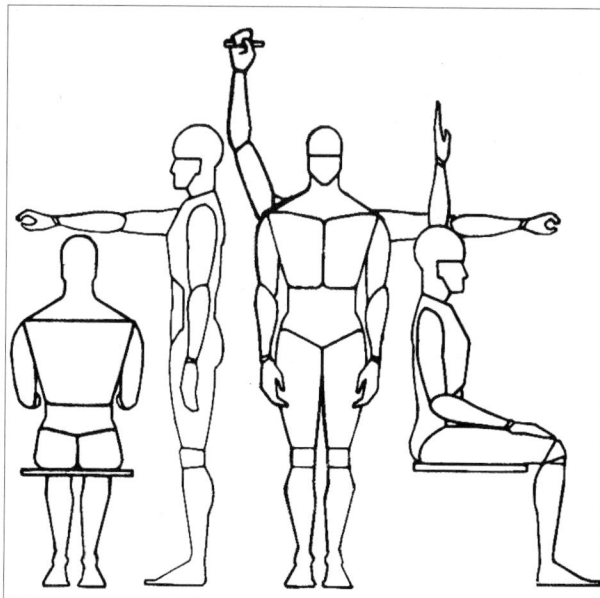

图8

2. 人体功能尺寸

人体功能尺寸是在人体活动时测得的动态尺寸。它是人在进行某项活动时肢体所能达到的空间范围。功能尺寸对于解决许多带有空间作业范围、位置的问题很有用。在使用功能尺寸时强调的是完成人体活动时，人体各部位的共同协调性。

下图是汽车驾驶室的空间分析图，在设计驾驶室时如果以静态尺寸为标准，那定会对操作带来不便。同样在设计家居空间时也要考虑动态尺寸问题，如下图中在设计过道时要考虑打开抽屉占的空间（图9）。

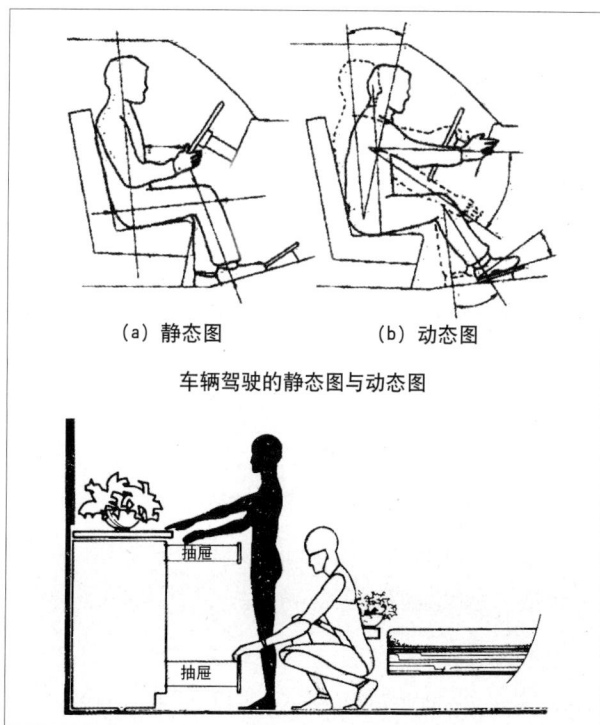

(a) 静态图　　　　(b) 动态图

车辆驾驶的静态图与动态图

图9

二、影响人体测量差异的因素

1.种族差异

不同国家、种族,因地理环境、生活习惯、遗传特性的不同,人体尺度差异十分明显,如身高:越南1605mm;比利时1799mm(见表2)。

表2 各国人体尺寸

人体尺寸均值	德国	法国	英国	美国	瑞士	亚洲
身高(cm)	172	170	171	173	169	168
坐高(cm)	90	88	85	86		
肘高(cm)	106	105	107	106	104	104
膝高(cm)	55	54		55	52	
肩宽(cm)	45		46	45	44	44
臀宽(cm)	35	35		35	34	

2.世代差异

在过去100年中观察发现子女们一般比父母长得高,这个问题在总人口的身高平均值上也可以得到证实。欧洲居民预计每10年身高增加10~14mm。认识这种缓慢变化,并对其做出预测,这对设计是极为重要的。据《北京青年报》报道,1997年中国成年男子平均身高为1697mm,较1988年的1678mm高出19mm。

3.年龄的差异

体型随年龄变化最为明显的时期是少年期。人体尺寸的增长过程女性18岁基本结束,男子20岁结束,但要到30岁才最终停止生长。此后,人体尺寸随年龄的增长而缩减,而体重、宽度、围长的尺寸却随年龄的增加而减少。在进行设计时,应确定作业与年龄的关系,对工作空间的设计应适应于20~65岁的人。

(1) 设计栏杆时,应以儿童头部尺寸作依据,5岁儿童的头约140mm,故栏杆距离应小于140mm而取110mm(图10)。

图10

(2) 设计老人器具时,应注意老年人的身体尺度及活动极限,如他们伸手够东西的能力不如年轻人。故在设计家居用具时,应首先考虑老年人的要求(特别是老年妇女),让年轻人迁就老年人(图11)。

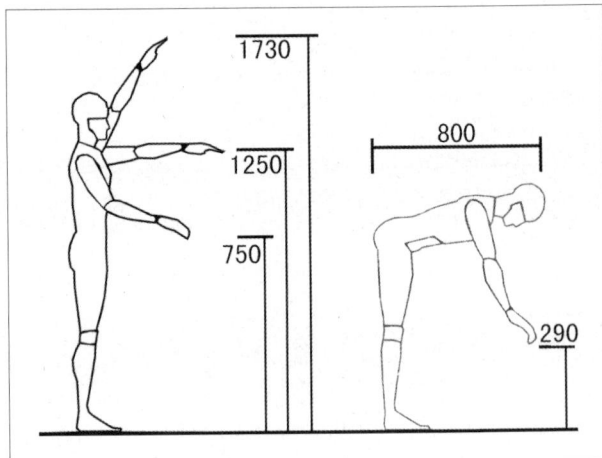

图11 老年妇女站立和弯腰能及范围

4.性别差异

两性身体尺寸的明显差别从10岁开始,一般妇女比男子矮100mm,但不能像习惯做法那样,按较矮的男子尺寸来处理女性方面的人机问题。调查表明,妇女臀部较宽,肩窄,躯干较男子长,四肢较短,在设计中应注意这种差别(图12)。

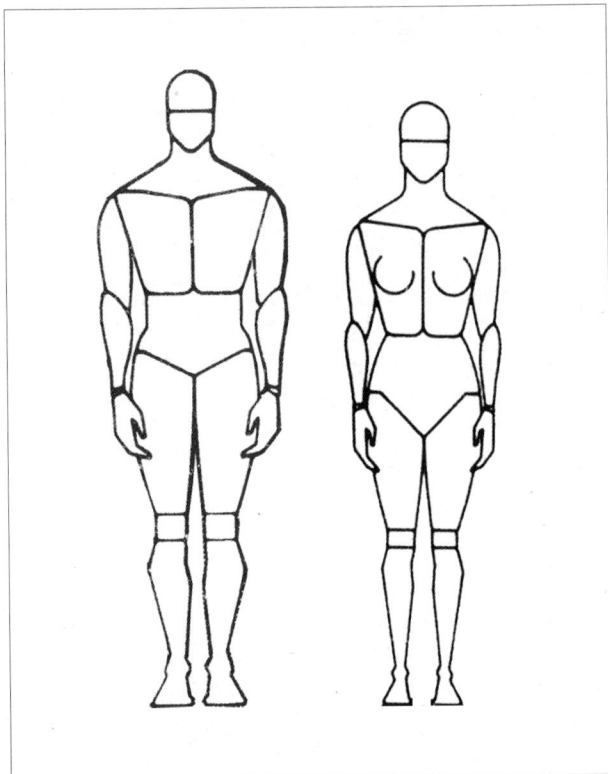

图12

5、地域差异

寒冷地区高于热带，平原地区高于高山区，表3是我国6地区成人的尺寸数据表。

表3　中国6地区成年人体重、身高、胸围的数据

项　　目		东北、华北		西　北		东　南		华　中		华　南		西　南	
		均值	标准差	均值	标准差	均值	标准差	均值	标准差	均值	标准差	均值	标准差
男 (18~60岁)	体重/kg	64	8.2	60	7.6	59	7.7	57	6.9	56	6.9	55	6.8
	身高/mm	1693	56.6	1684	53.7	1686	55.2	1669	6.3	1650	57.1	1647	56.7
	胸围/mm	888	55.5	880	51.5	865	52.0	853	49.2	851	48.9	855	48.3
女 (18~55岁)	体重/kg	55	7.7	52	7.1	51	7.2	50	6.8	49	6.5	50	6.9
	身高/mm	1586	51.8	1575	51.9	1575	50.8	1560	50.7	1546	49.7	1546	53.9
	胸围/mm	848	66.4	837	55.9	831	59.8	820	55.8	819	57.6	809	58.8

6.职业差异

比如篮球运动员高于普遍人。

7.社会发展水平

发达地区，营养好，平均身高也高。

8.残疾人无障碍设计

三、人体尺寸的特征

1.群体的人体尺寸数据近似服从正态分布规律

正态分布曲线给出人体尺寸数据的一些近似特性是：

(1) 具有中等尺寸的人数最多，随着对中等尺寸偏离值的加大，人数越来越少。

(2) 人体尺寸的中值就是它的平均值。

以中国成年男子(18~60周岁)的身高为例（图13）：

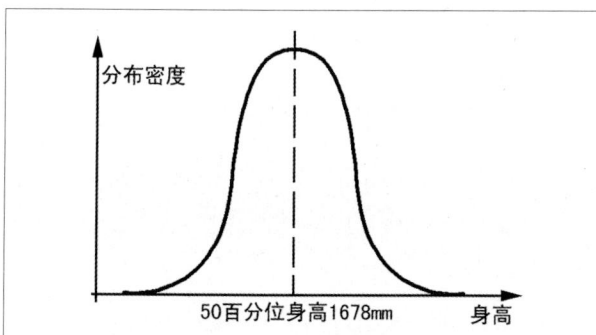

图13　中国成年人身高数据服从正态分布规律

2.人体基本尺寸之间一般具有线性比例关系

身高、体重、手长等是基本的人体尺寸数据，它们之间一般具有线性比例关系，这样通过身高就可以大约计算出人体各部位的尺寸（图14）。表4列出了部分人体尺寸与身高的比例关系。

表4　人体各部位尺度与身高的比例

名　　称	立　姿			
	男		女	
	亚洲人	欧美人	亚洲人	欧美人
眼　　高	0.933h	0.937h	0.933h	0.937h
肩　　高	0.844h	0.833h	0.844h	0.833h
肘　　高	0.600h	0.625h	0.600h	0.625h
脐　　高	0.600h	0.625h	0.600h	0.625h
臀　　高	0.467h	0.458h	0.467h	0.458h
膝　　高	0.267h	0.313h	0.267h	0.313h
腕-腕距	0.800h	0.813h	0.800h	0.813h
肩-肩距	0.222h	0.250h	0.222h	0.200h
胸　　深	0.178h	0.167h	0.133~0.177h	0.125~0.166h
前臂长(包括手)	0.267h	0.250h	0.267h	0.250h
肩-指距	0.467h	0.438h	0.467h	0.438h
双手展宽	1.000h	1.000h	1.000h	1.000h
手举起最高点	1.278h	1.250h	1.278h	1.250h
坐　　高	0.222h	0.250h	0.222h	0.250h
头顶-座距	0.533h	0.531h	0.533h	0.531h
眼-座距	0.467h	0.458h	0.467h	0.458h
膝　　高	0.267h	0.292h	0.267h	0.292h
头顶高	0.733h	0.781h	0.733h	0.781h
眼　　高	0.700h	0.708h	0.700h	0.708h
肩　　高	0.567h	0.583h	0.567h	0.583h
肘　　高	0.356h	0.406h	0.356h	0.406h
腿　　高	0.300h	0.333h	0.300h	0.333h
坐　　深	0.267h	0.275h	0.267h	0.275h

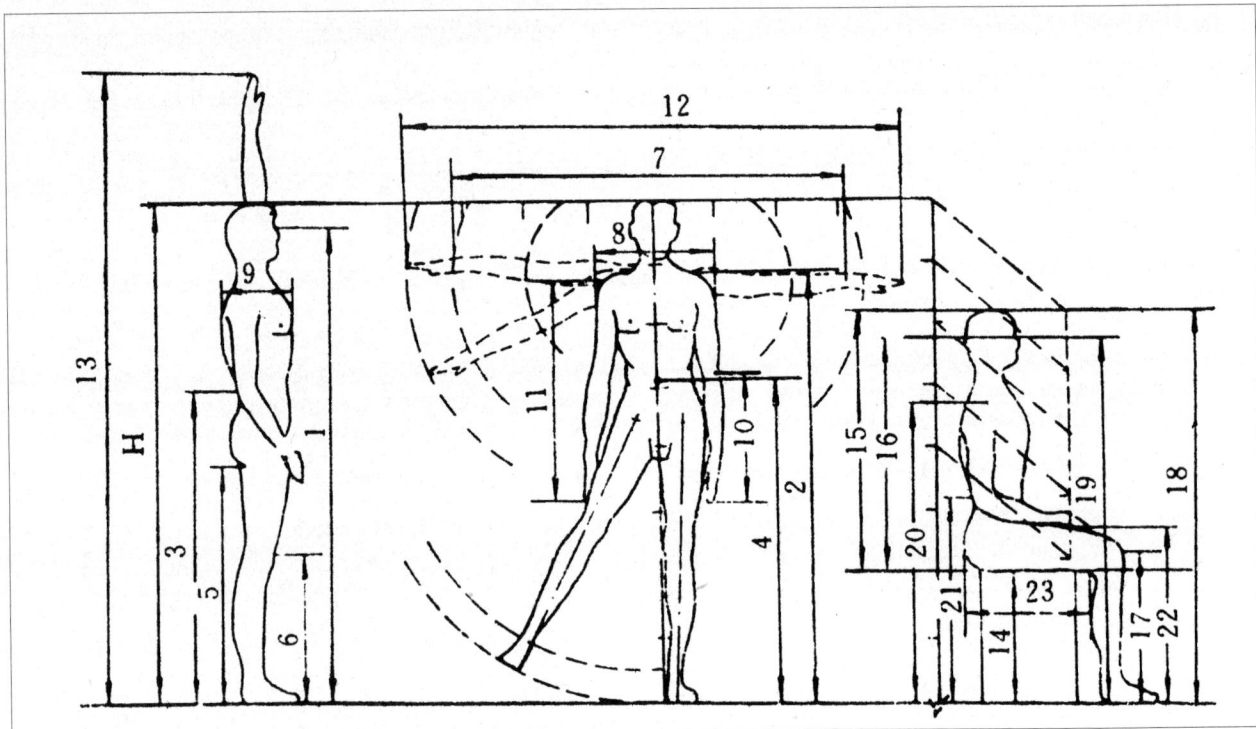

图14

3.人体尺寸间的比例关系随种族、民族而不同

新中国成立初期，我国陆军士兵嫌苏式火炮高了一些，往炮膛里装炮弹过于费劲。而我国战斗机飞行员却嫌苏式战斗机座舱盖罩低了一些，头顶几乎要挨着盖罩显得局促。这就是不同人种人体尺寸比例不同引起的问题，也说明不同种族间人体尺寸比例确实存在差异。

四、人体尺寸数据在产品设计中的运用

（一）百分位

由于人体尺寸有很大变化，而设计中只能用一个确定的数值，并不像我们一般理解的那样采用平均值。如何确定这一值呢？这就是百分位要解决的问题。

1.百分位定义

具有某一人体尺寸和小于该人体尺寸的人占统计对象总人数的百分比。

对于百分比的概念有两点要注意：

（1）人体测量中的每一个百分位数值只表示某一项人体尺寸。

（2）绝对没有一个人的各种人体尺寸数值都同时处在同一百分位上，美国学者统计，两项尺寸是平均值的占7%，三项符合的只占3%，四项为2%，10项重要人体尺寸同于平均的人几乎没有。

2.百分位的选择

百分位的选择方法是：先确定产品尺寸设计的类型，再选择采用的百分位数。

（1）I型产品（双限设计、可调节性设计）：若产品的尺寸需要调节才能适合不同身材者使用，属于I型产品尺寸设计。此类产品一般以一个大百分位数（95%或99%）和小百分位数（5%或1%）的人体尺寸作设计的依据。例如可调节高度的办公座椅、自行车座的位置、腰带和手表表带的长短、落地式或台式麦克风话筒的高度等。

（2）IIA型产品尺寸设计（大尺寸设计）：若产品的尺寸只要能适合身材高大者的需要，就肯定也能适合身材矮小者的需要，就属于IIA型产品尺寸设计。此类产品一般以一个大百分位数（95%或99%）的人体尺寸作设计的依据。例如床的长度和宽度、过街天桥上防护栏杆的高度、热水瓶把手的大小、礼堂座位的宽度、屏风（能阻挡视线）的高度等。

（3）IIB型产品尺寸设计（小尺寸设计）：若产品的尺寸只要能适合身材矮小者需要，就肯定也能适合身材高大者需要的，就属于IIB型产品尺寸设计。此类产品一般以一个小百分位数（5%或1%）的人体尺寸作设计的依据。例如过街天桥上防护栏杆的间距、电风扇罩子（防止手指进入受伤害）的间距、浴室里上层衣柜的高度、阅览室上层书架的高度、读报栏高度的上限、踏步的高度等。

（4）III型产品尺寸设计（平均尺寸设计）：若产品尺寸与使用者的身材大小关系不大或虽有一些关系，但要分别予以适应却有其他方面的种种不适宜，那就按中等身材者的需要，采用50百分位数的人体尺寸作为产品尺寸

设计的依据，这种情况属于 Ⅲ 型产品尺寸设计。例如一般门上的手把、门锁离地面的高度、大多数文具的尺寸等。

对于有关健康、安全性的场所用1或99百分位，如紧急出口、栏杆间距等。

（二）满足度

满足度是产品尺寸所适合的使用人群占总使用人群的百分比。

一般而言，产品设计希望达到较大的满足度，否则产品只适合少数人使用，这当然不好。但并非满足度越大越好，因为过大的满足度，必然带来其他方面的不合理（如成本提高等）。例如，让火车卧铺长度满足1900mm高的大个子的需要，礼堂座位能让大胖子宽松就座等，显然不合理（图15）。

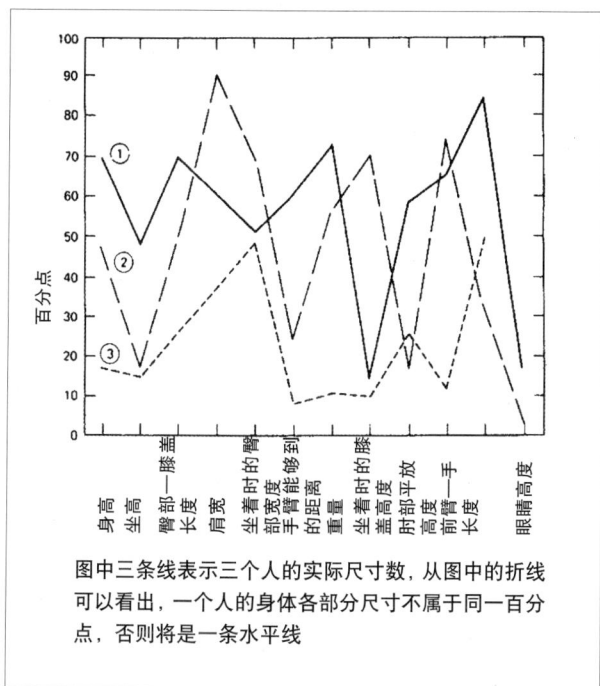

图中三条线表示三个人的实际尺寸数，从图中的折线可以看出，一个人的身体各部分尺寸不属于同一百分点，否则将是一条水平线

图15

表5　人体尺寸百分位数的选择和产品的满足度

产品类型	产品性质	人体尺寸百分位数	满足度
Ⅰ 型	涉及安全健康的产品 一般工业产品	上限值P99，下限值 P1 上限值P95，下限值 P5	98% 90%
Ⅱ A 型	涉及安全健康的产品 一般工业产品	P99 或 P95（上限值） P90（上限值）	99% 或 95% 90%
Ⅱ B 型	涉及安全健康的产品 一般工业产品	P1 或 P5（下限值） P10（下限值）	99% 或 95% 90%
Ⅲ 型	一般工业产品	P50	
男女通用 Ⅰ型Ⅱ型	各种产品	上限值 P99 男 P95 男 P90 男 下限值 P1 女 P5 女 P10 女	
男女通用 Ⅲ型	各种产品	（P50 男 +P50 女）/2	

（三）产品尺寸的确定

1.功能修正量

(1) 穿着修正量:因为国标中的数据值均为裸体测量的结果，故在设计时应考虑穿鞋引起的高度变化和穿衣引起的围度、厚度变化。穿着修正量见下表。

表6

穿着类型	受影响的尺寸	修正量
穿鞋	立姿身高、眼高、肩高、肘高、手功能高、会阴高等	男 +25、女 +20
着衣 着裤	坐姿坐高、眼高、肩高、肘高	加 6
	肩宽、臀宽	加 13
	胸厚	加 18
	臀膝距	加 20

上面是在一般情况下，即只穿平跟儿鞋和春秋衣时的修正量，设计中可能遇到的问题远不止这些。如戴帽子、戴手套，冬季高寒地区穿马靴引起的变化等，设计者要通过实际测量、实验等方法自己研究确定。

(2) 操作修正量（活动余量）:即实现产品功能所需的修正量，如人行走时身高发生变化。

2.心理修正量

心理修正量是指为了消除空间压抑感、恐惧感或为了美观等心理因素而加的尺寸修正量。如栏杆高度，只要它高于人的重心，就不会发生跌落事件。但在高处时，这样的栏杆会使人恐惧，这时只有加高栏杆才能克服这一心理。又如面积大的空间层高应当高些，以防压抑。

不同人对心理修正量的需求不同（住贯了小房子的人可能对空间的心理修正量小），不同环境下对心理修正量的需求也不同（公交车上对空间的心理修正量小）。

3.产品尺寸的确定

最小尺寸 = 人体尺寸百分位数 + 功能修正量

最佳尺寸 = 人体尺寸百分位数 + 功能修正量 + 心理修正

如：船舶最小高度 =1775mm+25mm 鞋 +90mm 最小活动余量 =1890mm

最佳层高能 =1755mm+（25mm+90mm）+115mm 心理修正 =2000mm

五、室内设计中常用人体尺寸

1.身高

定义：人身体直立、眼睛向前平视时，足底到头顶的距离（图16）。

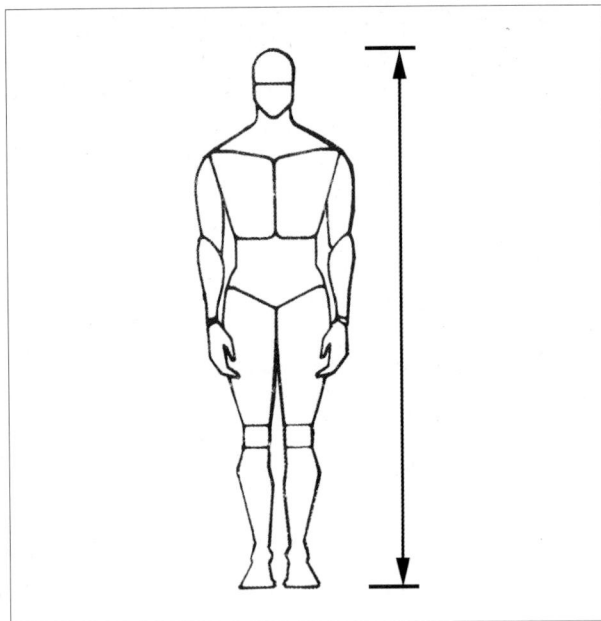

图16

应用：用于确定通道和门的最小高度。然而一般建筑定制的和成批生产的门高适合于99%的人，所以这一尺寸对确定人头顶上空的障碍物高度更为重要。

注意：使用身高尺寸时应注意穿鞋的修正量。

百分位选择：选用高百分位。

数据：男95%1775mm、99%1814mm；女95%1659mm、99%1697mm（注：男10～60岁，女18～55岁）。

2.立姿眼睛高度

定义：人身体直立、眼睛向前平视时，足底到眼睛的距离（图17）。

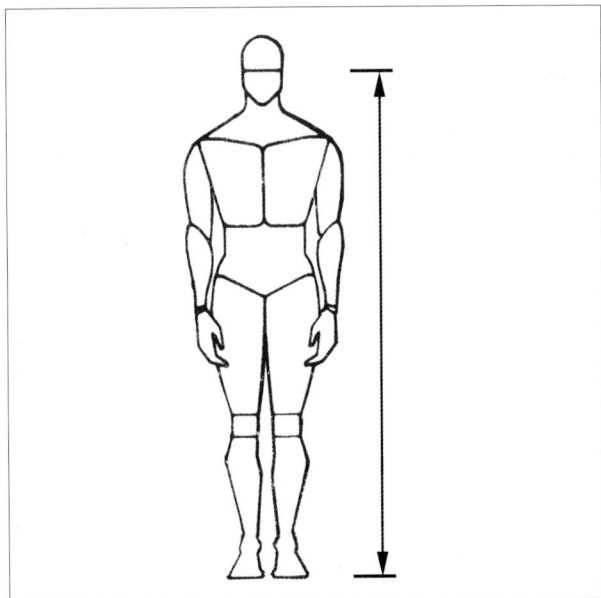

图17

应用：用于确定剧院礼堂、会议室等处的人的视线，用于布置广告和展品、确定屏风和开敞式大办公室的隔断高度。

注意：穿鞋修正，男子25mm、女子76mm。

百分位选择：取决于关键因素的变化。为了保证隔断后面人的私密性，可选95%，开敞的隔断可选5%。

数据：男5%1474mm、95%1664mm；女5%1371mm、95%1541mm。

3.肘部高度

定义：人身体直立时，从地面到肘关节的距离（图18）。

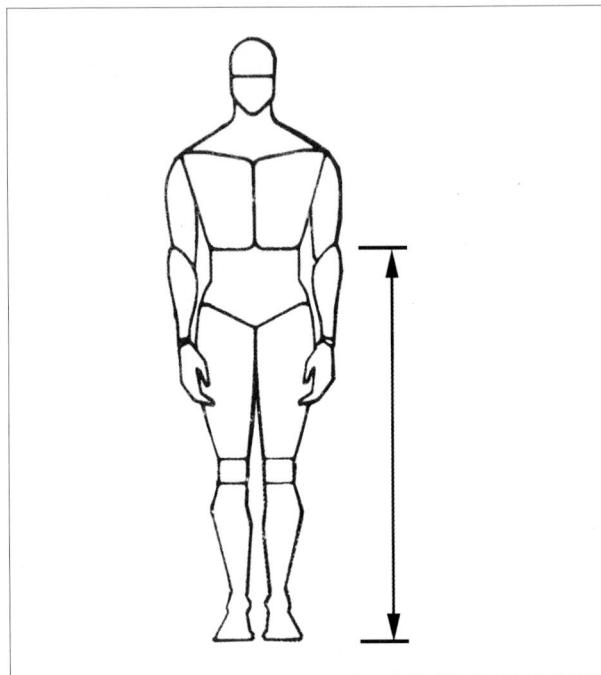

图18

应用：用于确定各种站立使用的工作台面的高度。通过科学研究发现，最舒适的高度应低于肘部76mm，另外休息平面的高度大约应低于肘部25～38mm。

注意：①穿鞋修正；②考虑活动的性质，有时这一点比推荐的低于肘部76mm还重要。

百分位选择：假定工作面高度确定为低于肘部76mm，那么从823（5%女965mm）～1020mm（95%男1118mm）将适应于大多数人（90%以上）。由于其中包含许多其他因素，如存在特别的功能要求和每个人对舒适高度的见解不同，所以这些数值也只能是假定推荐的。

数据：男5%954mm、95%1096mm；女5%899mm、95%1023mm。

4.挺直坐高

定义：人挺直坐时，座椅表面到头顶的距离（图19）。

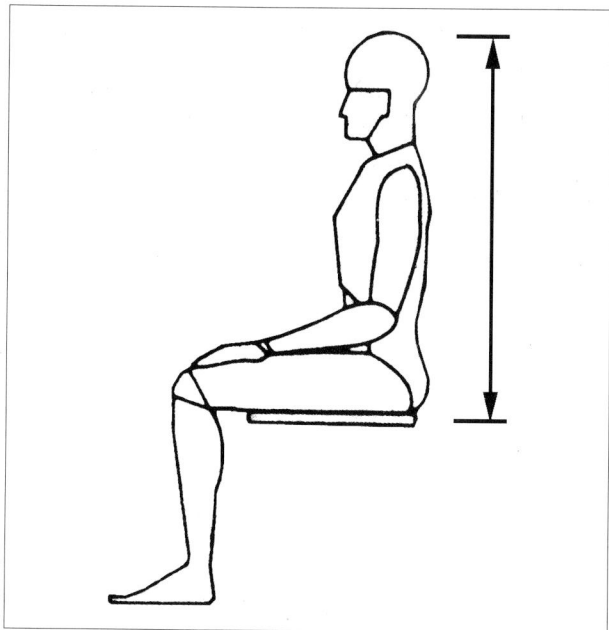

图19

应用：用于确定座椅上方障碍物的允许高度，如双层床设计。利用阁楼下的空间吃饭或工作要考虑此尺寸。确定开敞办公室的隔断、火车座椅靠背高度、酒吧隔断也要用到这一尺寸。

注意：座椅的倾斜度、软垫的弹性、衣服厚度及人坐正时的活动等因素。

百分位选择：由于涉及到间距问题，宜采用95%这一标准。

数据：男95%958mm，女95%901mm。

5.坐时的眼睛高度

定义：坐姿时人的内眼角到座椅面距离（图20）。

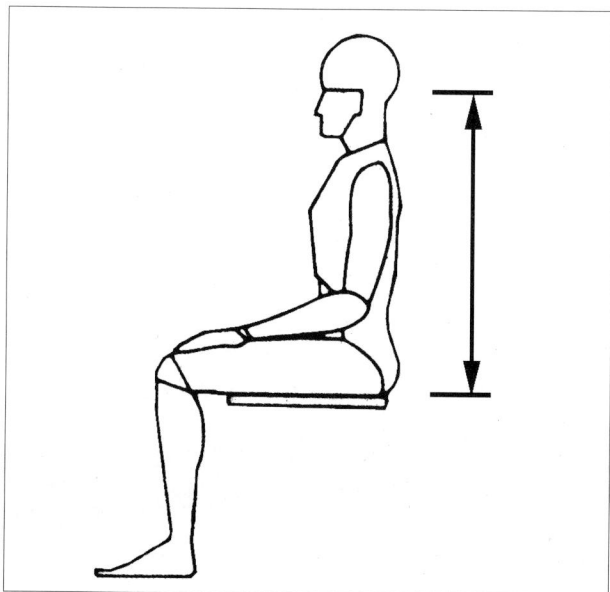

图20

应用：当视线是设计问题的中心时，确定视线和最佳视区要用到这个尺寸，这包括剧院、礼堂、教室和其他需要有良好视听条件的室内空间。

注意：头和眼睛的转动范围，座椅软垫的弹性，座椅面的高度和可调座椅的调节范围。

百分位选择：假如有适当的调节性，就能适应从5%～95%或更大范围的人。

数据：男5%749mm、95%847mm；女5% 695mm、95%783mm。

6.人体最大宽度

定义：一般为肩部两个三角肌外侧（图21）。

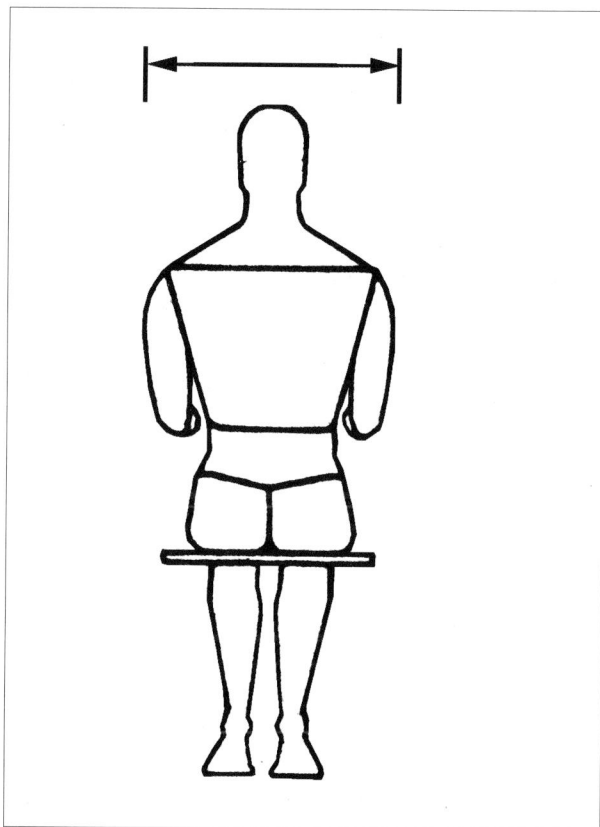

图21

应用：用于确定环绕桌子的座椅间距和影剧院、礼堂中的排椅座位间距，也可用于确定公用和专用空间通道的间距。

注意：着衣修正，薄衣7.9mm，厚衣76mm，还要注意由于躯干和肩的活动，两肩所需空间会加长。

百分位选择：95%。

数据：男95%469mm，女95%438mm。

7.臀部宽度

定义：臀部最宽部分的水平尺寸（图22）。

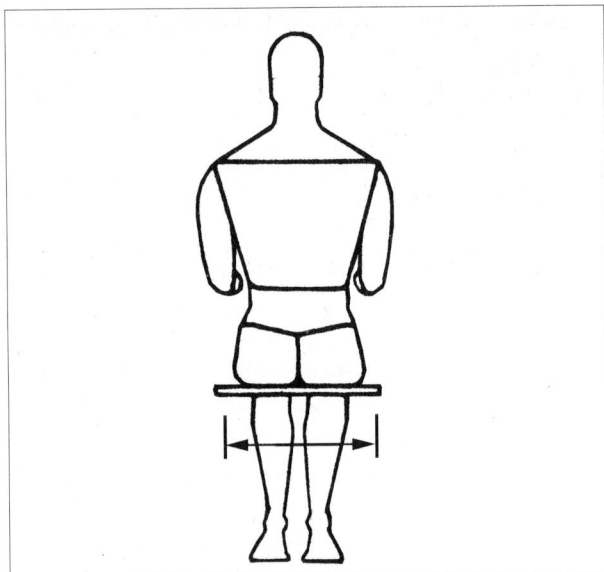

图 22

应用：确定座椅内侧尺寸。

注意：根据具体条件，与两肘之间宽度结合使用。

百分位选择：95% 。

数据：男 95%334mm，女 95%346mm。

8.肘部平放高度

定义：从座椅面到肘部尖端的垂直距离（图 23）。

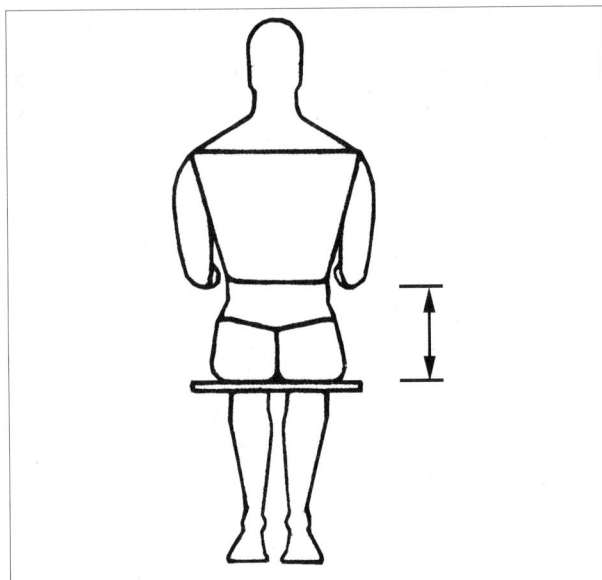

图 23

应用：与其他数据和考虑因素联系在一起，用于确定椅子扶手、工作台、书桌、餐桌和其他特殊设备的高度。

注意：座垫的弹性，座面的倾斜及身体姿势。

百分位选择：因其不涉及间距问题，也不涉及伸手够物问题，其目的是使手臂得到舒适的休息即可，故选50%是合理的。在许多情况下，这个高度在140～297mm

之间，这可适用于大多数人。

数据：男 50%263mm，女 50%251mm。

9.大腿厚度

定义：坐姿时，从椅面到腿腹交界处距离（图 24）。

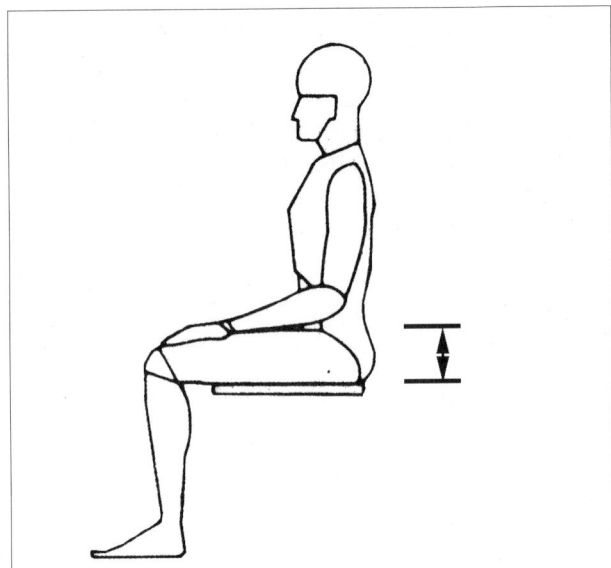

图 24

应用：这些数据是设计柜台、书桌、会议桌及其他一些需把腿放在其工作面下的设备的关键尺寸，特别是有直拉式抽屉的工作面。要使大腿与上方的障碍物之间有适当间隙，这些数据必不可少。

注意：座垫弹性，膝高度。

百分位选择：95%。

数据：男 95%151mm，女 95%151mm。

10.膝盖高度

定义：坐姿时从地面到膝盖骨中点（图 25）。

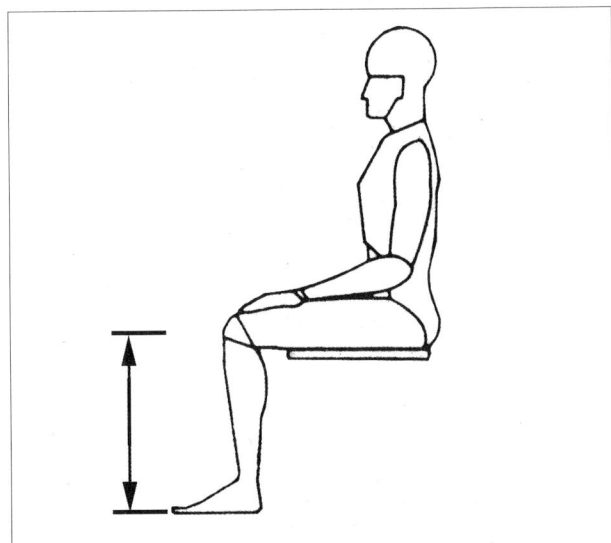

图 25

应用：桌子底面距离的关键尺寸。

注意：座椅高度和座垫的弹性。

百分位选择：95%。

数据：男95%532mm，女95%493mm。

11.膝腘高度

定义：坐姿时，从地面到膝腘关节的距离（图26）。

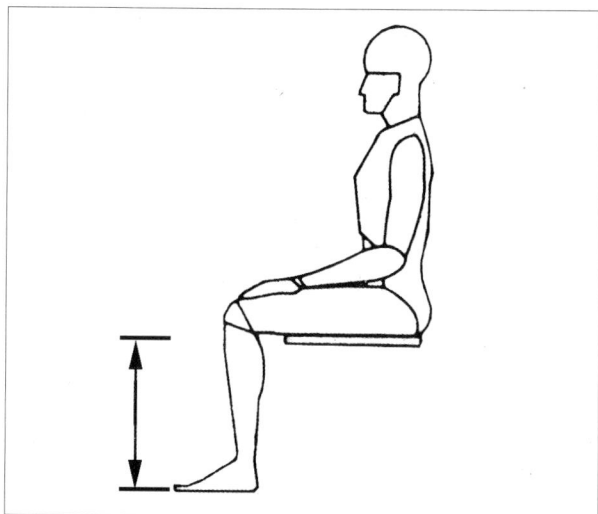

图26

应用：用于确定座椅面的高度，尤其是座椅前缘的最大高度。

注意：座垫的弹性。

百分位选择：确定座椅面深度，长凳和靠背椅前面的垂直面。

百分位选择：5%。

数据：男5%421mm，女5%401mm。

12.臀部至膝腘部长度

定义：臀部最外面到小腿背面的水平距离（图27）。

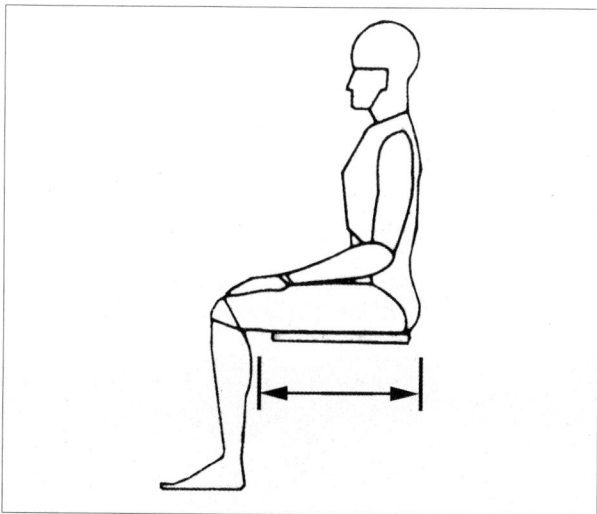

图27

应用：确定座椅面深度，长凳和靠背椅前面的垂直面。

注意：椅面倾斜度。

百分位选择：5%。

数据：男5%421mm，女5%401mm。

13.臀部至膝盖长度

定义：臀部最后面到膝盖骨前面的距离（图28）。

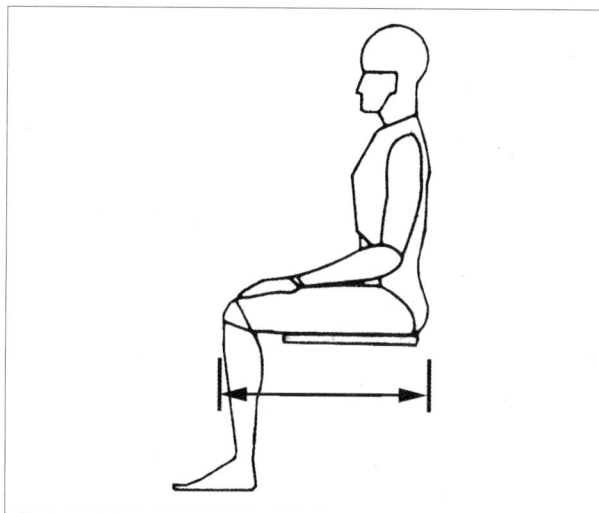

图28

应用：确定椅背到前方障碍物的适当距离，如电影院。

注意：如前方障碍物下面没设放足空间，就应使用臀部至足尖长度。

百分位选择：95%。

数据：男95%595mm，女95%570mm（美国尺寸）。

14.臀部至足尖长度

定义：臀部最后面到趾尖端的水平距离（图29）。

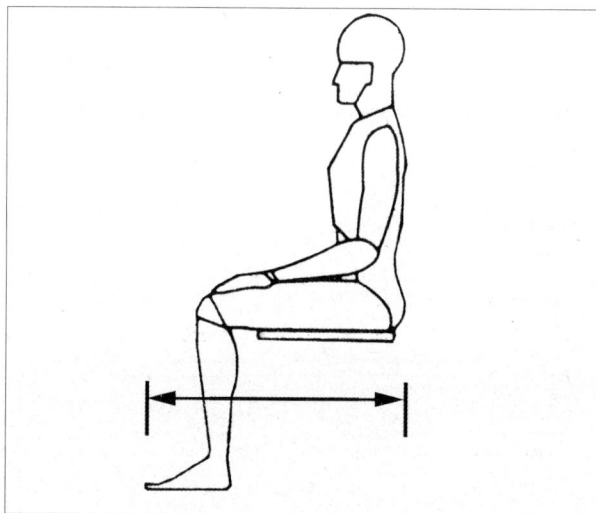

图29

应用：确定椅背到前方障碍物间的距离，如礼堂椅子。

注意：如座椅前的障碍物设有放足空间而且间隔要求比较重要，则可使用臀部至膝盖的长度来确定合适的距离。

百分点选择：95%。

数据：男95%940mm，女95%940mm（美国尺寸）。

15.垂直手握高度

定义：人站立，手握横杆，此时从地面到横杆的垂直距离（图30）。

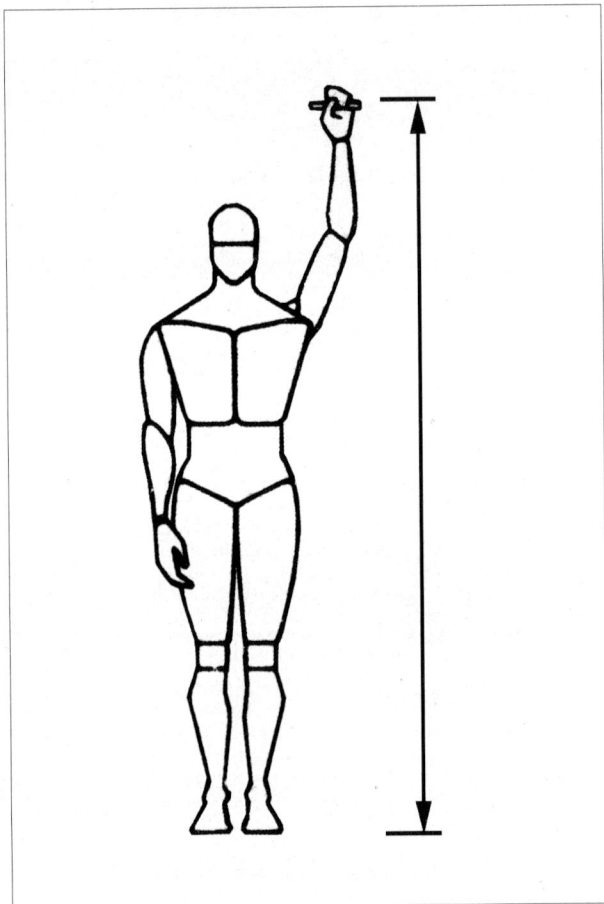

图30

应用：用于确定开关、控制器、拉杆、把手、书架及衣帽架的最大高度。

注意：穿鞋修正。

百分位选择：5%。

数据：男5%1951mm，女5%1852mm（美国尺寸）。

16.坐姿时垂直伸够高度

定义：人坐直手向上伸直时，座椅面到中指末梢的垂直距离（图31）。

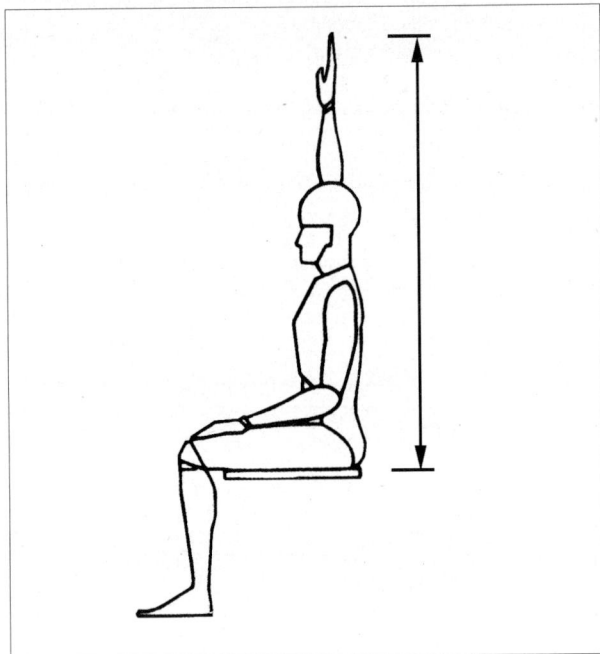

图31

应用：确定头顶上方控制装置和开关的位置。

注意：椅面倾斜度和椅垫的弹性。

百分位选择：5%。

数据：男5%1499mm，女5%1402mm（美国尺寸）。

17.侧向手握距离

定义：人直立，手侧向平伸握住横杆时，人体腋窝到横杆外侧面的水平距离（图32）。

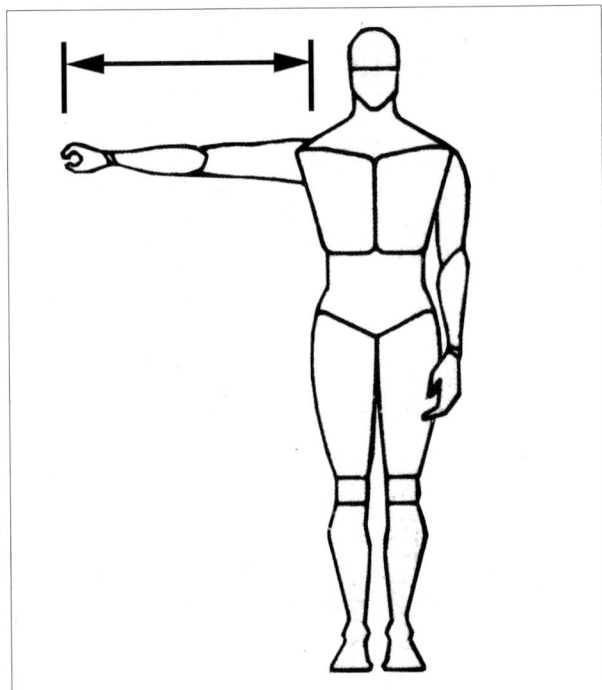

图32

应用：确定人体侧向控制开关装置的位置，人侧面书架位置。

注意：人体弯腰时侧向活动距离加大。

百分位选择：5%。

数据：男 5%520mm

18.手臂平伸拇指梢距离

定义：手臂向前平伸时，从胸前到拇指梢的水平距离（图33）。

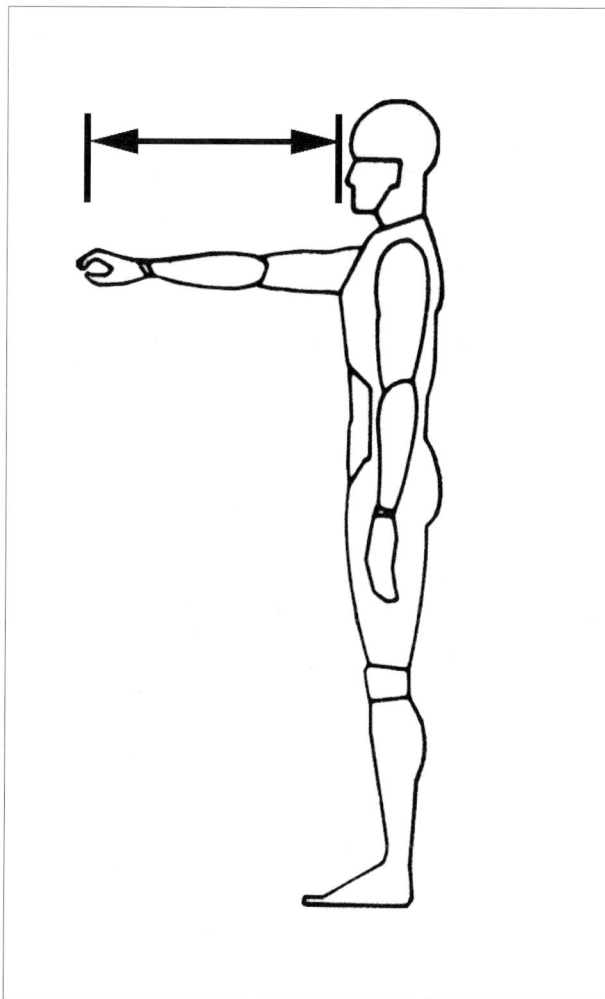

图 33

应用：当人们需越过障碍物去够一个事物或操纵设备时，这一数据可用于确定障碍物的最大尺寸，如桌宽。

注意：人体弯腰时向前活动距离加大。

百分位选择：5%。

数据：男 5%520mm

19.最大人体厚度

定义：一般为胸（或腹）部厚度(图34)。

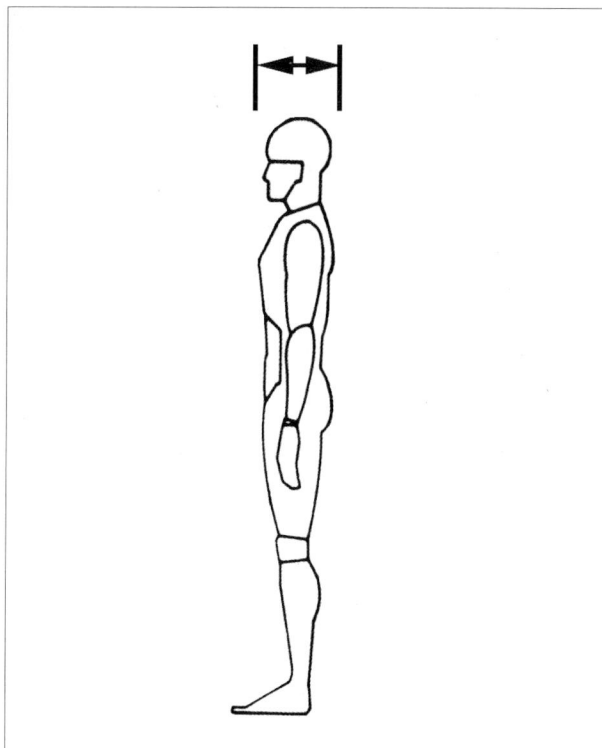

图 34

应用：在较紧张的空间里考虑间隙尺寸或排队场合下所需的尺寸。

注意：衣服厚度，使用者的性别及一些不易察觉的因素（衣服修正51mm）。

百分位选择：95%。

数据：男 95%330mm（美国尺寸）。

20.眼至头顶高度

定义：眼至头顶高度（图35）。

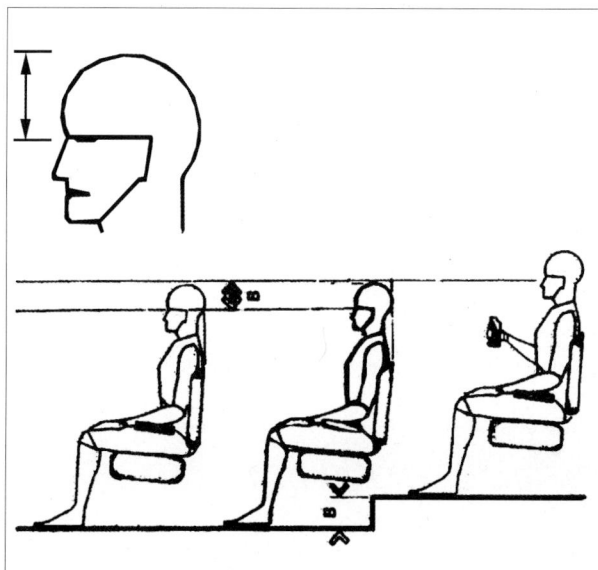

图 35

应用：用于确定电影院等场所前后排座位间的高差。

注意：头发因素。

百分位选择：95%

数据：男95%127mm（美国尺寸）。

21.人的头部、脚部尺寸

人的头部、脚部尺寸对鞋帽、手套设计有重要参考价值。脚长可用于确定楼梯踏步宽度。手部尺寸可用于确定扶手的直径等（图36）。

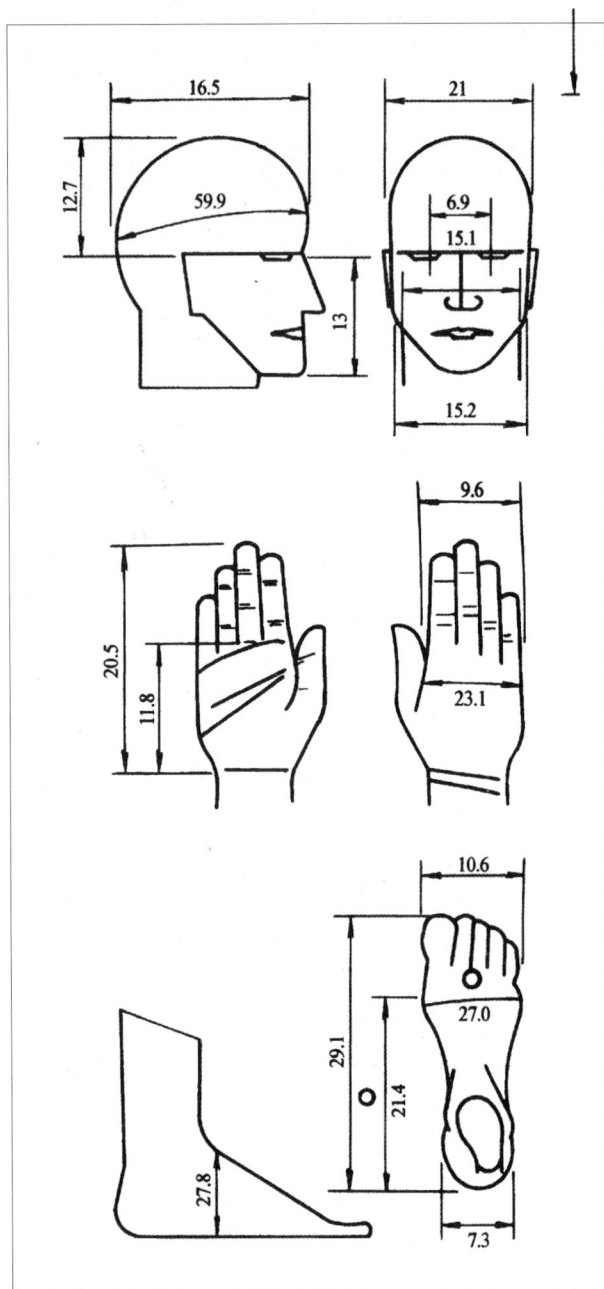

图36

22.手功能高

定义：人站立手臂下垂时，手心离地面的距离(图37)。

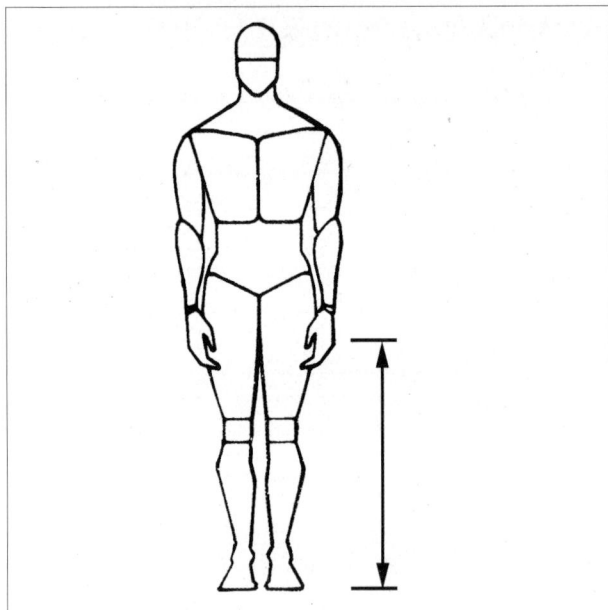

图37

应用：楼梯扶手的高度，一般楼梯扶手高于手功能高100mm以上。

百分位选择：50%。

数据：男50%741mm，女50%704mm。

23.会阴高

定义：人站立时，会阴部离地面的距离（图38）。

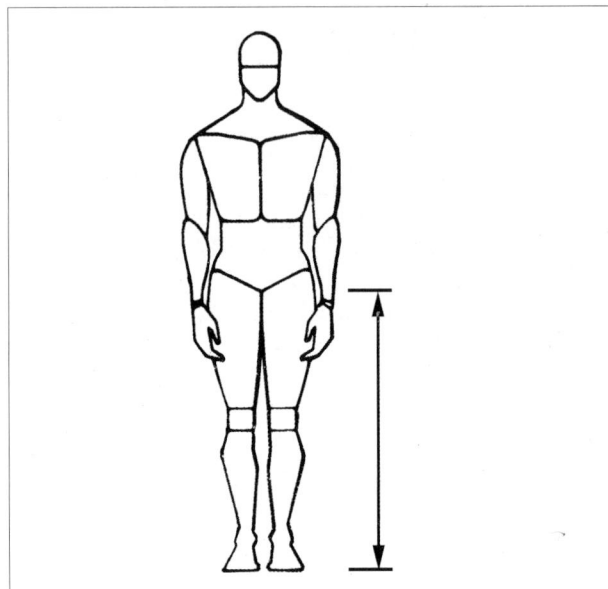

图38

应用：栏杆的高度，要防止人们随意进入某一区域时，栏杆的高度应大于此值（如花园栏杆）。

百分位选择：95%。

数据：男95%856mm，女95%792mm。

六、人体动态尺寸

（一）静态时的肢体活动范围（作业域）

静态时的肢体活动范围也叫作业域，作业域由肢体活动的角度及肢体长度决定。

1.肢体活动角度

肢体的活动角度受骨骼和韧带的限制，种族、性别、年龄、生活习惯对肢体的活动范围也有影响。儿童骨骼柔软、弹性好，活动范围较大；老年人骨骼和韧带趋于老化，活动范围变小；经常参加体育锻炼的人活动范围较不爱锻炼的人大。

设计操纵器具时，要考虑到人肢体的活动角度，肢体活动角度在设计中分为三部分：轻松值、正常值、极限值。轻松值用于经常性场所，正常值用于一般场所，极限值用于涉及安全或限制的场所。在极限值角度操作时很费力，时间长了还容易致伤，设计时应当尽量避免。一般来说，比较轻松的活动角度仅为最大活动角度的一半左右（图39~41）。

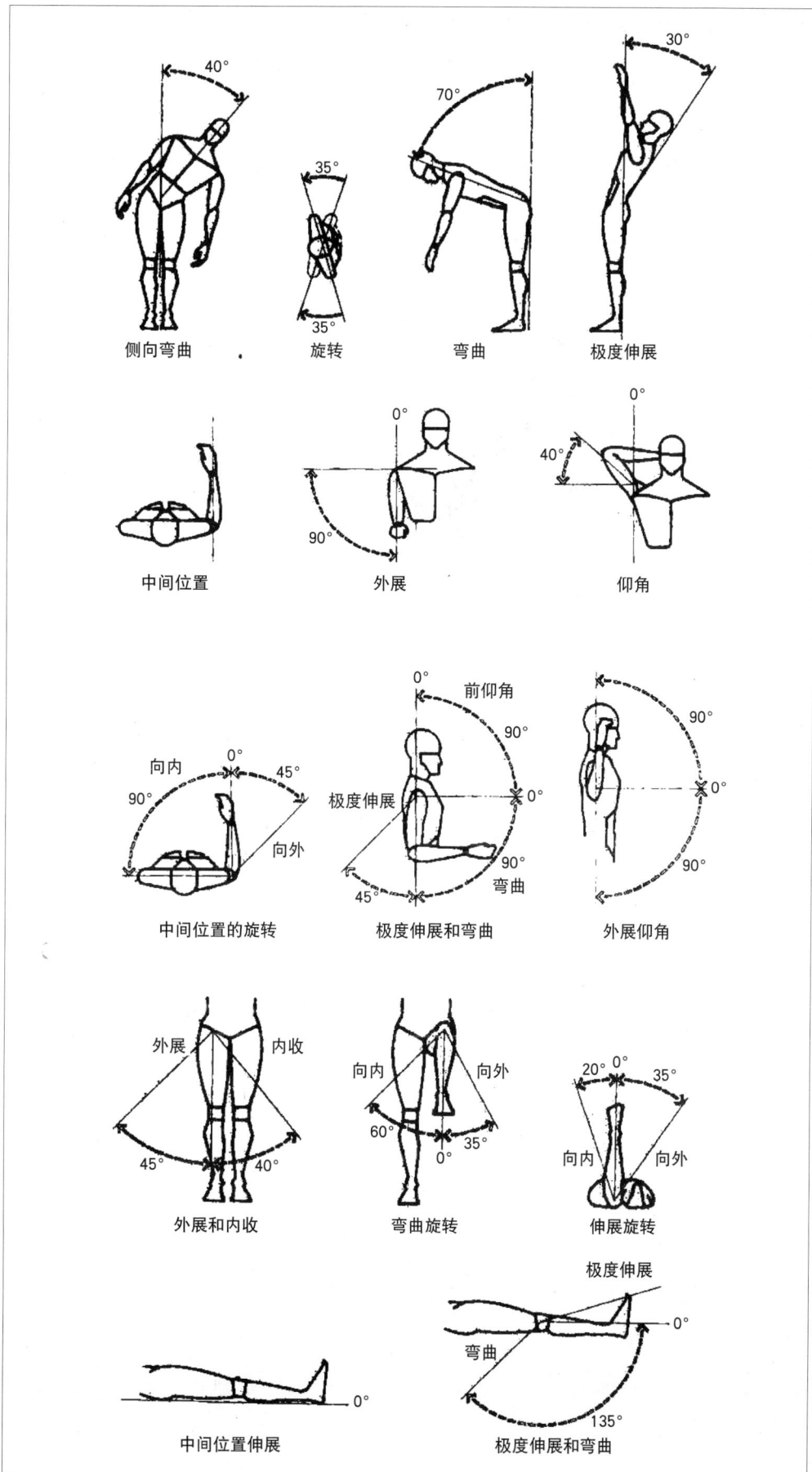

图39

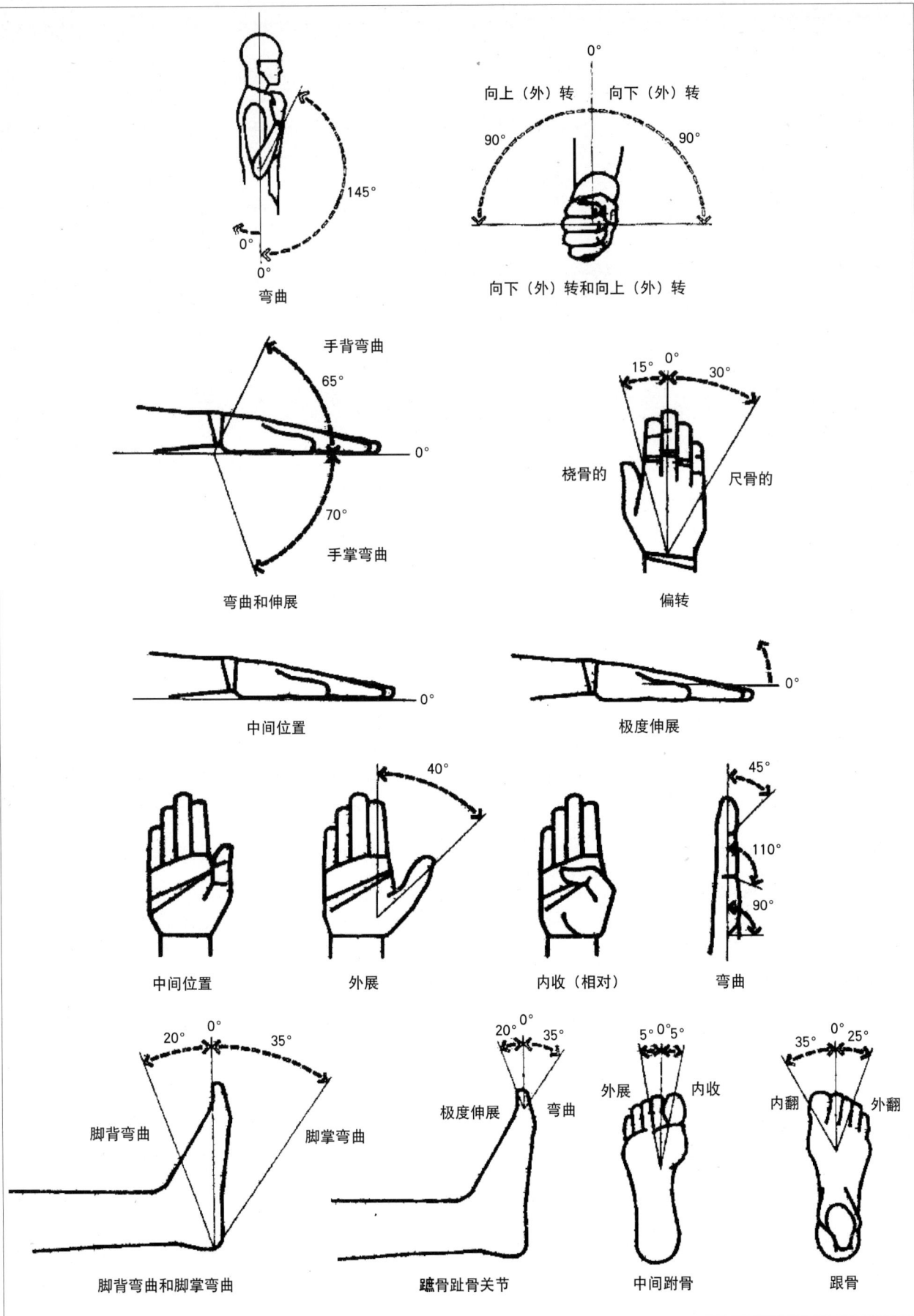

0°

弯曲

145°

0°

0°

向上（外）转　　向下（外）转

0°

90°　　　　　　　90°

向下（外）转和向上（外）转

手背弯曲

65°

0°

70°

手掌弯曲

弯曲和伸展

15° 0°　30°

桡骨的　　　　　　　尺骨的

偏转

0°

中间位置

0°

极度伸展

40°

中间位置　　　　外展　　　　内收（相对）

45°

110°

90°

弯曲

20° 0°　35°

脚背弯曲　　　　　　脚掌弯曲

脚背弯曲和脚掌弯曲

20° 0°　35°

极度伸展　弯曲

跖骨趾骨关节

5° 0° 5°

外展　内收

中间跗骨

35° 0° 25°

内翻　　　外翻

跟骨

图40

中间位置伸展

极度伸展

（伸展极限）

45°

0°

持久弯曲

0° 持久弯曲

0°

弯曲

外展和内收

外展　　内收

45°　　40°

弯曲旋转

向内　　向外

60°

0°

30°

伸展旋转

20° 0°

35°

向内　　向外

中间位置伸展

0°

极度伸展和弯曲

极度伸展

0°

弯曲

135°

图 41

2.肢体的活动范围

指人的肢体围绕关节转动而画出的空间范围。它包括左右水平和上下垂直面动作范围,这就是人的作业域。下图是人立姿时手的作业域(图42)。

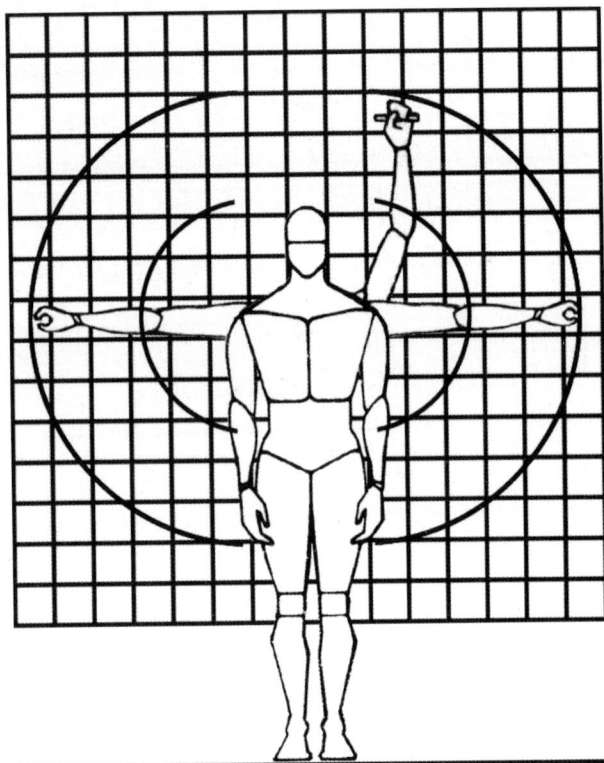

图42

作业域因涉及间距问题,一般选用较小尺寸,以满足多数人的要求。

水平作业域:见下图。手臂的通常作业域为400mm,故桌子宽400mm就够了,但由于台面可能摆放各种用具,实际宽度要比这大得多,故水平作业域对确定台面上各种设备的摆放位置很有用(图43)。

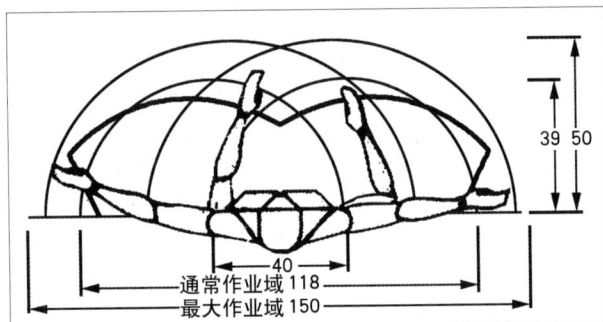

图43

垂直作业域:指手臂伸直,以肩关上下运动形成的范围,它对决定人在某一姿态时手臂触及的垂直范围有用,如搁板、挂件、门拉手等。

(1) 摸高:身高与摸高关系见下图,摸高用于设计各种框架、扶手。柜架尺寸常用部分应在此范围之内,此外,用手取物时还需眼睛的引导,因此抽屉高:男不超过1500~1600mm,女1400~1500mm。

(2) 拉手:人要取东西,伸手就能拿到最方便,拉手就是其一。开门的人老少皆有,身高悬殊,往往找不到一个适合的位置,一般办公室用1000mm高,家居用800~900mm较合适,幼儿园还要低些(图44)。

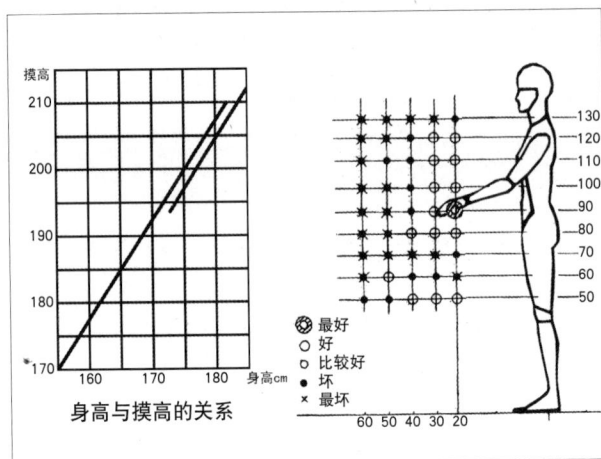

图44

(二)处于动态时的全身动作空间(作业空间)

1.姿态变换

姿态之间变换时所需的空间往往大于两姿势所占空间之和(图45)。

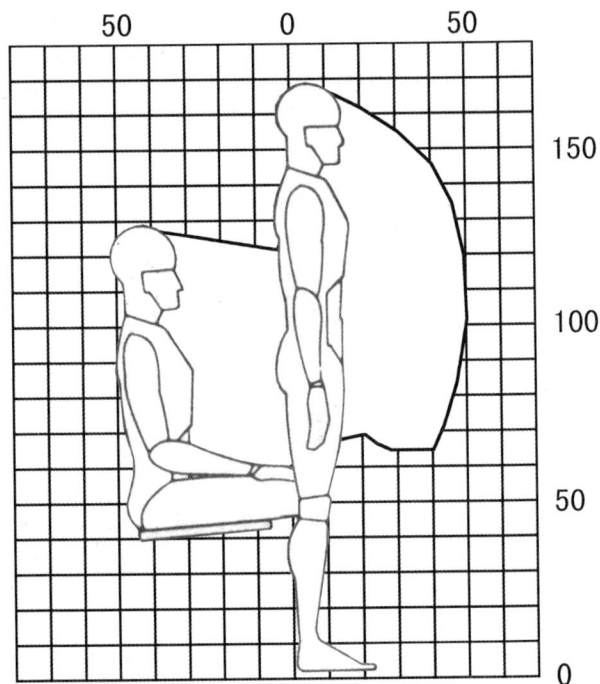

图45

2．人体移动

人体移动包括运动中所必须的肢体摆动或身体回旋所需的空间（图46）。

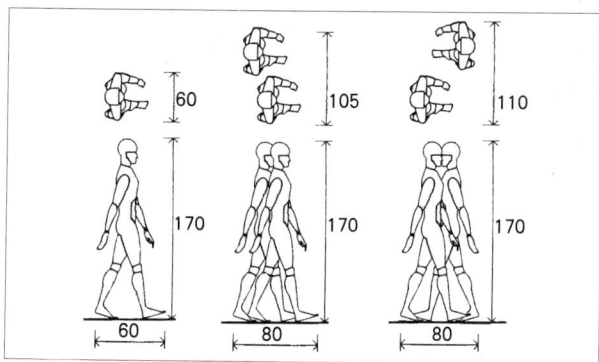

图46

3．人与物的关系

人在活动中，经常与下面几类物体发生联系：

(1) 与其他人相互作用（图47）。

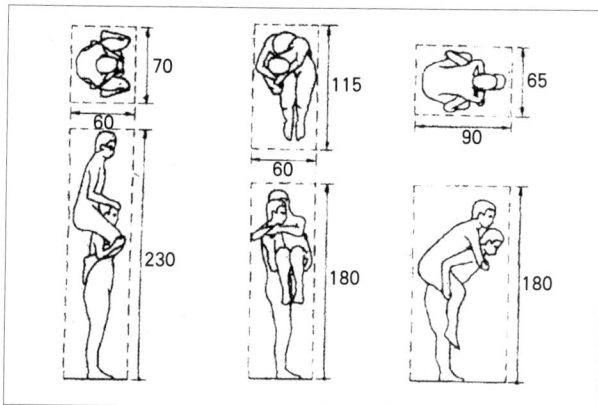

图47

(2) 用具，持于身前、身后、可挥舞的等。在设计中应考虑使用物体占的空间（图48）。

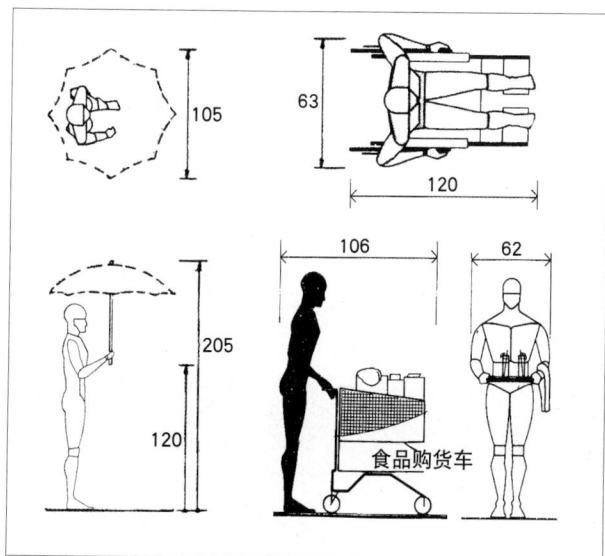

图48

(3) 家具及建筑构件：移动家具、支撑人体家具、贮存性家具、门、通道、阶梯、栏杆等（图49）。

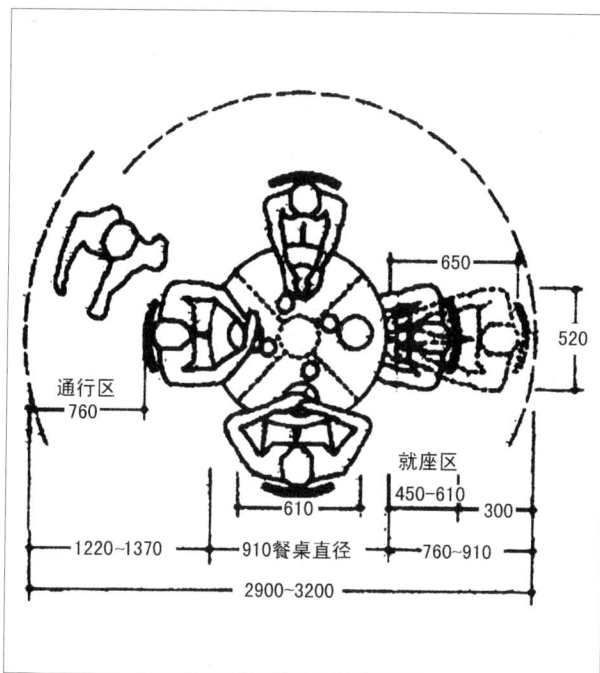

图49　四人小圆桌尺寸

人与物相互作用产生的空间范围可能大于或小于人与物各自空间之和，所以人与物所占的空间范围应视其活动方式而定。

七、设计用人体模板

人体模板是根据人体尺寸按1∶1、1∶5或其他实际需要的比例，用塑料板或纤维板等材料制成的各关节均可活动的裸体穿鞋二维人体模型。下图为坐姿侧视人体模板图。人体模板作为一种有效的辅助设计工具，已被广泛应用于人机系统设计中（图50）。

目前，设计中应用比较广泛的是坐姿侧视人体模板。这种模板主要用于辅助工程制图、辅助设计、辅助演示或模拟测试。使用时，根据需要，可将选定的人体模板放置于实际的作业空间或设计图样的相关位置上，用以确定人体有关部位在纵平面内的可及范围。例如，对于坐姿安装工作系统的设计，借助于人体模板，即可方便地得到适合人体尺寸的工作面高度、坐平面高度、脚踏板高度的尺寸数据，进而为工作台、座椅、脚踏板的设计提供可靠依据（图51）。

在小汽车、载重汽车、拖拉机等驾驶室设计中借助于人体模板亦可演示操作形态，校核、测试设计的可行性与合理性。利用人体模板检测座椅、操纵装置、显示装置与人体操作姿势的配合是否处于舒适状态，校核驾

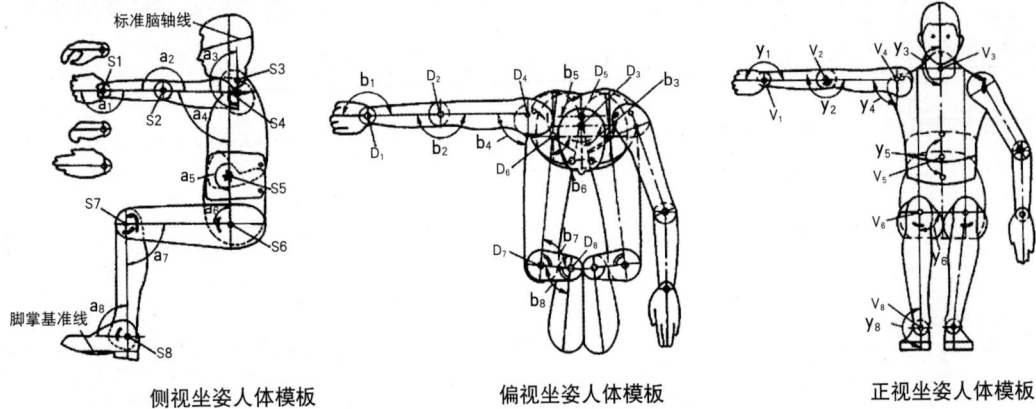

图 50

侧视坐姿人体模板　　偏视坐姿人体模板　　正视坐姿人体模板

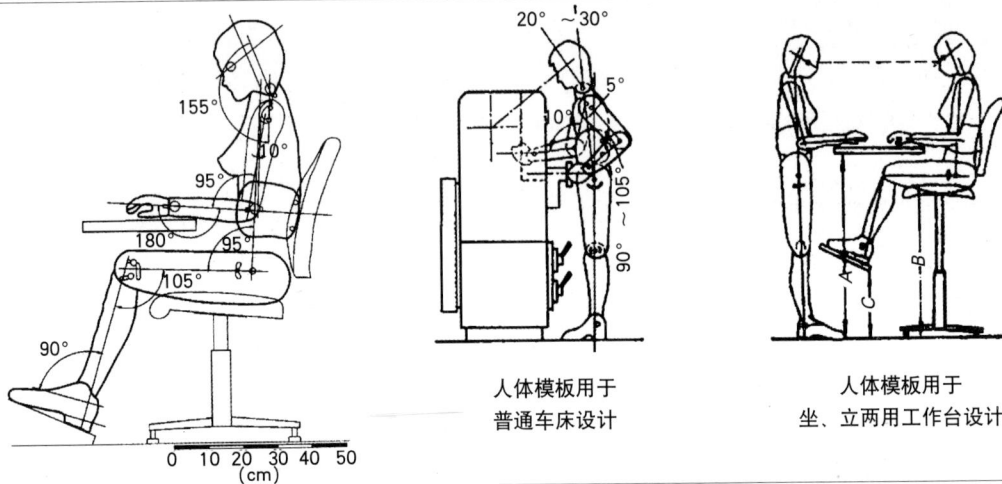

图 51

人体模板用于
普通车床设计

人体模板用于
坐、立两用工作台设计

驶室空间尺寸和乘客座位空间。这类模板在实际使用中
的缺陷是相对"理想"化的人体模型，同实际的人体形态
尺寸有一定差异。目前，利用计算机进行空间人机分析
的方法，能够更精确、更快捷地解决这类空间的舒适性
分析。下图为人体模板用于轿车驾驶室的设计（图52）。

八、重心问题

　　人的重心位于肚脐后，人体平均身高1630mm，重
心高920mm，修正一下取1100mm较好，在设计栏杆时，
高度应大于1100mm。重心也会随着人体姿势的变化而
位移，设计座具时应考虑不同姿势下人体重心的变化的
问题，让重心位于座具支撑面内以确保稳定（图53）。

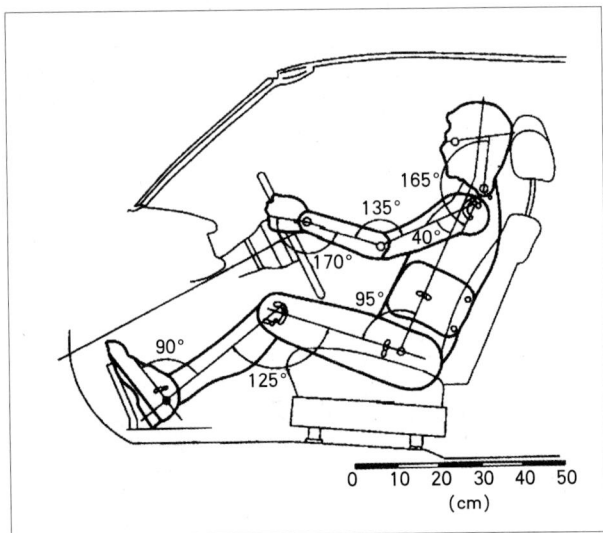

图 52　人体模板用于轿车驾驶室的设计

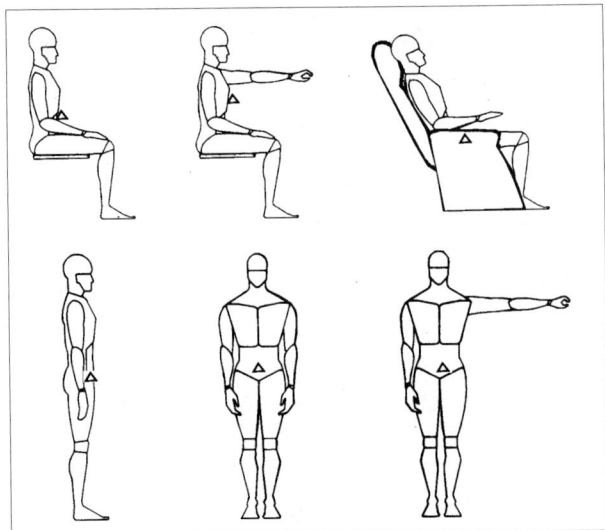

图 53

第二节　人体与知觉心理的行为反映

一、心理学基础

（一）感觉的类型

感觉是人脑对客观事物个别属性的反映，是感觉器官受到外界的光波、声波、气味、温度、硬度等物理与化学刺激作用而得到的主观经验。有机体对客观世界的认识是从感觉开始的，因而感觉是知觉、思维、情感等一切复杂心理现象的基础。

在心理学中，一般是按感觉刺激来自有机体的外部或内部而把感觉分为内部感觉和外部感觉两大类。这些感觉的含义、感觉器官和适宜刺激见表7。

外部感觉是指由人体外部的信息刺激作用于相应感觉器官后得到的感觉。这主要包括视觉、听觉、嗅觉、味觉、皮肤觉五种感觉。其中，视觉是辨别外界物体的形状、明暗和颜色的感觉；听觉是辨别外界物体的撮动所产生的声音性的感觉；嗅觉是辨别气味的感觉；味觉是人对化学物的一种感觉；肤觉是人通过人体肌肤接受物体的机械性或外界温度等刺激而形成的感觉，它包括触觉、温度觉和皮肤痛觉等不同类别的肤觉。

内部感觉是指由有机体内部的某些信息刺激人脑而引起的感觉。这主要包括肌肉运动感觉、平衡感觉和内脏感觉等。它们的感受器都分布在身体内部，接受体内反映身体正常或异常状态和变化状态的信号而产生相应的感觉。

表7　感觉的种类

感觉名称		感受器		适宜刺激
外部感觉	视觉	眼球视网膜上的视细胞		光（电磁波刺激）
	听觉	内耳耳蜗科蒂氏器上的毛细胞		声（机械刺激）
	嗅觉	鼻腔上部黏膜中的嗅细胞		气体（挥发性物质）
	味觉	舌头味蕾中的味细胞		液体（水溶性物质）
	肤觉 温觉	皮肤、黏膜中的游离神经末梢	温点	热（电磁波刺激）
	肤觉 冷觉		冷点	冷（电磁波刺激）
	肤觉 触压觉		压点	压力（机械刺激）
	肤觉 痛觉		痛点	伤害性刺激
内部感觉	平衡感觉	内耳前庭器官中的毛细胞		身体的位置变化和运动（机械刺激）
	运动感觉	肌、腱、关节中的神经末梢		身体的位置变化和运动（机械刺激）
	内脏感觉	内脏器官壁上的神经末梢		机械刺激、化学刺激

（二）感受性和感受阈

1.感受性

指能够反映有关事物个别特性的能力，它分为两种：

(1) 绝对感受性：分析器能够感受有关事物极微弱的刺激而产生感觉的能力。

(2) 差别感受性：分析器能够分析有关刺激之间及其微小类别的能力。

2.感受阈

感受阈是能足以被我们的分析器所感受从而能引起我们的感觉的刺激所必须达到的那种限度。如小于3克的物体不能引起我们的重量感。

(1) 绝对感受阈：引起人们感觉刺激的最低限度。从人的感觉阈来看，刺激本身必须达到一定强度才能对感受器官发生作用。但是如果刺激超过一定强度(最大阈值)时，刺激不仅无效，还会引起不适或痛觉，甚至产生不能复原的损伤。

表8

感觉	阈限
视觉	在晴朗的黑夜里，一个烛光火焰可见到的距离为48公里
听觉	在安静的环境下，手表滴答声可听到的距离为6米
味觉	9升水中的1匙糖
嗅觉	一滴香水扩散到有6个房间的公寓的空间中
肤觉	从1厘米远的距离落在脸颊上的苍蝇翅膀

(2) 差别感受阈：能够分析出刺激之间差别的最小限度。

德国生理学家韦伯提出，差别感受阈和标准（原）刺激成正比。

$$\triangle I/I=K$$

（其中K为常数，光觉$K=1/100$，声觉$K=1/10$，重量$K=3/100$，这一规律是在中等强度范围内的刺激，过弱或过强的刺激，K值为显著降低。）

表9是不同感觉系统的韦伯分数K（中等强度范围）。

表 9

感觉系统	韦伯分数（$\triangle R/R$）
乐音的音高（频率）	1/333
乐音的响度	1/10
视觉明度	1/60
被提起的重量	1/50
在皮肤表面上的压力	1/7
盐溶液的味道	1/5

德国物理学家费希纳提出刺激强度与感觉强度成对数关系。

$$S=K \cdot LogR$$

（K为常数，S为感觉强度，R为刺激强度）

由此可见，刺激物必须增加10倍，才能使感觉强度加1倍，故在设计中，不能只依靠增加环境刺激强度来加强感觉强度，而应采用对比手段。

（三）感觉特性

1.感觉适应

由于刺激对感受器的持续作用从而使感受性发生变化的现象叫感觉适应。如"久居兰室而不闻其香"。

适应可以引起感受性的提高（积极适应），也可以引起感受性的降低（消极适应）。例如：人们由亮的地方转入暗的地方时，在黑暗环境中视觉感受性会逐步提高（暗适应）；而当我们进入有难闻气味的地方时，大家都会在嗅觉上觉得难受，但继续在此环境中活动，不久那难受的嗅觉就会慢慢消失。

感觉适应现象表现在所有的感觉中，但是，在各种感觉中适应表现的速度是不同的。如，触觉感受器的适应非常快，视觉感受器的适应比较慢（暗适应时间达几十分钟），嗅觉和听觉感受器的适应也比较慢，痛觉则基本上没有适应现象。

感觉适应过程会产生疲劳，在室内设计中，要考虑室内环境变动的灵活性，以唤起人们新的感觉，这对商业设计尤为重要。

2.感觉对比

感觉对比是同一感受器接受不同的刺激而使感受性发生变化的现象。这是同一感受器中不同刺激效应相互影响的表现。感觉对比分两类：同时对比和先后对比。

同时对比是指几个刺激物同时作用于同一感受器会产生同时对比现象，它在视觉现象中表现得非常明显。例如，从同一张灰纸上剪下两个小的正方形，把一个灰色小方块放在白色的背景上，把另一个灰色小方块放在黑色的背景上，这时，人们可以看到第一个小方块会显得暗一些，第二个小方块看起来就显得明亮些。这表明，物体的明度不仅取决于物体及物体表面的反射系数，而且也受物体所在周围环境的明度的影响。

同样，一个物体的颜色会受到它周围颜色的影响而发生色调的变化。例如把一个灰色的小方块放在绿色的背景上，看起来小方块显得带红色；把相同的灰色小方块放在红色的背景上，看起来小方块显得带绿色。而如果把它放在黄色的背景上，则这一小方块会呈现出蓝色。总之，彩色对比在背景色的影响下，向着背景色的补色方面变化，同时在两色的交界附近，对比也特别明显。

感觉的先后对比现象指的是刺激物先后作用于同一感受器后所引起的感受性的变化。例如，人们在吃过糖之后接着吃橘子，会觉得橘子的味道不如在吃糖之前吃橘子时的感觉那么甜；在喝了苦药后，接着喝白开水就会觉得甜；凝视红色物体后，再看白色的物体，就会出现青绿色的视觉后像等，这些都属于先后对比现象。

3.不同感觉的相互影响

在一定的条件下，各种不同的感觉都可能发生相互影响。例如，食物的颜色、温度和香味等因素会影响人们的味觉，摇动的视觉形象会影响平衡觉，使人眩晕等。

虽然不同感觉相互影响的规律尚未探明，但一般的趋向似乎是，对一个感受器的微弱刺激能提高其他感受器的感受性，而强的刺激则会降低其他感受器的感受性。

4.感觉补偿

这是指某种感觉系统的机能丧失之后而由其他感觉系统的机能来弥补。例如，盲人失去了视觉机能后，经过学习可以通过触摸觉来阅读盲文获取外界信息；聋哑人则能"以目代耳"，学会看话来理解说话者要表达的意思等。

5.联觉

当某种感觉器官受到刺激时，人们在心理上经常产生另一种感觉器官的感觉和表象，这种现象就叫联觉。联觉出现于各种不同的感觉中。最常见的是视听联觉，即指人们在声音刺激物作用下在心中产生视觉形象的这种现象。除视听联觉外，许多人还有味视联觉。例如，有的人在看见黄色时会产生甜的感觉，有的人在看见绿色时会产生酸的感觉等。

6.同时使用多个感官，感觉印象保持的时间较长。

7.余觉

刺激消失后，感觉会存在一极短的时间，如每秒闪100次的电灯感觉上是连续的。电影的原理就是运用了余觉。

（四）知觉特性

知觉是人对事物的各个属性、各个部分及其相互关系综合的整体的反映。知觉必须以各种感觉的存在为前提，但并不是感觉的简单相加，而是由各种感觉器官联合活动所产生的一种有机综合，是人脑的初级分析和综合的结果，是人们获得感性知识的主要形式之一。

1.选择性

选择性是指人对同时作用于感觉器官的各种刺激并不都发生反应，而只选择其中的少数刺激作进一步加工。人们在知觉周围事物时，总是选择少数事物作为对象，而对其他事物反应较模糊。在设计中，我们应突出一个中心，弱化处理旁边物体，如在教室黑板上方挂一电子钟，会分散学生上课的注意力。

当我们注视某一个形态时，就会感觉到它是从其他形态中浮现出来的形态，即使这两种形态差异不明显，人们也会感知到其中某一部分形态在前，另一部分形态在后。浮现在上面的形态叫做图形，退在后面的形态叫做背景。

这种图—底关系的现象，早在1915年就以卢宾(Rnbin)的名字来命名，称为卢宾反转图形（图54）。多数情况下，当你注视杯子的时候，这就是图形，黑色的部分就成了背景；当你注视两个头影的时候，那也是图形，而白色部分就成了背景。

图54

哪个是图，哪个是底，取决于其突出程度，而突出程度又可以通过加强某些图形的色彩或轮廓线的清晰度、新颖度、内在质地的细密度等方法来取得。一般情况下，图底差别越大，图形就越容易被感知；如果图底关系差别不大，则容易产生反转现象，给人们造成不稳定感，容易失去图形的意义。

如何使图形比较清楚、呈像比较稳定，根据心理学中注意的特性，有以下几种图形建立的条件，供设计时参考。

（1）面积小的部分比大的部分容易形成图形（因对比作用）。

（2）同周围环境的亮度差，差别大的部分比差别小的部分容易形成图形。

（3）亮的部分比暗的部分容易形成图形（因人有向光性的特点）。

（4）含有暖色色相的部分比冷色色相部分容易形成图形（因暖色有向前的特点）。

（5）对称的部分比非对称的部分容易形成图形（图55）。

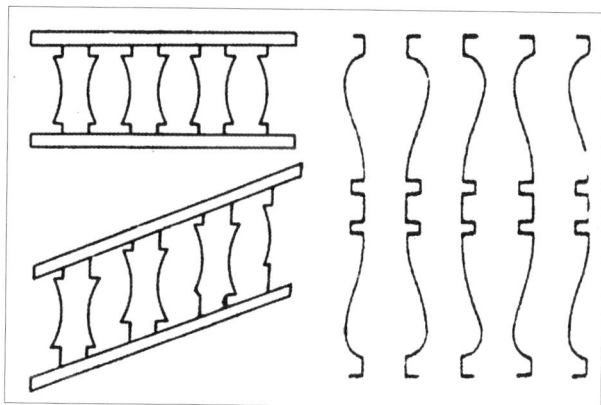

图55

（6）具有幅宽相等的部分比幅宽不等的部分容易形成图形（图56）。

（7）与下边相联系的部分比上边部分容易形成图形（图57）。

图56

图57

（8）运动着的部分比静止的部分容易形成图形，如喷泉以及各种动态装饰物。

2.整体性

知觉的对象有不同的属性，由不同的部分组成，感觉系统为我们提供的是各种感觉：光、色、声、嗅、味和触，但我们知觉到的却是一个整体或完整具体的对象。例如，一个苹果虽然有颜色和味道等识别属性，但我们感知它时却是一个统一的整体。由此可见，我们在知觉过程中所得到的知觉不是刺激物的个别特性和属性，而是事物的整体和关系的知觉，这就是知觉的整体性。在设计中，我们应把握环境知觉的整体效果。

格式塔心理学把知觉看成是一个有组织的整体，知觉的各个部分是按一定原则组织起来的。格式塔心理学根据日常的经验提出了图形组织的原则，这些原则解释了环境中的各种刺激是怎样组成为一个整体的（图58）。

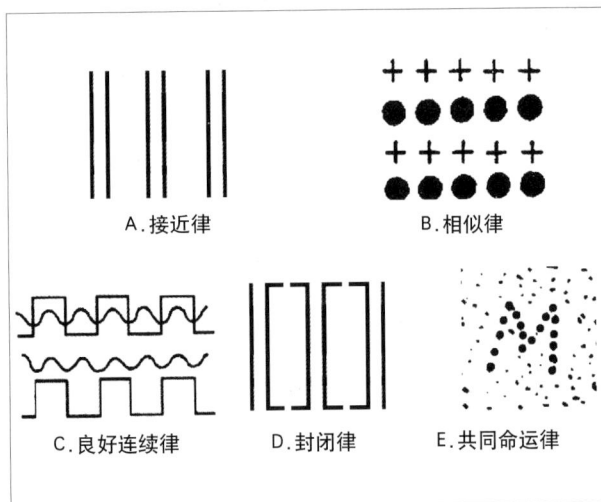

A.接近律　　　B.相似律
C.良好连续律　　D.封闭律　　E.共同命运律

图58

(1) 接近律。在空间或时间上互相接近的图形容易知觉为一个整体，如图中的直线容易看成是三对直线，而不是任何其他的组合。

(2) 相似律。在其他条件相同时，同一结构中彼此相似的图形容易知觉为一个整体。在图中，人们看到的是两排黑圆点和两排加号，而不是圆点与加号混合的图形。

(3) 良好连续律。具有良好连续的各种图形容易知觉为一个整体。在图中，我们看到一条直线与一条曲线相交，而不是顶点相连的两条曲线。

(4) 封闭律。具有封闭结构的各种图形容易知觉为一个整体。在图中，虽然有六条与A相同的直线，但我们看到的却不再是A那样的三对直线，而是中间的四条直线组成两个方括号图形。

(5) 共同命运律（完形）。共同运动或一道变化的图形容易知觉为一个整体。在一个随机的点子图中，如果某些点子同时闪现或发光，我们就能把它们看成是一种图形。

3.理解性

在对现实事物的知觉中，需要以过去经验、知识为基础的理解，以便对知觉的对象作出最佳解释、说明，知觉的这一特性叫理解性。

不同知识经验的人在知觉同一个对象时，他们的理解不同，知觉的结果也不同。最简单的事实是，成人与儿童对一幅图画的知觉有很大差别，年龄较小的儿童只能说出图画中主要的构成成分，而成人则既能掌握画面上的每一个细节，又能把握整个图画的意义。

图59是一个斑点图，乍看似乎并无把它知觉为一匹跑着的马。正是以知识经验为基础的理解作用，使我们填补了画面信息的不足，把对象知觉为有意义的整体。图60是一个少女与老妇的图像，不同知识经验的人第一眼看到的主题可能是不同的。

图59　　　　　　　　　　　图60

在理解的过程中，言语可以起很重要的引导作用。如果开始提问人问图中画的是否像一匹马（或一个少女）？那么知觉起来将容易得多。

4.恒常性

当知觉对象的物理性在一定范围内发生了变化的时候，知觉形象并不因此发生相应的变化。知觉的这种特性称为知觉的恒常性。知觉恒常性现象在视知觉中表现得很明显、很普遍，主要表现为下列几种：

(1) 大小恒常性。在一定范围内不论观看距离如何，我们仍倾向于把物体看成一定的大小。而在事实上，当物体距离近时，视网膜上视像的视角要大些；距离远时，视网膜上视像的视角要小些。也就是说，它在我们视网膜上的像会因距离不同而改变，但是，我们看到这个人的大小却是不变的。这就是大小恒常性现象。

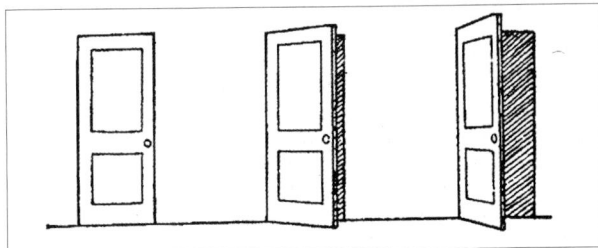

图61

第 2 章　人体动作与行为因素

(2) 形状恒常性（图61）。尽管观察物体的角度发生变化，但我们仍倾向于把它知觉为同一形状。

(3) 明度恒常性。尽管照明的亮度改变，但我们仍把它的表面亮度知觉为不变。在强烈的阳光下煤块反射的光量远比黄昏时白粉笔所反射的光量要更大，但是，即使在这种情况下，我们还是把煤块知觉为黑色的，把粉笔知觉为白色的。这就是明度恒常性现象。

(4) 颜色恒常性。尽管照明的颜色改变了，我们仍把它感知为原先的颜色。例如，不论在黄光照射下还是蓝光照射下，我们总是把一面国旗知觉为红色的，这就是颜色恒常性现象。

（五）对物体知觉中的错觉

在特定条件下人们对客观事物必然产生的某种有固定倾向的歪曲知觉叫错觉。错觉与幻觉不同，它是在一定条件下必然产生的，个体差异只表现在错觉量上的变化。

对错觉的实验研究是从19世纪中叶开始的，研究最多的是对几何图形的视错觉。视觉图形错觉主要包括以下几种：

1. 线条的长短错觉

线条的长短错觉是指两条相同长短的线在某些条件下，看起来其中一条线似乎比另外一条线更长(图62)。

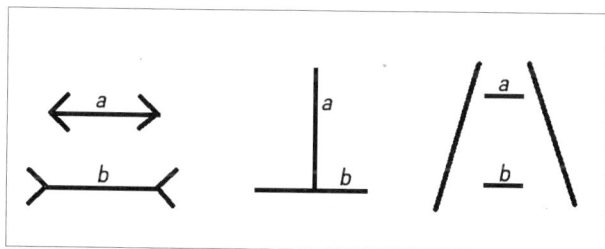

图62　线条错觉

(1) 箭头错觉：如果在等长线段的两端加上不同方向的箭头，则外展的线段看起来总是比较长一些。

(2) 垂直—水平错觉：垂直线与水平线是等长时，看起来垂直线总是比水平线要长一些。

(3) 铁轨错觉：如果等长的两线段并列在一个形成锐角的背景上，则靠近锐角的那一条线段看起来总是要比另一条线段长一些。

2. 面积的大小错觉

面积的大小错觉是指两个面积相等的图形在某些条件影响下，其中一个图形看起来似乎比另外一个图形更大。两个面积相等的圆形，一个在大圆的包围中，另一个在小圆的包围中，结果看起来被小圆包围的图形比大圆包围的图形更大（图63）。

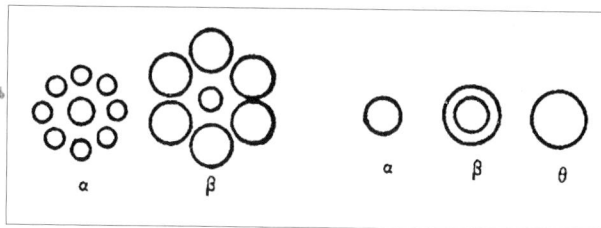

图63　面积错觉

3. 形状和方向错觉

前者是指图形因邻近线条的影响而发生形状变化的视错觉；后者是指因背景的倾斜，使人对图形的位置方向知觉也产生了的错觉（图64）。

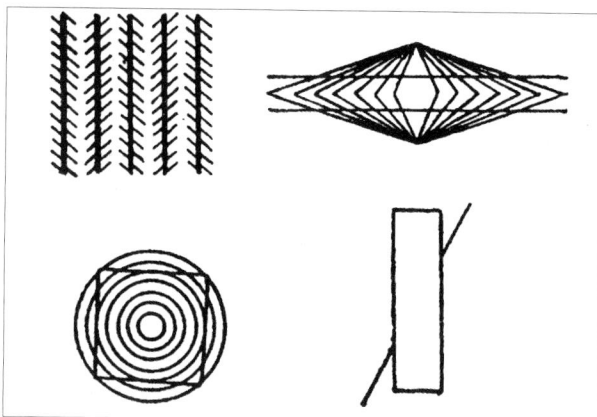

图64　形状和方向错觉

(1) 一些平行线由于附加线段的影响看起来似乎不平行。

(2) 两条平行线由于附加线段的影响，使中间变狭，两端变宽，直线看起来似乎是弯曲的。

(3) 在许多环形曲线中，正方形的四边看起来似乎略显弯曲。

(4) 被两条平行线切断的同一条直线，看上去不在一条直线上。

4. 似动现象——运动错觉

人的运动知觉包括真动知觉和似动知觉两种。似动知觉是指在一定的条件下，人们把客观上静止的物体看成是运动的，或把客观上不连续的位置移动看成是连续运动等心理现象。这种知觉实际上是一种错误性的运动知觉。

(1) Phi现象。格式塔心理学家韦特海默在实验中，将 A、B 两条发亮的直线先后投射在黑色的背景上。两条线放映时间相隔长于或等于200毫秒时，观察者可先见 A 线，后见 B 线，没有看见运动；时间间隔短于30毫秒，便可见两线同时呈现，也没有看见运动；如果时间相隔介于两者之间，如60毫秒，便可以看见 A 线向 B 线移动，或只看见运动，没有看见线。实际上没有动的刺激物，但在适当条件下却感知到它在运动，这种知觉现象称作似动现象，这是由于视觉后像的作用使我们把断续的刺激知觉为一个整体刺激。这与看电影时所见相同。电影的图像是静止的，但放映时观众却看见人物形象的活动（图65）。

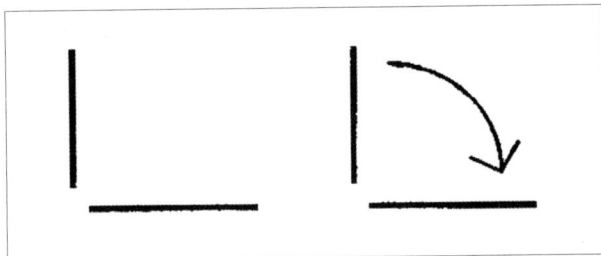

图65

（2）诱导运动。在没有更多的参照系的条件下，两个物体中的一个在运动，人可能把它们中的任何一个看成是运动的。我们可以把月亮看成是在云彩后面移动，也可以把云彩看成是在月亮前面移动。其实，相对于云彩来说月亮并没有移动，只是运动着的云彩诱导出静物(月亮)好像在运动，这种现象叫做诱导运动（又如坐在车上感觉环境在运动）。

视错觉有害也有益，视错觉可能造成观察、判断和操作失误。但在设计中也可以利用视错觉，如用纵向线条可增加空间高度感，而横向线条可增加空间宽度感。

（六）注意

注意是心理活动的指向与集中。指向就是受试者从许多客观事物中选择头脑要集中反映的对象进行判断并留下清晰的影像，而对其他事物的影响则加以抑制。

1.注意的范围（注意跨度）

很短时间就能处理的刺激量叫做注意范围。试验的方法是采取向受试者提供瞬间显示的文字、图形、点，令其读下个数。用0.5s时间，显示4个可完全读下，显示6个读下大体是正确的，显示7个以上错误就多了，6个就是该受试者的注意范围（或跨度）。听觉印象是6~8个。成组的字或声可使跨度增大。例如，记忆电话号码七位数的信息负荷量大于分开记忆三位数（局）和四位数（号码）之和，后者信息量减少，所以减少了记忆量。

2.注意的分类

根据产生和保持注意有无目的和意志努力的程度不同，可以把注意分为无意注意和有意注意。

（1）无意注意

无意注意是事先没有预定的目的，也不需要做出意志努力的注意。例如，在上课时，老师在讲台上拿出一台新仪器，学生会自然地注意这台仪器；在安静的阅览室内，突然传来一声巨响，大家都不由自主地转过头去注意那声音。无意注意是人和动物都具有的初级注意。引起无意注意的原因来自两个方面：刺激物的特点和人本身的状态，同时这两方面的原因也是相互联系的。

①刺激物的特点

a.刺激物的强度：任何相对强烈的刺激，例如，强烈的光线、巨大的声响、浓郁的气味，都会使人不由自主地加以注意。但对无意注意而言，起决定作用的往往不是刺激物的绝对强度，而是相对强度，即刺激物强度与周围物体强度的对比。例如，在喧闹的工厂，很大的声音不会使人们注意；而在寂静的夜里，偶尔的轻声细语也能引起人的注意。

b.刺激物之间的对比关系：刺激物在强度、形状、大小、颜色、持续时间等方面与其他刺激物存在显著差异，构成鲜明对比时，会引起人们的注意。例如，绿草中的红花能够引起人们的注意，但绿草中的青蛙就不容易引起人们的注意。教师讲课，声音由大变小、由小变大，都容易引起学生的注意。

c.刺激物的活动变化：刺激物的突然出现与停止、增强与减弱，空间位置的变化和运动都易引起无意注意。例如，眼前疾驰而过的列车，天空中飞过的大雁，一望无际的河面上飘动的小船，街道上不停闪烁的霓虹灯，这些都易引起无意注意。

d.刺激物的新异性：所谓新异性是指刺激物异乎寻常的特征，它可分为绝对新异性和相对新异性。绝对新异性是指人们未经验过的事物及其特征。例如，居住在内陆的人，从未见过大海，当他们第一次看见大海时，极易引起无意注意。而相对新异性是指刺激特性的异常变化或各种特性的异常组合。例如，在人流中有一位身高两米以上的巨人出现，也自然会引起无意注意。

②人本身的状态

无意注意虽然主要是由外界刺激物引起的，但也取决于人本身的状态。同样一些刺激物，由于感知它们的人本身的状态不同，可能引起有的人注意而引不起其他人的注意。引起无意注意人的主观原因主要表现在：

a.人对事物的需要和兴趣：凡能满足人的需要，符合人的兴趣的刺激物容易成为无意注意的对象。例如，高中毕业生对高考信息的关注，球迷对"球讯"的关心。

b.人当时的情绪和过去的经验：人当时的情绪状态，在很大程度上影响着无意注意。如果一个人当时心胸开朗、心情愉快，平时不太容易注意的事物，这时也很容易引起他的注意；如果一个人心胸抑郁、心情不愉快，平常容易引起注意的事物，这时也不易引起他的注意。过去经验也能影响注意的指向，人们看报时所注意的内容往往不同，这就是由个人的知识经验决定的。

（2）有意注意

有意注意是有预定目的，需要做出意志努力的注意。有意注意是一种积极、主动的注意形式，是注意的一种高级发展形式，它是在人们实践活动中发展起来的。

有意注意虽然也会受人的情绪、过去经验和兴趣的影响，但这种影响已不是直接的，而是间接地影响有意注意。引起、保持有意注意的主要条件有以下几个方面：

①加深对目的、任务的理解，培养间接兴趣。

有意注意是一种有预定目的的注意。目的越明确、越具体，有意注意越易于引起和维持。大家都知道，有经验的教师常常要求学生上课前进行预习，事先了解一节课要讲的内容，知道哪些地方自己没有看懂，这样做就是为了引起学生的有意注意。学生有了明确而具体的听课目的，就能有效地从课堂上选择信息。间接兴趣是指对活动本身和最近结果可能没有兴趣，但对活动的最后结果却有很大兴趣，它对于保持有意注意具有很大的作用。例如，开始学习外语时，对记单词、学语法感到单调和枯燥，但想到学好外语有助于学习国外的先进科学技术，加速实现现代化，就能克服困难，专心致志地学习外语。

②合理地组织活动。

在明确目的的前提下，合理地组织活动，有助于集中有意注意。

a.提出一定的自我要求，常常会加强有意注意，特别是在要求加强注意的"紧要"关头向自己提出"必须注意"的要求，这种及时提醒，可以起到集中注意的作用。

b.提出问题有利于加强有意注意。为了回答问题，人们就必须注意有关事物。在教学中向学生提问，不仅可以检查学生的成绩、发展思维，而且对保持注意也有重要意义。

c.把智力活动与实际行动结合起来。在教学中让学生多活动些，这样比让学生被动地听课容易集中注意。

③用坚强的意志同干扰作斗争。

外界干扰不利于注意的保持，应设法采取一定的措施排除干扰，同时更应当以坚强的意志和干扰作斗争，这样既能锻炼意志又能培养有意注意。人一般是在安静的环境里容易集中有意注意，在喧闹的环境里学习时，容易疲劳，消耗精力大，学习的效果也差。因此要尽可能创设安静的学习环境，避免干扰。但是某些微弱的附加刺激不仅不会干扰人们的有意注意，而且会加强有意注意。例如，学习时听听轻音乐有时会加强注意。

二、视觉特性

人们在物质世界的感知过程中，大约有80%的信息是由视觉得到的，可见视觉在设计中的重要性（图66）。

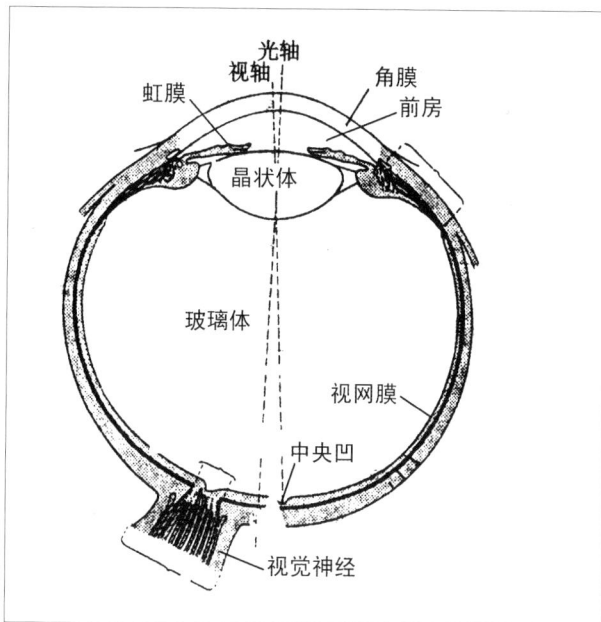

图66

（一）眼睛构造与视觉机制

眼球的构造：从前到后依次为①角膜；②前房；③虹膜；④晶状体；⑤玻璃体；⑥视网膜。眼球周围还有6块肌肉可使眼球转动。

视觉机制：可见光在电磁波频谱中只占很小的范围，视网膜内壁上有视杆细胞和视锥细胞两种视觉细胞，功能互相不同。视锥细胞分布在视网膜中心的很小区域内，在明亮的条件下可分辨颜色，因视锥细胞分布区域很小，所以人眼能"即时"看清精细的只是一个很小的区域。通过眼球转动可以依次看清较大的范围，此过程叫目光的巡视；视杆细胞分布在视网膜中心的边缘，在较暗的条件下起作用，且只可区别明度而不能分辨颜色（图67）。

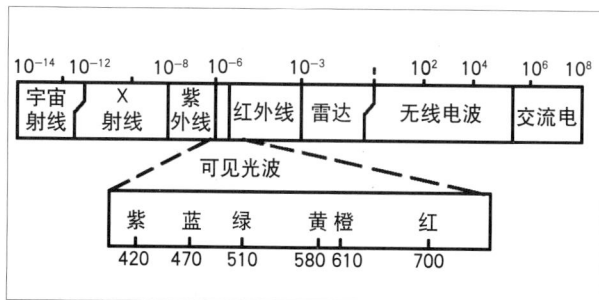

图67 电磁波频谱中的可见光（单位nm）

（二）视觉特性

1.视角与视力

视角是被看物体两端的光线投入眼球的夹角，视角的大小与观察距离及被看物体上两端点的直线距离有关（图68）。

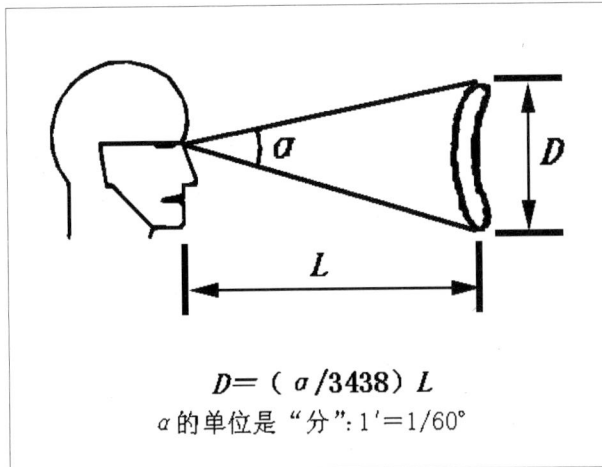

$$D=(\alpha/3438)L$$
α 的单位是 "分": $1'=1/60°$

图 68

在一定条件下能否看清物体不取决于物体的大小，而取决于它所对的视角。在字体设计中就要考虑视角因素，一般条件下满足看清文字的要求是：字高为视距的 $1/200$（展板设计中为 $1/100$，视距一般为 $1200\sim 1800$mm）。如要求文字醒目并能引起注意时，字要更大些。运动中观察时要求更大。

眼睛识别物体的最小角度称为临界视角，临界视角是看清物体所需角度的底线，同时，临界角度还与光线有关。如照度变小，则临界角度会增加，根据临界角度，即可确定设计的建筑物在垂直于视线方向的必要尺度，如远处、高处的物体可设计得大些、粗犷些。

视力是表现人眼对物体细部分辨能力的一个生理尺度，其定义为临界视角的倒数，视力为 1 称为标准视力，视力 =1/ 临界视角。下图为视力测试原理图（图 69）。

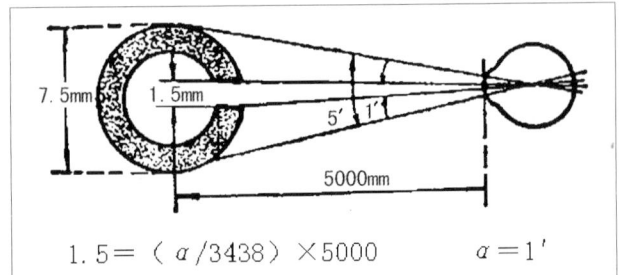

$$1.5=(\alpha/3438)\times 5000 \qquad \alpha=1'$$

图 69　缺口圆环视标

2.视野

视野是指当头部和眼球固定不动时所能看到的正前方空间范围，或称静态视野；眼球自由转动时能看到的视野称为动态视野（图 70）。

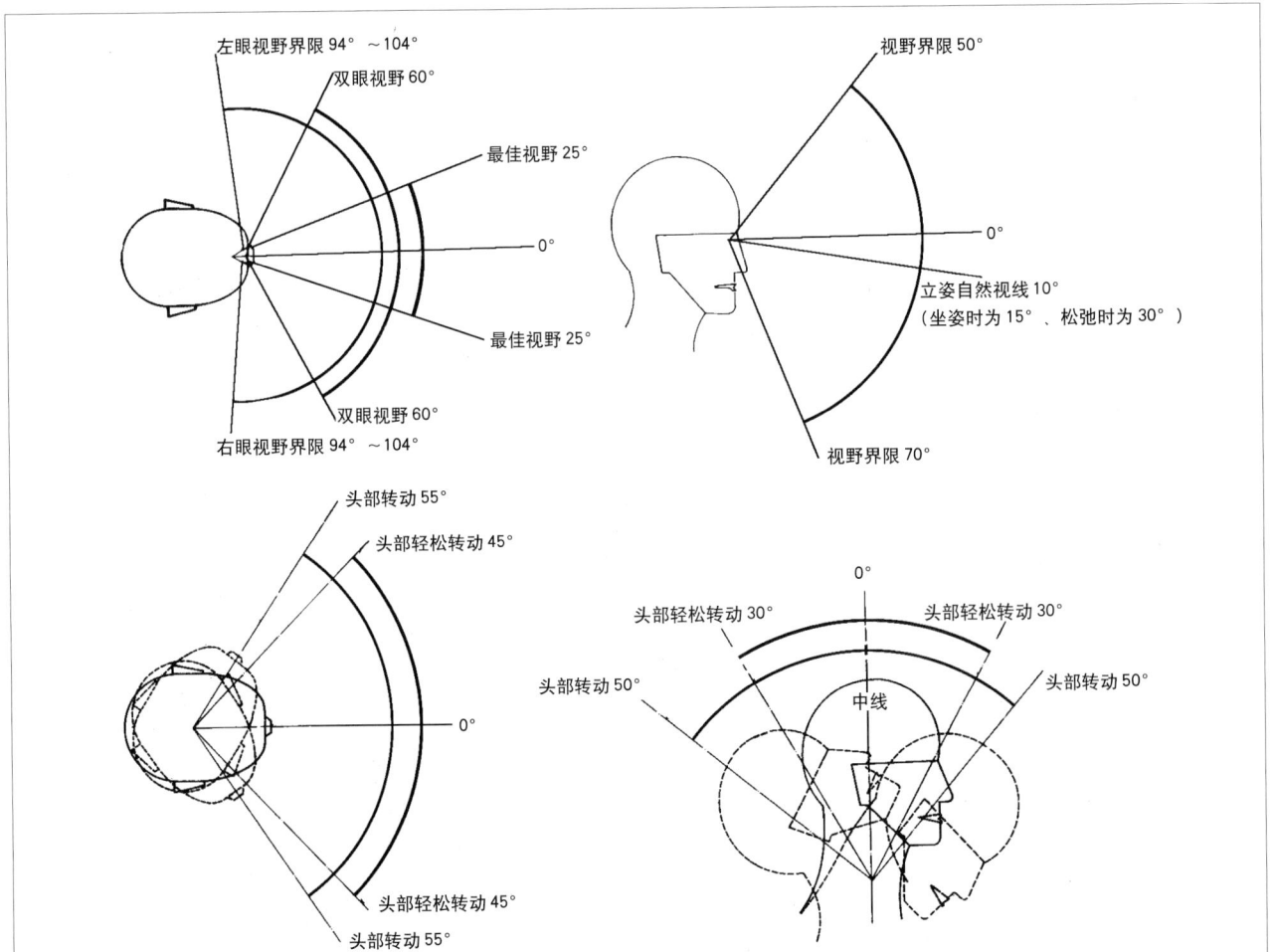

图 70

水平方向视野：双眼视区大约在左右60°以内，人的最敏感视野在标准视线每侧1°的范围内。单眼视野界限为标准视线每侧94°～104°。

垂直视野：最大视区为标准视线上50°，下70°，站立时的自然视线低于水平线10°，坐姿时为15°。人在松弛状态中，站着和坐着时的自然视线偏离水平视线30°和38°，因此，人在轻松时刻观看展览时，展示物应放置在低于标准视线30°的区域里。

在视野边缘，人只能模糊看到物体的存在，但分辨不清详细形状，能清楚分辨物体的视野叫有效视野（范围为上30°，下40°，左右各15°）。其中中心3°范围内为最佳视野。

颜色视野：是指颜色对眼的刺激能引起的感觉范围。颜色视野中白色最大，黄色、蓝色、红色依次递减，绿色视野最小。在产品显示控制装置设计中就要注意这个因素，红绿色的按钮或显示内容不能放在视野的边缘，否则，不易被注意到（图71）。

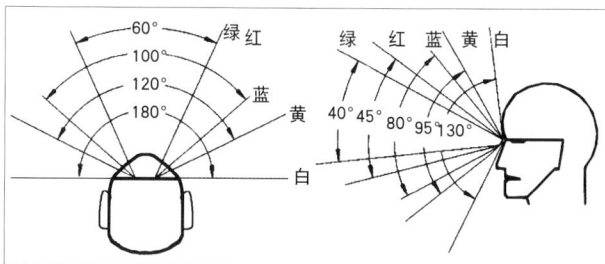

图71 人的颜色视野

3.视野与建筑视角分析

建筑既要满足使用功能要求，又要考虑符合人的视觉、观赏规律。在建筑设计中，除了造型（形体、色彩、材质）方面的风格谐调外，尚须进行视觉分析。视觉分析包括：

(1) 竖直视角分析(用于研究建筑高度及总平面进深)

观赏建筑时，观赏点的选择是颇为重要的，根据实测，当观赏距离D与视平线以上的建筑高度之比为3时，观赏视角为18°，这是远观建筑群体全貌的基本视角；当$D/H=2$时，A为27°，这是观赏个体建筑或建筑主体的最佳视觉；当$D/H=1$时，A为45°，是观赏个体建筑的极限视角，此时主要是品评或观赏建筑的细部。

在建筑设计中，观赏点应选择在18°、27°、45°这三点处，它与人流有关，常常是人易短暂停留或驻足处，如建筑入口、庭院中心、廊下的柱间、台阶的踏步，以及空间的接合部位等（图72）。

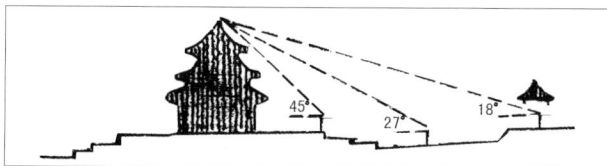

图72 祈年殿视角分析

(2) 水平视野分析（用以研究建筑宽度及空间进深）

人的最佳视野是一个顶锥角为54°（或60°）的圆锥体。在视觉分析中，如果对建筑进行了18°、27°、45°的竖角校核后，最好在27°力争用54°的水平视角去分析研究，使此点既满足竖直方向27°的仰角，又满足水平方向54°视野的要求，这便是观赏的最佳点。下图是故宫水平视野分析图（图73）。

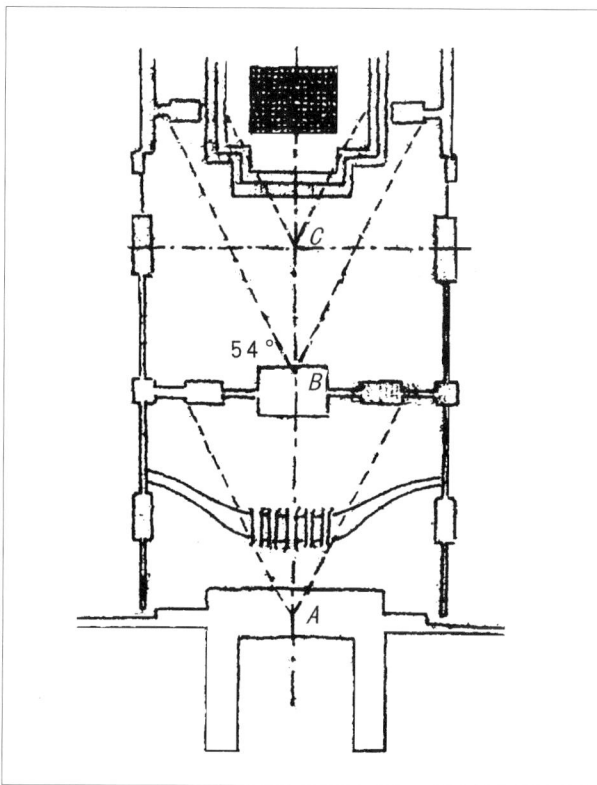

图73

(3) 视线图解分析（用以调整建筑间的有机联系）

视线图解分析主要用于确定新老建筑的遮挡或屏蔽关系，便于突出观察中心，或保持新老建筑的谐调，同时也可以研究建筑与自然环境的透视关系，以组织视点或借景（含间接借景——镜面反射）（图74）。

图74

4.视距

视距是人在工作过程中正常的观察距离,视距由观察目标的大小、形状及工作要求决定,不同工作视距推荐如下表。

表10

工作性质	举例	视距(mm)	视野直径(mm)
最精细工作	安装最小电子元件	120~250	200~400
精细工作	安装电视机	250~350	400~600
中等粗活	一般机床边工作	500以下	至800
粗活	包装、粗磨	500~1500	300~2500
远看	黑板、开汽车	1500以上	2500以上

一般操作视距在380~760mm之间,560mm处最为适宜。观察时头部转动角度,左右不宜超过45°,上下不宜超过30°。

5.视觉适应

视觉适应是人眼跟随视觉环境中光量的变化而导致感受性发生变化的过程,有暗适应和明适应两种。人眼从看高照度物体过渡到能看清低照度物体的过程和结果称为暗适应,相反的过程和结果,则称为明适应(图75)。

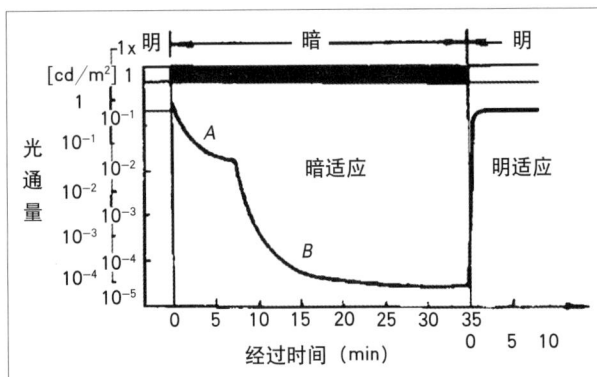

图75 暗适应和明适应

暗适应:最初5分钟适应速度很快,到30分钟后完全适应。

明适应:大约要1分钟。

根据视觉的明暗适应规律,要求在设计工作照明时,需使其亮度均匀而且不产生强烈阴影,否则眼睛的频繁调节不仅会增加眼睛的疲劳,而且还会引起错误操作。同时在设计明暗差别很强的空间时,应进行过渡设计。如电影放映大厅入口处不宜有台阶;行车隧道不宜太暗,否则因过隧道时暗适应要延续10秒左右,此时车已行了100多米,易造成事故。

6.视敏度

眼睛对不同波长的光具有不同的感受性,眼睛对某波长的敏感程度称为视敏度。

红色等暖色在暗处的视敏度较低,而蓝色等冷色在暗处的视敏度尚可,故设计中,红色不宜设于暗处。

7.视度

视度指观看物体的清楚程度,它与以下因素有关:

(1) 物体的视角(因人而异,临界视角还受照度影响),视角大更清楚。

(2) 物体与背景间的亮度对比,在一定范围内对比度大更清楚。

(3) 物体的亮度,在一定范围内亮度高更清楚。

(4) 观察物体的距离,距离近更清楚。

(5) 观察物体时间的长短,观察时间长更清楚。

8.视觉调节

视觉调节是视觉适应观察距离变化的能力(调焦)。当观察较近距离的物体时,通过睫状肌收缩,压迫水晶体使其有更大的曲率;在观察远距离物体时,睫状肌放松,水晶体变成扁平(即曲率缩小)。调节功能随年龄增加而下降,但增加照明却有助于扩大调节范围,提高调节的准确性。

水晶体曲率可以在一定范围内调节,在看得清楚的目标不断向近处移动时,开始感到不清楚的位置称为调节近点,注视目标愈接近这一点,愈易引起视疲劳。

9.视觉损伤与视觉疲劳

(1) 视觉损伤:在生产过程中,除切屑粒、火花、飞沫、热气流、烟雾、化学物质等有形物质会造成对眼的伤害之外,强光或有害光也会造成对眼的伤害。

(2) 视觉疲劳:长期从事近距离工作和精细作业的工作者,由于长时间看近物或细小物体,睫状肌必须持续地收缩以增加晶状体的曲度,这将引起视觉疲劳,甚至导致睫状肌萎缩,使其调节能力降低。在劣质光照环境下工作,也会引起眼睛局部疲劳和全身性疲劳。

10. 视觉的运动规律

(1) 眼睛的水平运动比垂直运动快,即先看到水平方向的东西,后看到垂直方向的东西。所以,一般机器的外形常设计成横向长方形。

(2) 视线运动的顺序习惯于从左到右,从上至下,按顺时针方向进行。

(3) 对物体尺寸和比例的估计,水平方向比垂直方向准确、迅速,且不易疲劳。

(4) 当眼睛偏离视中心时,在偏离距离相同的情况下,观察率优先的顺序是左上、右上、左下、右下。

(5) 在视线突然转移的过程中,约有3%的视觉判断能锁定目标,其余97%的视觉都是不真实的,所以在工作时不应有突然转移视线的要求,否则会降低视觉的准确性。

(6) 对于运动目标,只有当角速度大于$1°\sim2°/s$时,且双眼的焦点同时集中在同一个目标上,才能鉴别其运动状态。

(7) 人看一个目标要得到视觉印象,最短的注视时间为$0.07\sim0.3s$,这与照明的亮度有关。人的视觉暂停时间平均需要$0.17s$。

三、视觉与色彩、质地、空间环境

(一) 色彩知觉

不同色彩由于人的联想或视觉器官的作用,会给人以不同的感觉,但这种感觉是随着具体的时间、地点、条件的不同而有所不同,故在设计中应充分考虑到各方面的因素。

1. 温度感

彩色分为冷暖两大系列,在设计中,温度感主要用来渲染环境气氛。

2. 距离感

一般高明度的暖色系色彩感觉凸出、扩大,易产生近距感;相反,低明度的冷色系易产生远距感,同时色彩的距离感也与背景色的对比有关,故在设计中常用色彩的距离感来调整室内空间的尺度。

3. 对比现象

同时对比、补色对比、连续对比。

(1) 医院一般避免使用紫色系,以防止病人相视时,面部蒙上不健康的黄绿色。

(2) 手术室为了避免医生在高照度下注视血色过久而产生补色残象(注视一色过久,忽移视它处,即出现一个同样形状的补色图形),宜采用淡绿色为室内背景。

(3) 为了使运动员动作被看得更清晰,体育馆宜采用青绿色的背景。

4. 重量感

重量感与明度有关,同时也与纯度相关,通常室内色彩设计宜上轻下重。

5. 诱目性

色彩在眼睛无意观看的情况下易引起的注意。

光色的诱目性:

红>青>黄>绿>白

物色诱目性:

深色底上黄>橙>红>绿>青

白色底上青>绿>红>橙>黄

各种安全标志常用到色彩的诱目性。

6. 疲劳感

(1) 与纯度和明度有关。较纯的和明度较高的颜色容易引起疲劳。

(2) 相对于冷色而言,暖色更易产生疲劳,因为暖色使人兴奋,能促使血压升高,脉搏加快。绿色的视觉疲劳感不强。(紫>红>黄>黄绿>蓝绿>绿>淡绿)

(3) 许多颜色在一起时,明度差或纯度差较大时,也易产生疲劳感,故在环境设计中,色相不宜过多,且纯度不宜过高。

7. 混色效果

将不同色彩交错均匀布置时,从远处看去,呈现出混合色。在建筑色彩设计中,要考虑远近相宜的色彩组合,如黑白石子掺和的水刷石呈灰色,青砖勾红缝的清水墙呈紫褐色。

建筑设计中常运用旋转混色圆盘(按各色面积比例涂于盘上)的方法来观察其混色效果。

8. 感情效果与联想性

人看到某种色常会联想到过去的经验和知识。如红色是喜庆的,黑色是悲伤的等。

9. 照明效果

色彩在照度高的地方,明度升高,纯度增强。在照度低的地方,则明度感随色相不同而变化,一般绿色、青绿、青色系的色彩显得明亮,而红、橙及黄色发暗,故在设计中,红色系不宜用于暗处。如中国古建筑配色,墙、柱、门窗多为红色,而檐下额枋、雀替、斗拱则都是青绿色。晴天明暗对比很强,青绿色使檐下不致漆黑;阴天时青绿色有深远效果,能增强立体感。

10. 兴奋与抑制感

与色调、明度、纯度有关。暖色使人兴奋,冷色使人沉静。

11. 轻松与压抑感

与明度有关。高明度色给人轻松活泼之感,低明度色给人压抑之感。

（二）建筑色彩设计步骤

表11 建筑色彩设计步骤

步骤	内容	说明举例
掌握条件	建筑物所在地区的气候条件与周围环境	南方炎热地区宜用高明度的暖色、中性色或冷色。北方寒冷地区宜用中明度的中性色或暖色，同时考虑该地区的晴、阴、雨、雾、雪等的频度影响 考虑和城市、街道、小区、山林、田野、绿化、水面及毗邻建筑物等环境色彩相协调
	地区的风俗习惯	考虑当地人民对色彩的爱好及民族风俗习惯等。如回族喜用青、蓝、绿、白、紫、黑等色。藏民多爱深浅褐色、紫、黄、白、黑及绿色等
	建筑物的性质、风格、朝向、体型及规模	明亮的暖色可使建筑物具有明快的感觉，朝北的宜用中性色或暖色 体型大的宜用明度高、彩度低的色彩，体量小的彩度可以稍高
	建筑物表面材料的原色、质感及其热工特性	应充分利用表面材料的本色和表面效果，如光面与毛面由于光的反射与阴影等而改变其色彩的明度和彩度。外表面材料的色彩宜选用远观近看后适宜的色彩。同时考虑其对太阳辐射热的反射与吸收等的特性
	室内的比例、尺度及使用情况	感觉空旷的房间、墙面宜用凸出色；感觉低矮的房间、顶棚宜用后退色；冷加工车间、冷藏库等宜用暖色；热加工车间、冷饮店等宜用冷色。图书馆阅览室宜用产生镇静感的色彩而娱乐场所则宜用热烈欢快气氛的色彩
	采光照明特征	考虑光色效果、宜选用自然光与灯光下都适宜的色彩，地下室和无窗厂房宜用暖色，天然采光时，窗侧墙面的明度高于其他墙面，以减少与窗面的亮度对比
	室内家具、装饰或机械设备的布置情况	考虑室内家具、装饰的具体要求、条件与处理手法 在工业厂房里，机械设备所占的空间很大，其色彩处理对室内色彩有很大影响
明确对象	建筑物的具体部位	室外：墙面、屋面、门窗、阳台、雨篷、水落、装饰线条等部位的配色 室内：墙面、顶棚、墙裙、地面、踢脚线、门窗、梁、柱等部位的配色
	家具、装饰	如桌、椅、台、柜、沙发、茶几等家具、用具及窗帘、地毯、灯具、散热器罩等的配色 如彩画、字画、花饰、屏风、挂落、壁挂毯等装饰品的配色
	机械设备	各种生产机械、运输设备及操纵的仪表盘面等的配色
	安全色标及标志色彩	重点配色、安全标志、管道涂色、导向路标(多嵌绘于地面或墙面，如医院的门厅、走道与楼梯间等处)，有的地方尚要考虑弱视残疾人的提示性标记的配色
选择色彩	按建筑设计的要求进行色彩设计构思，选定基调色系或重点色系	在进行建筑设计的同时，做出色彩想象图，一般选择视野内面积大、直观时间长的对象为基调色，如室内外的墙面
	同类物体的色彩宜统一协调	同类物体采取同类色彩可避免杂乱感
	减少色数尤其是色相数	建筑物色彩的色相数少，可避免色彩紊乱，且易于统一协调
	充分利用色彩的感觉影响	如调整建筑物的温度、距离、尺度等的感觉影响，改善采光照明效果，对危险部分或需要重点突出部位予以引起注意力集中的色彩
	考虑色彩调和	色彩调和包括色相调和和明度调和、彩度调和及面积调和等，但它们之间存在着统一的协调关系。互不调和的色彩配合时，可采用辅助的办法处理。如，1.增加轮廓勾画与分隔(一般用黑、白、灰等的无彩度色或金、银等光泽色勾勒出轮廓将二色隔开)；2.改变表面质感(一般用光泽面、毛面与花纹等使表面产生不同的反光或阴影等而达到调和)；3.调整面积比例等方法
	利用色彩调节	充分利用色彩对于人的生理、心理及其物理特征，以调节使用功能
	查阅《建筑色标、色卡》定出色标符号：明度	室内外配色，一般应首先确定明度，室内明度常以顶棚最高，墙面、地面及踢脚线等逐步降低
	彩度	建筑物配色的彩度宜在4以内，小面积的彩度可以较高，如装饰品等，较大的色彩面，若其彩度大于5则刺激感过强
	色相	当明度、彩度确定后再选定所要的色相
选择材料	选择表面材料	如木、石、面砖、棉砖、塑料、涂料、彩板、铝合金、镀膜玻璃帷幕墙、壁纸、织棉、地毯及各种新型内外装修材料等
	运用施工做法	如喷、刷、涂抹、贴、拉毛、磨光、水刷、干粘、剁斧、勾缝、镶拼、花纹雕饰等施工做法
		色彩的持久程度，例如一般油漆、粉刷材料的青、绿、紫等色彩易于变色褪色材料的耐化学性能、耐物理性能、耐污染性能、耐水洗与易于清洗性能等以其反射、吸收与透过系数、光泽度等
	了解各种表装材料的性能及其经济效果	材料价格分析、供应情况、施工与加工费用等经济效果

（三）质地的视觉特性（图76）

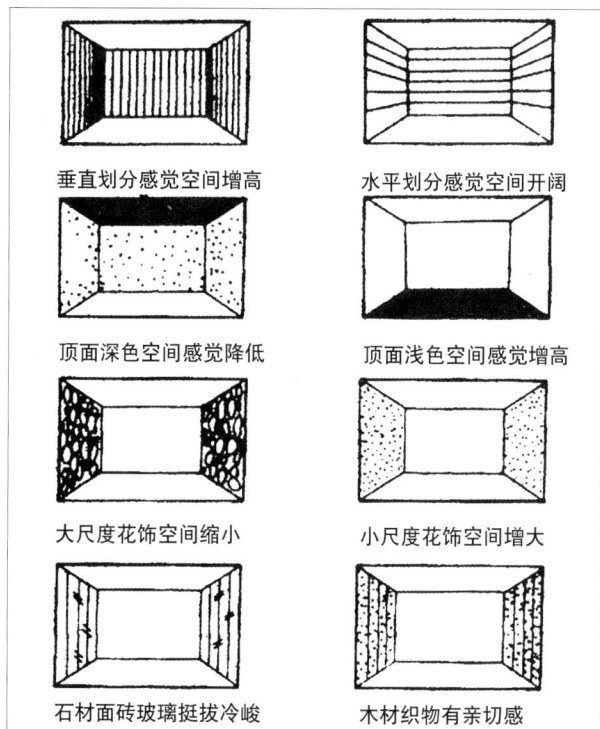

图76 空内界面处理与视觉感觉

1.重量感

石头和金属很重，而棉麻类物品较轻。

2.温度感

由于色彩的影响和触觉的经验，不同的材质温度感不同，如磁砖使人产生阴凉感，木材、毛纺品给人温暖感。

3.空间感

粗糙的物体，如毛面石材给人感觉较近。相反，光滑的表面给人感觉较远(特别是镜子可产生镜面反射，有扩大空间感的作用)。设计时可用这一点来调节空间感。

4.方向感

由于物体表面的纹理不同，会产生不同的指向性。水平方向纹理使空间显得低，垂直方向的纹理使空间显得高。

5.力度感

即硬度感。硬质材料使人感到坚实、有力。而软质材料使人感到轻巧、舒适。室内界面的线形划分、花饰大小、色调深浅的不同处理，可给人在视觉上带来不同感受。

（四）空间的视觉特性

1.空间大小

空间大小分为几何尺度大小和视觉空间尺度大小。视觉空间尺度大小受环境的影响，通过对比可改变相对的视觉空间尺度大小（如同一空间人多时显小，虚面多时显大，面积大时显矮）。

利用人的视觉特性可扩大空间感。

(1) 以小比大：用小的家具可衬托出较大的空间，小空间不适合大型家具。

(2) 以低衬高：用局部吊顶，造成高低对比，可以低衬高。

(3) 划大为小：小空间用小地板铺设。

(4) 界面延伸：将顶棚和墙面设计成一体（平滑过渡）可显得空间高些。

(5) 借景：把室外景色引入室内可使空间显得更大。

2.空间形状

①结构空间；②封闭空间；③开敞空间；④共享空间；⑤流动空间；⑥迷幻空间；⑦母子空间等。

3.空间封闭感

空间的开放程度与空间表面的洞口大小、位置方向有关。长期在封闭空间中生活工作会患"幽闭恐惧症"，而在开放性太强的空间中又会缺少私密性。因此，室内设计中应根据空间用处不同来确定空间界面的虚实，保证合理的空间封闭度。

影响空间封闭度的因素：

(1) 虚界面的数量和大小。

(2) 虚界面（洞口）的位置：在短边上或墙角处的洞口更显开敞。

(3) 顶棚分格：顶棚分格使空间显得更高，当顶棚有空洞或透光时更显宽敞。

(4) 照明与色彩：高照度及冷色调显得更宽敞。

(5) 空间相对尺寸：当室内尺寸小于视野时显得空间小。

四、听觉特性

1.耳朵的构造与听觉机制

耳朵构造：听觉器官耳朵的基本构造如图77所示。

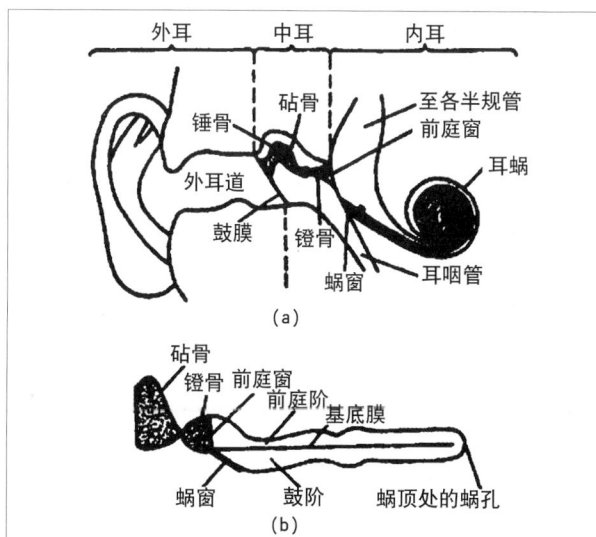

图77 听觉器官耳朵的基本构造

听觉机制：声波通过外耳道传入引起鼓膜振动，经骨链传递，引起耳蜗里的淋巴液和基底膜振动，使耳蜗里的听觉毛细胞兴奋，听神经纤维产生神经冲动，不同频率和形式的神经冲动经过组合编码，传到大脑产生听觉。

2.声音的物理学计量简介

(1) 频率：声波每秒振动的次数，单位是 Hz。人的可听声音频率是 20～20000Hz。

(2) 波长：声波振动的一个周期所经过的距离，单位是米，它与频率成反比。

(3) 声音速度：声音速度为 340m/s。声速＝频率×波长。

(4) 声压：由于声波作用于物体而引起的压强增加量，单位是 Pa（牛顿／平方米）。人的可听声压范围是 $2 \times 10^{-5～20}$Pa。

(5) 声压级：人耳刚能听见的有效声压称为"听阈"，能刺痛耳朵的有效声压称为"痛阈"(听阈和痛阈之间为可听范围)。后者对前者的比值为一百万倍。为了便于计量，定义了声压级和分贝(dB)的概念。

(6) 声强：垂直于声波传播方向的单位面积上所通过的声能，单位是瓦／平方米。人的可听声强范围是 $10^{-2}～10^2$ 瓦／平方米。

3.绝对阈限与可听范围

绝对阈限是人的听觉系统感受最弱声音和痛觉声音的强度。人的可听范围就是最弱至痛觉声音之间的范围：人的可见范围为

频率：20Hz～20000Hz，声压 $2 \times 10^{-5～20}$ Pa

声强：$10^{-2}～10^2$ 瓦／平方米(分贝)

4.听觉辨别阈限

指听觉系统能分辨出两个声音的最小差异的能力，声强的辨别阈限为初声强的 0.1 倍。但它也随初声强的大小而变化（声强单位：分贝）。

5.辨别声音方向和距离

辨别声音方向与声音到达两耳的时差和声音减弱有关（一侧的声音到达两耳的距离差为 200mm，则时差0.058 秒，头部可阻碍声音使其变小）。

辨别声音距离主要靠经验（声音会随距离的增加而减小）。

6.听觉的适应

7.听觉的掩蔽效应

主体声的听阈因遮蔽声的掩蔽作用而提高的现象叫掩蔽效应。

遮蔽声频率与主声频率相近时掩蔽效应加大，低频对高频声音的掩蔽作用大，反之则小。两个强度相差很大的声音同时作用于人时，只能感受到一种声音，而另一种声音被淹没。

8.声音的记忆和联想

人对声音有记忆和联想的能力，它对室内景观设计有重要意义。如室内某处设计了一个山水灯光景点，配上流水背景声，会使景点更加动人。如果将室内背景音乐设计成树叶飒飒 、虫叫鸟鸣声音，则会使人仿佛置身于大自然中。

五、其他感觉机能及其特征

（一）肤觉

人体皮肤上分布着三种感受器：触觉感受器、温度感受器和痛觉感受器。

1.触觉

(1) 触觉感受器

触觉是微弱的机械刺激触及了皮肤浅层的触觉感受器而引起的；而压觉是较强的机械刺激引起皮肤深部组织变形而产生的感觉，由于两者性质上类似，通常称触压觉。

(2) 触觉阈限

触觉阈限：皮肤组织位移0.001mm时就足够引起触的感觉。然而，皮肤的不同区域有相当大的差别，这差别主要是由于皮肤的厚度、神经分布状况引起的。研究表明，女性的阈限分布与男性相似，但比男性略为敏感。面部、口唇、指尖等处的触点分布密度较高，而手背、背部等处的密度较低。

触觉刺激点定位的能力：刺激点定位能力也因受刺激的身体部位不同而异。研究发现，刺激指尖和舌尖，能非常准确地定位，其平均误差仅1mm左右。而在身体的其他区域，如上臂、腰部和背部，刺激点定位能力就比较差，其平均误差几乎有1cm左右。一般说来，身体有精细肌肉控制的区域，其触觉比较敏锐。

两点阈限：如果皮肤表面相邻两点同时受到刺激，人将只能感受到一个刺激；如果接着将两个刺激略微分开，并使人感受到有两个分开的刺激点，这种能被感知到的两个刺激点间最小的距离称为两点阈限。两点阈限因皮肤区域不同而异，其中以手反应的两面点阈限值最低。

2.温度觉

温度觉分为冷觉和热觉两种，这两种温度觉是由两

种不同范围的温度感受器引起的，冷感受器在皮肤温度低于30℃时开始发放冲动；热感受器在皮肤温度高于30℃时开始发放冲动，47℃时为最高。人体的温度觉对保持机体内部温度的稳定与维持正常的生理过程是非常重要的。

3.痛觉

肤觉感受器接受剧烈性的刺激会引起痛觉。组织学的检查证明，各个组织的器官内含有大量痛点，每一平方厘米的皮肤表面约有100个痛点，在整个皮肤表面上，其数目可达100万个。

(二) 本体感觉

内部感觉是指由有机体内部的某些信息刺激人脑而引起的感觉。这主要包括肌肉运动感觉、平衡感觉和内脏感觉等。它们的感受器都分布在身体内部，接受体内的反应，身体正常或异常状态和变化状态的信号会产生相应的感觉，内部感觉因此而得名。

平衡感觉系统 (耳前庭系统)：其作用主要是保持身体的姿势及平衡。

运动感觉系统：通过该系统感受并指出四肢和身体不同部分的相对位置。

内脏感觉：通过该系统感受内脏的一些状况，如肚子饿了。

第三节　人体与作业环境的行为需求

除了研究人与机器的关系外，人机工程还要研究作业周围的环境因素。

作业环境是指人、机器共处的前提条件。它既包括物理因素也包括社会因素的影响。良好的、安全的作业环境应不损害人的作业功能，不影响人的工作能力(如无疲劳感)和身体健康，也不影响机器设备正常运行和性能。

一、环境因素

1.人—环境系统

根据人的生理、心理特点，创造一个适应人工作要求的作业环境，以保证人身安全和高效率的工作。环境因素是多方面的，从性质上可分为以下几方面：

(1) 物理因素：温度、湿度、压力、振动、噪声、照明、电磁辐射等。

(2) 化学因素：有毒有害化学物等。

(3) 生理因素：营养、疾病、药物、睡眠等。

(4) 心理因素：动机、恐惧感、工作负荷等。

(5) 生物因素：病毒和其他微生物等。

(6) 社会因素：治安、交通、环保状况等。

环境因素中有些因素存在着很明显的危险性，如有毒有害化学物、高温、高湿等；有些因素的作用则比较缓慢，如振动、噪声、电磁辐射等，但长时间在这种环境中工作，可能对人产生严重的后果。

2.机器—环境系统

机器—环境系统要考虑以下两方面的问题：

(1) 减少机器对环境的污染：机器对环境的影响主要是指机器工作过程中的废物(如废气、废液、废渣等)、振动、噪声等。为了减少环境污染，应采取合理的工艺流程，积极采取先进的技术措施。

(2) 机器适应环境：环境对机器的影响也是多因素的，如温度、湿度、腐蚀性气体和液体、易燃易爆物质、粉尘、振动和噪声等。为使机器能适应环境并可靠地工作，必须根据不同情况采取相应的防护措施。

3.作业环境区域划分

根据作业环境对人体的影响和人体对环境的适应程度，可分为四个区域 (图78)：

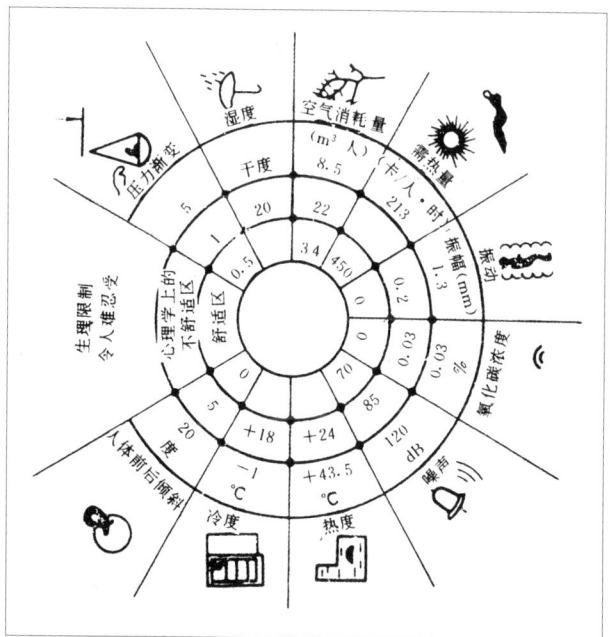

图78　舒适程度的环境因素允许值

(1) 最舒适区：这种环境各项指标最佳，完全符合人的生理心理要求，在这种环境下长时间工作不会感到疲劳，工作效率高，操作者主观感觉很好。这是一种理想的环境模式，目前只有少数实验室、计量室、精密设备操作室等才能达到这种条件。

(2) 舒适区：这种环境各项指标符合要求。在正常情况下，环境对人身健康无损害，而且不会感到刺激和疲劳。如一般仪器仪表加工和装配车间、实验室等。

(3) 不舒适区：这种环境中的某项指标超出舒适指标，长时间在这种环境下工作，会损害操作者的健康，或导致职业病的产生。如高噪声、高温、粉尘和有毒气体环境等。

(4) 不能忍受区：在这种环境中工作，如无保护措施将操作者与有害的环境隔离开来，人将难以生存。如水下作业、放射环境等。

创造一种令人舒适而又有利于工作的环境条件，必须了解各种环境因素应当保持在什么样的范围之内。图78是根据作业环境分区原则提供决定操作者工作舒适程度的各种环境因素的参考数据。

二、微气候

微气候又称作业环境的气象条件或热环境，是指作业环境局部的气温、湿度、气流以及作业场所的设备、产品和原料等的热辐射指数。微气候直接影响操作者的作业能力、效奉、舒适感，甚至会形成不安全状态。另外，微气候还会对生产设备产生不良影响。

（一）决定微气候的因素

1.气温

空气的冷热程度称为气温。作业环境中的气温主要取决于大气温度、太阳辐射和作业场所的各种热源。

2.湿度

空气的干湿程度称为湿度。作业环境中湿度主要取决于大气湿度。作业环境的湿度常用相对湿度表示，相对湿度在70%以上称为高气湿，低于30%称为低气湿。高气湿主要是由于水分蒸发与释放蒸气所致，如纺织、印染、造纸、制革、缫丝以及潮湿的矿井、隧道等作业场所。

在高温高湿的情况下，人体散热（出汗）困难，使人感到透不过气来，若湿度降低就能促使人体散热而感到凉爽。低温高湿下人会感到更加阴冷，若湿度降低就会有增加温度的感觉。一般情况下，相对湿度在30～70℃之间时人会感到舒适。

3.气流速度

空气流动的速度称为气流速度（气流可促进散热）。作业环境中的气流除受外界风力的影响外，还与作业场所热源有关。因为气流是在温度差形成的热压力作用下产生的，热源使空气加热而上升，室外的冷空气从门窗和下部缝隙进入室内，造成空气对流。气流速度以米每秒表示。

4.热辐射

物体在绝对温度大于0K时的辐射能量，称为热辐射。太阳及作业场所中的各热源，如熔炉、火焰、熔化的金属、被加热的材料等热源均能产生大量的热辐射，它们是一种红外辐射。红外辐射不能直接加热空气，但能使周围的物体加热。当周围物体表面温度高于人体表面温度时，周围物体向人体辐射热而使人体受热，称为正辐射；相反，当周围物体表面温度低于人体表面温度时，人体表面则向周围物体辐射散热，称为负辐射。

5.有效温度

有效温度(ET)是将气温、湿度、气流速度和热辐射对人的综合作用所产生的主观热感觉指标。

（二）人的体温调节（热平衡）

人的体温并不是人们想象的那样恒定不变的，人的脑、心脏及腹内器官的温度比较稳定，称为体核温度，但仍在37℃附近有微小变化。稳定的体核温度是保证生命功能的前提。为了保持稳定的体核温度，人体必须适应温度环境的变化，进行必要的体温调节。人的体温调节方式主要有三种（图79）：

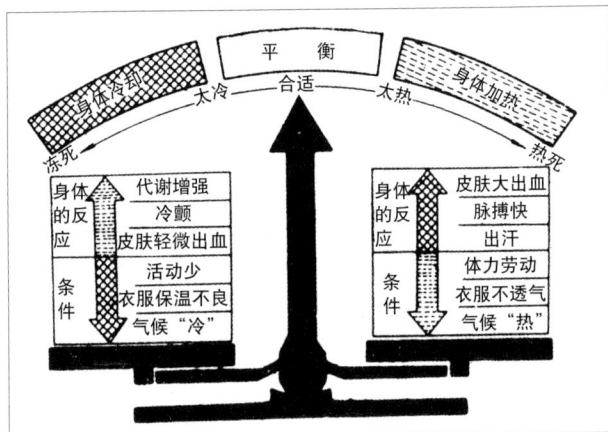

图79　人体热平衡状态图

(1) 热环境中通过皮肤表面的汗液分泌来散热。

(2) 冷环境中通过肌肉战栗来产生热量。战栗加速了肌肉的代谢过程，从而产生更多的热，因而也起到体温调节的作用。

(3) 进食：人体将食物内的化学能转变为机械能和热能，以维持稳定的体核温度。

（三）舒适的气候条件

人体感觉舒适与否要取决于气温、湿度和气流速度，此外，还与人的体质、年龄、性别、衣着程度等有重要关系。

1.舒适温度

舒适温度有两种，一是人的主观舒适的温度，二是人体生理适宜温度。它有两种不同的标准，常用的是人主观感到舒适温度。舒适温度一般处于 21～23℃ 范围内。

影响舒适温度的因素很多：如季节不同舒适温度不同（夏季比冬季高）；热带人与寒带人的舒适温度不同（前者稍偏高，后者稍偏低）；不同劳动条件、不同衣着、不同性别（女子的舒适温度比男子高 0.55℃）与不同年龄（40岁以上的人比青年人约高 0.55℃）的舒适温度也不同。

某些动作条件下的舒适温度指标如下：

坐姿脑力劳动（办公室、调度室、计算机室等）为 18～24℃；

坐姿轻体力劳动（操纵台、仪表安装等）为 18～23℃；

立姿轻体力劳动（检查仪表、车工等）为 17～22℃；

立姿重体力劳动（木工、沉重零件安装等）为 15～21℃度。

2.舒适的湿度

湿度高于70%称为高气湿，人的皮肤将感到不适；低于30%称为低气湿，人感到口鼻干燥。最适宜的湿度是 40%～60%。

3.舒适的气流速度

舒适的气流速度与场所的用途和室温有关，普通办公室最佳气流速度量 0.3m/s，教室、阅览厅、影剧院为 0.4m/s。从季节上看，春秋季为 0.3～0.4m/s，夏季为 0.4～0.5m/s，冬季为 0.2～0.4m/s。

我国《采暖通风和空调设计规范》的温度、湿度和风速见表12。

表 12

温度(℃)	湿度(%)	允许风速(m/s)
18	40～60	0.20
20	40～60	0.25
22	40～60	0.30
24	40～60	0.40
26	40～60	0.50

（四）微气候对人体、工作和设备的影响

1.高温环境对人体的影响

在高温环境中，人体可能出现一系列生理功能改变，如人的脉搏加快，皮肤血管舒张，血流量大大增加，形成皮肤温度升高，从而引起直肠温度（直肠温度一般可视为深部体温）上升，导致失盐、失水、头晕、头痛、恶心、极度疲劳等症状出现。温度太高，还会引起虚脱（中暑）乃至死亡。

空调病：空调病主要出现在夏天，症状是进入空调房时就头痛和不适。在设置空调温度时不能调得太低，一般不低于室外温度 5℃，同时要有一定的气流速度（1m/s）以保持新鲜的空气。

2.低温环境对人体的影响

人在低温适应初期，皮肤毛细血管收缩，使人体散热量减少；代谢率增高，心率加快，心脏搏击量增加，使人体产热量增加。当产热量小于散热量时，人体热平衡遭到破坏，机体体温下降，神经系统机能处于抑制状态，心率随之减慢，心脏搏击量减少。人体长期处于低温环境中还会导致循环心脏搏击量、白细胞、血小板减少，血糖降低，血管痉挛，营养障碍等症状。若深部体温降至 30℃时，人会全身剧病，意识模糊；降至 27℃以下时，可导致死亡。

表13列出了在不同温度环境下的主诉症状和生理反应。

表 13

温度(℃)	后果	主诉可耐时间	主诉症状	生理反应
120 灼热	烧伤	1s～1min	痛	极限负荷
95	虚脱	1min～1h	头晕	—
50	疲惫	1h～1d	疲惫	血管舒张和出汗
21	舒适	无限	无	—
−7	疲惫	1d～1h	冷的感觉	寒颤
5(水中)	冻僵	1h～1min	冻僵	寒颤
−55	昏迷	1min～1s	痛	极限负荷

3.微气候对材料的影响

（1）温度对材料的影响

材料具有热胀冷缩的特性。各种不同材料其膨胀系数是不一样的，如塑料的膨胀系数大于金属。安装在环境温度变化较大场所中的机器、仪器和仪表，以及造型装饰用的塑料元件，使用时只有考虑其膨胀物理效应，才能保证它正常工作。

高温不仅能引起材料的尺寸、形状变化，其内部分子结构改变也会使材料改变性能。有些金属材料由于受热会产生局部应力。特别是某些装配的组件，由于膨胀或收缩，导致其内部应力进行重新分配，严重时由于变形产生卡死现象或破裂而发生事故。有些金属材料在低温时变脆，容易破裂。

（2）温度、湿度对腐蚀的影响

所有金属材料在常温下会缓慢地氧化和腐蚀，这种现象在有水分存在的条件下会加剧。因此，在湿度大的空气中，金属更易氧化，进而增加腐蚀的可能性。金属氧化后表面形成氧化膜，失去光泽，表面暗淡。当温度和湿度增加，氧化作用加剧，金属腐蚀后，就有可能成为事故隐患。

（五）我国《工业企业设计卫生标准》

我国《工业企业设计卫生标准》依据作业特征、劳动强度，以气温为主制定了工厂车间内作业区的空气温度和湿度标准。

表14 工厂车间内作业区的空气温度和湿度标准

车间和作业的特征			冬季		夏季	
			温度(℃)	相对湿度	温度(℃)	相对湿度
主要放散对流热的车间	散热量不大的	轻作业 中等作业 重作业	14~20 12~17 10~15	不规定	不超过室外 温度3℃	不规定
	散热量大的	轻作业 中等作业 重作业	16~25 13~22 10~20	不规定	不超过室外 温度5℃	不规定
	需要人工调节温度和湿度	轻作业 中等作业 重作业	20~23 22~25 24~27	≤(80~75)% ≤(70~65)% ≤(60~55)%	31 32 33	≤70% (70~60)% ≤(60~50)%
放散大量辐射热和对流热的车间(辐射强度大于 2.5×105J/(h·m)			8~15	不规定	不超过室外 温度5℃	不规定
放散大量湿气的车间	散热量不大的	轻作业 中等作业 重作业	16~20 13~17 10~15	≤80%	不超过室外 温度3℃	不规定
	散热量大的	轻作业 中等作业 重作业	18~23 17~21 16~19	≤80%	不超过室外 温度5℃	不规定

三、照明环境

照明是视觉感知的必要条件。人们与自然界接触时，约有80%以上的信息是通过视觉获得的，照明条件的好坏直接影响视觉获得信息的效率与质量。照明与工作效率、工作质量、安全及人的舒适、视力和身体健康有着重要关系。工作精度越高，机械化自动化程度越高，对照明也相应提出更高更科学的要求。因此，照明条件是作业环境中的重要因素之一。

（一）光的度量

1.光通量

光通量是单位时间内光源辐射出来、能引起人眼视觉的光辐射能量（瓦）。单位是流明（lm）。

同类型、同瓦数灯泡的光通量有不小的差异，这是由于灯泡的质量互不相同、旧灯泡在使用中光通量衰减、灯泡表面沾污、电压波动等因素造成的。

40W白炽灯的光通量约为400流明(1m)，40W荧光灯的光通量约为2100流明(1m)，后者为前者的5倍或更多。

2.发光强度

光源在给定方向的发光强度，用在该方向的单位立体角内的光通量来表示。发光强度的单位是坎德拉(cd)，简称坎。坎德拉与流明的关系是 1cd=1lm/sr。

一个单位立体角，又称为一个球面度，单位符号是SR，一个球有4π个球面度。

设一个40W的白炽泡发出的光通量为400lm，若在各个方向上的发光强度是均匀的，则各方向的发光强度均为$(400/4\pi)$cd=32cd。假如装一个白色搪瓷伞形灯罩，灯罩对灯的发光强度可提高到70~80cd。改换碗形灯罩，因光通量的聚集使发光强度进一步提高；若配上镜面反射罩，发光强度可达到300cd上下（光域网的概念）。

3.亮度

亮度是单位面积光源表面上在给定方向上的发光强度。亮度的单位是坎德拉每平方米。

4.照度

照度是光源投射在单位面积物体上的光通量。照度的单位是勒克司(1x)，简称勒。

（注意"亮度"与"照度"的区别：亮度是对光源而言的；照度是对被照射面而言的。）

每平方米面积上投射下1流明的光通量，则照度为1勒克司，即 11x=1lm/m。

点光源投照平面的照度，与两者间距离的平方成反比。

5.灯的光效系数

灯的光效系数是消耗1瓦(W)功率所产生的光通量的流明(1m)数。灯的光效系数用lm／W(流明／瓦)表示。

表15 几种类型灯具的光效系数范围 单位：lm／W

灯具类型	光效系数范围	灯具类型	光效系数范围
白炽灯	8～12	卤钨灯	15～25
荧光灯	50～80	贡灯	35～60
金属卤化物灯	70～98	高压钠灯	100～140
低压钠灯	130～190		

6.采光系数

采光系数是室内某处天空光产生的照度与此刻该天空半球在室外无遮挡水平面上产生的扩散光照度之比。

（二）照明对工效的影响

1.照明与疲劳

合适的照明能提高视力。因为亮光下瞳孔缩小，视网膜上成像更为清晰，视物亦清楚。当照明不良时，因反复努力辨认，易使视觉疲劳，眼睛疲劳会引起视力下降、眼球发胀、头痛以及其他疾病而影响健康，导致工作失误甚至造成工伤，图80反映良好照明的作用。

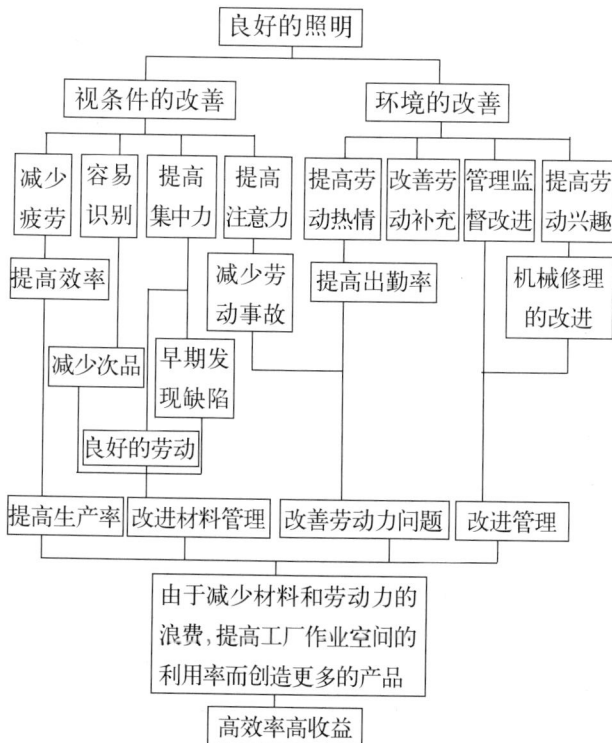

图80 良好光环境的作用

2.照明与工作效率

提高照度改善照明，对减少视觉疲劳、提高工作效率有很大影响。适当的照明可以提高工作的速度和精确度，从而增加产量、提高质量、减少差错。舒适的光线条件，不仅对手工劳动，而且对要求记忆和逻辑思维的脑力劳动，都有助于提高工作效率（图81）。

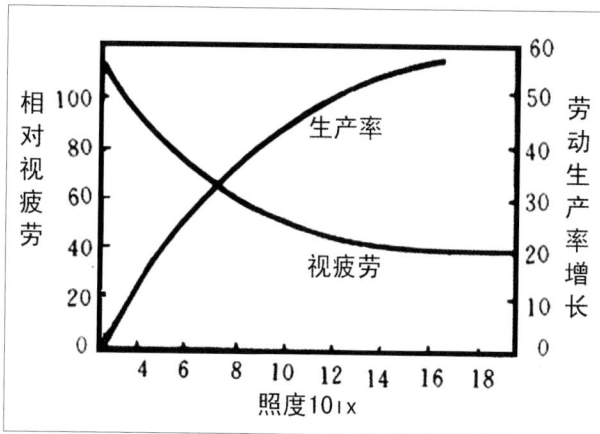

图81 生产率视觉疲劳与照度关系

3.事故与照明

事故的数量与工作环境的照明条件有密切的关系。事故统计资料表明，事故产生的原因虽然是多方面的，但照度不足则是重要的影响因素。

人眼在亮度对比过大或物体及其周围背景发出刺目和耀眼光线时，即在眩光状况下，会缩瞳而降低视网膜上的照度，并在大脑皮层细胞间产生相互作用，使视觉模糊。眩光在眼球介内质内散射，也会减弱物体与背景间的对比，形成不舒适的视觉条件，进而导致视觉疲劳。夜间行车时，当驾驶员为交会来车而将本车前照灯变换到近光之际，由于50米距离以外的路面照明急剧降低而导致形成"黑洞"效应，因而在5～10s的时间内将丧失识别障碍物的能力，并在随后的一段时间里实际上是盲目行车，这极易造成事故。

4.照明与情绪

据生理和心理方面的研究表明，照明会影响人的情绪，从而也影响工作效率。一般认为，明亮的房间是令人愉快的，炫目的光线使人感到不愉快。

（三）照明环境的要求

创造一个舒适良好的照明环境，就是要恰当地规定视野范围内的亮度和消除耀眼的眩光。作业中的照明有两种，即自然光(天然采光)和人工光(人工照明)。自然光的光质量好，照度大，光线均匀，在可能条件下应尽量采用自然照明。实现良好照明环境的要求可概括为两点：适宜的照度和好的光线质量。

1.适宜的照度

自然光对生产操作是有利的，但自然光是随时间、季节变化的。然而，人们的作业时间是固定的，在作业时间内最好根据作业种类保持最低照度，并维持在不发生视觉疲劳的程度上。但是，在阴雨天要达到这个最低照度是困难的。通常是尽可能地多利用天然采光，当作业面照度不足时，再用人工照明补充（见表16）。

《工业企业照明设计标准》规定，车间工作面上的采光乘系数最低值不应低于下表规定的数值(见表17)。

表18是各类常见空间的最低照度值。

表16 几种环境下自然光的照度

环境条件	黑夜	月夜	阴天室外	晴天室内	读书需要的照度
照度(lx)	0.001~0.02	0.02~0.2	50~500	100~1000	50

表17 生产车间工作面上的采光系数最低值

采光等级	视觉工作分类		室内天然光照度最低值(lx)	采光系数最低值（%）
	工作精确度	识别对象的最小尺寸d(mm)		
I	特别精细工作	d≤0.15	250	5
II	很精细工作	0.15<d≤0.3	150	3
III	精细工作	0.3<d≤1.0	100	2
IV	一般工作	1.0<d≤5.0	50	1
V	粗糙工作	d>5.0	25	0.5

表18 工业企业辅助建筑的最低照度值

序号	房间名称	一般照明的最低照度（lx）	规定照度的平面
1	设计室	100	距地0.8m的水平面
2	阅览室	75	距地0.8m的水平面
3	办公室、会议室、资料室	50	距地0.8m的水平面
4	医务室	50	距地0.8m的水平面
5	托儿所、幼儿园	30	距地0.4~0.5m的水平面
6	食堂	30	距地0.8m的水平面
7	车间休息室、单身宿舍	30	距地0.8m的水平面
8	浴室、更衣室、厕所	10	地面
9	通道、楼梯间	5	地面

2.光的稳定性

光的稳定性是指在设计的光强度内照度应保持稳定，不产生波动和频闪。

3.光的均匀性

光的均匀性是指照度和亮度在某一作业范围内相差不大，分布均匀适度。

(1) 照度均匀：照度均匀与室内不同界面明度对比有关，室内不同部分的亮度对比控制值见表19。

表19

视野内的相关部分	亮度对比最大值
视觉对象与临近背景（工作台面、背板等）	3:1
视觉对象与周围环境（地面、墙面等）	10:1
光源（照明器、窗口）与附近背景之间	20:1
视野中最亮区域与最暗区域	40:1

合理布置灯具是解决照度均匀的主要方法。边行灯至车间边的距离，应保持在灯具距离的1/3。如果车间内(特别是墙壁、天花板)的反射系数太低时，上述距离可减小到1/3以下。

(2) 亮度分布：亮度分布适当将使人感到愉快，动作活跃。当工作面明亮，周围空间较暗时，人的动作变得稳定、缓慢。如果周围空间很昏暗时，会造成作业者在心理上不愉快的感觉。但是，作业空间的亮度过于均匀也不好，工作对象和周围环境存在着必要的反差，柔和的阴影会使人心理上产生立体感。亮度分布可通过规定室内各表面适宜的反射系数范围，以组成适当的照度分布来实现。室内各表面反射率的推荐值见表20所示。

表20　室内不同表面的反射率推荐值

室内的相关表面	反射率的推荐值
顶棚	80%～90%
墙壁（平均值）	40%～60%
器物（家具、设备、工作台等）	25%～45%
地面	20%～40%

4．避免眩光

当视野内出现亮度过高或对比度过大时，产生的刺眼和耀眼的强烈光线称为眩光。眩光按产生原因可分为直接眩光、反射眩光和对比眩光三种。

直接眩光是由强烈光源直接照射引起的。直接眩光效应与光源位置有关，如图：

反射眩光是强光照射在过于光亮的表面(电镀抛光表面)后反射到人眼造成的。

对比眩光是由被视目标与背景明暗相差太大造成的。

眩光视觉效应的危害主要是破坏视觉适应，产生视觉后像，使视功能下降，影响视觉作业效率；还造成视觉疲劳、视力下降，严重的眩光可使人暂时失明。

避免眩光的方法：

(1) 限制光源亮度。

(2) 合理布置光源位置：眩光与光源在视野中的角度有关，60°无眩光作用，45°微弱，27°中等眩光作用，14°强烈，0°极强（图82）。

(3) 使光线转为散射：使光线经灯罩或天花板、墙壁漫射到工作空间。

(4) 避免反射眩光：对反射眩光，可通过改变光源与工作面的位置，使反射眩光不处于视线内。也可通过改变反射物表面材质和涂色降低反射系数，避免反射眩光。

(5) 适当提高环境亮度：使物体亮度与背景亮度的对比减少，防止对比眩光产生。

在室内设计中，应尽力限制和避免眩光，采取的措施主要是减少光源亮度，调节光源位置和角度（如展厅高窗和视觉保护角问题——14度保护角，见图82），提高眩光光源周围的亮度，改变反射面特性。当然，有时眩光也可加以利用，如水晶吊灯，在空间中闪闪发光，以创造富丽堂皇的环境（图83）。

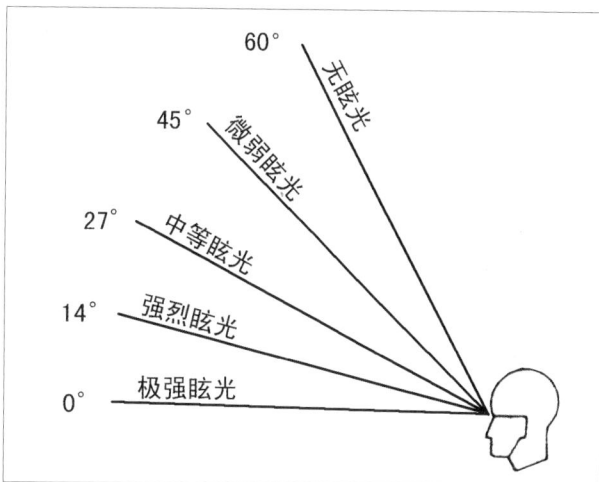

图82　发光体角度与眩光的关系

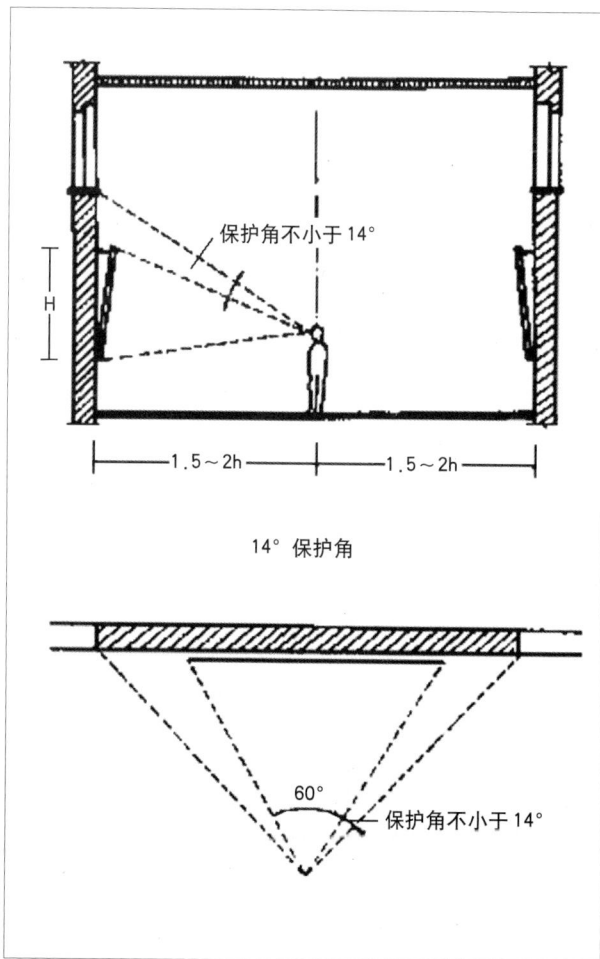

图83

5.注意灯光的光色效果（显色性）

平常机器设备和家具的色彩是在自然光源照明下呈现的，当用人工光源照明时，机器设备和家具的色彩就会有所不同，如同人戴上有色眼镜看东西一样会产生色变。

表21是不同物体色在光照下的颜色变化：

光照的这种性质是由光的色表和显色引起的。如太阳光呈白色，荧光灯呈日光色，荧光高压汞光呈蓝绿色等。当不同光源照射到同一种颜色的物体上时，该物体将呈现真实程度不同的颜色，有的失真，有的不失真，这种现象称光的显色性。显色性用显色指数表示，以显色

表21　物体色与光照色的关系

物体的颜色	光照的颜色			
	红	黄	天蓝	绿
白	淡红	淡黄	淡蓝	淡绿
黑	红黑	橙红	蓝黑	绿黑
红	灿红	亮红	深藏红	黄红
黄	红橙	灿淡橙	淡红棕	淡绿黄
天蓝	红蓝	淡红蓝	亮蓝	绿蓝
蓝	深红紫	淡红紫	灿蓝	深绿蓝
棕	棕红	棕橙	蓝棕	深橄榄棕

性最好的日光为标准，定其显色指数为100，其他光源的显色指数均小于100。常用的光源的显色指数如表22所示。

表22　光源的显色指数 Ra

光源	平均显色指数	光源	平均显色指数
白炽灯	97	金属卤化物灯	65~92
氙灯	95~97	高压汞灯	22~61
日光色荧光灯	80	高压钠灯	21
白色荧光灯	55~85		

6.注意因灯光所产生的心理反应

在照明颜色问题上，还应注意光色的心理反应。如冷色光给人清凉之感。

常用的人工光源可分为两大类，即：

白炽灯：白炽灯发出的光以红黄两色光为主，因其可改变物体自然色，故不适合颜色分辨要求很高的场合。

荧光灯：它是较为接近自然光的一种人工光源，其光谱近似阳光。发热量小，发光面大，可使视野的照度均匀，采光效果较白炽灯高3~4倍，因而经济性好。但是，荧光灯发光时会产生和交流电频率相同的闪烁。旧的或者质量不好的荧光灯还会产生可见的闪光，在灯管两端尤为明显。

（四）室内照明设计

1.天然采光

天然光使人融进自然界的怀抱中，对人们的身心健

康意义重大。充分利用天然光，也是节约能源最基本的手段。窗位置大小、形状及玻璃的颜色等的组合可产生丰富多彩的室内光环境。天然采光的亮度与窗面积有很大关系，表23是民用建筑开窗面积与地板面积的比例推荐值。

表23　民用建筑开窗面积与地板面积的比例（日本法规）

建筑物用途	居室用途	有效采光面积 / 居室地板面积
住宅	起居室	≥1/7
旅馆、宿舍	卧室、客房	≥1/7
	其他居室	≥1/10
儿童福利设施	主要活动室	≥1/5
	其他居室	≥1/10
医院、幼儿园、学校	病房、教室	≥1/5
	其他居室	≥1/10

2.室内人工照明

人工照明不仅要满足照度要求，更要向艺术照明发展。

（1）均匀的环境照明

这种照明的分散性可有效地降低工作面上的照度与环境照度之间的对比度。均匀照明还可以用来减弱阴影，使墙的转角变得柔和。均匀的环境照明一般是将灯具悬挂于高处。

（2）局部工作照明

它是为了满足某种行为需求，而照亮空间中的某一特定区域，其特点是将灯具放在工作面附近且功率较高，通常用直射发光体，在亮度和方向上可调节。

（3）重点的装饰性照明

它用于产生各种聚焦点及明与暗的节奏变化，来缓解照明的单调性，突出房间特色或强调某种艺术品。

此外，按光线与被照物体的角度关系，人工光源可分为直接光源、反射光源、透射光源等。

（五）室内照明估算

在室内设计中需要根据不同性质空间的照度要求来选择灯具(类型及功率)。这就要求对照明进行计算。下面以一个50平方米的设计室为例来介绍照明估算的方法。

（1）根据工作性质确定最低照度：设计室最低照度要求为$100LX=100LM/M^2$。

（2）计算总光通量：总光通量＝照度×面积，即$100LM/M^2 \times 50M^2 = 5000LM$。

（3）确定所选灯具的每瓦光通量：每瓦光通量＝光效系数×利用率。

荧光灯的光效系数平均为60LM/W，荧光灯加高反射灯罩后的利用率可达到75%，所以荧光灯每瓦光通量45LM/W。

（4）计算总瓦数：总瓦数＝总光通量／每瓦光通量，即$5000LM \div 45LM/W \approx 111W$。

（5）确定灯具数量及功率：要达到设计室的最低的照度要求，可选5个25W的荧光灯（总瓦数达125W），或选4个30W的荧光灯（总瓦数达120W）。

四、噪声环境

凡是使人感到烦恼或不需要的声音称为噪声。噪声不仅干扰人们的工作和休息，而且还会危害人身健康。因此，研究作业环境中噪声对人身和工作效率的影响，设计一个良好的声音环境是人机工程设计中的一项重要的任务。

（一）噪声的危害

人耳所能听到的声音频率一般为20～20000Hz。低于20Hz的次声和高于20000Hz的超声人耳听不到。声音强弱的单位是分贝(dB)，大于85dB的噪声就会造成对人身的危害。噪声越大，危害越大。噪声危害可归纳为以下几个方面：

表24　分贝、人耳感受及对人体的影响

声压级／dB	人耳感觉	对人体的影响
0～9	刚能听到	安全
10～29	很安静	安全
30～49	安静	安全
60～69	感觉正常	安全
70～89	逐渐感到吵闹	安全
90～109	吵闹到很吵闹	听觉慢性损伤
110～129	痛苦	听觉较快损伤
130～149	很痛苦	其他生理受损
150～169	无法忍受	其他生理受损

（1）噪声会影响听者的注意力，使人烦恼。

（2）噪声会降低人们的工作效率，尤其是对脑力劳动的干扰。

（3）使需要高度集中精力的工作造成错误，影响工作成绩，加速疲劳。

（4）噪声影响睡眠，甚至引发病症。

（5）大于150dB的噪声会破坏人的听觉器官。

（6）噪声影响人的信息交流。

（7）噪声对仪器设备、建筑物的影响。

大功率的强噪声会妨碍仪器设备的正常运转，造成仪表读数不准、失灵，甚至于金属材料因声疲劳而破坏。180dB的噪声能使金属变软，190dB能使铆钉脱落。大型喷气式飞机以超音速低空掠过时，它所发生的大功率冲击波有时能使建筑物玻璃震裂，甚至房屋倒塌。

（二）噪声评价标准

为了保证人们的正常工作和休息不受噪声干扰，我国科学院声学研究所根据生理和心理声学研究成果，并结合我国具体情况，提出了环境噪声标准建议值，见表25、26。

表25　城市5类区域环境噪声标准值

（摘自 GB 3096-1993）　　　　　Leg{dB（A）}

类别／区域	昼间	夜间
0／疗养区、高级别墅区、高级宾馆区等（位于城郊或乡村的上述区域）	50（45）	40（35）
1／住宅区、文教机关区等	55	45
2／住宅、商业和工业的混杂区	60	50
3／工业区	65	55
4／城市交通干线、内河航道和铁路干线的两侧和穿越区	70	55

注：昼间指6：00～20：00，夜间指22：00～次日6：00

表26　工业企业厂界噪声标准值

（摘自 GB 12348-1990）　　Leg{dB（A）}

类别／区域	昼间	夜间
Ⅰ／以居住、文教机关为主的区域	55	45
Ⅱ／居住、商业、工业混杂区及商业中心	60	50
Ⅲ／工业区	65	55
Ⅳ／交通干线、道路两侧区域	70	55

（三）噪声控制概述

确定噪声控制措施时，应从以下三个环节考虑：首先是从声源上根治噪声。如果技术上不可能或经济条件不允许时，则应从噪声传播途径上采取控制措施。若仍达不到要求时，则在接受点（人）上采取措施。

1.从声源上根治噪声

从声源上根治噪声，这是一种最积极最有效的措施。根据噪声频率，通过分析找出产生噪声的原因，然后采取针对性的技术措施。其方法可归纳为以下几方面：

（1）改进机械结构设计

a.选用发声小的材料：一般金属材料（如钢、铜、铝等）的内阻尼、内摩擦较小，消耗振动能量小，因此凡用这些材料做成的零件，在振动力作用下，会辐射出较强的噪声。若用内耗大的高阻尼合金（亦称减振合金）或高分子材料（如尼龙等）就可获得降低噪声的效果。

b.改变传动方式：采用不同的传动方式，其噪声大小是不一样的。皮带传动比齿轮传动噪声低。在齿轮传动装置中，齿轮的速度对噪声影响很大。

c.改进设备结构：提高箱体或机壳的刚度或将大平面改成小平面，如加筋或采用阻尼减振措施来减弱机器表面的振动，降低机械辐射噪声会带来良好的效果。又如将风机叶片由直片形式改为后弯形，可降低噪声。

（2）改进工艺和操作方法

如用焊接代替铆接，用液压机代替锤锻机，用压力打桩机代替柴油打桩机等，均能显著降低噪声。发电厂等工业锅炉的高压蒸汽放空时产生很大的噪声，通过工艺改进，将所排空的蒸汽回收进入减温减压器，这样不仅消除了放空噪声，而且提高了经济效益。

（3）提高加工精度和装配质量

机械性噪声绝大部分由振动产生。减少机械零件的振动、撞击和摩擦，调整旋转部件的平衡，都可降低噪声。

2.在噪声传播途径上降低噪声

传播噪声的媒介有空气、液体和固体。在这些传播途径上降低噪声也有不少方法。

（1）利用吸声、隔声材料降噪

人在车间听到的噪声有由机器传来的直达声，还有车间内各种表面的反射声。直达声和反射声叠加，加强了室内噪声的强度。如果在车间天花板和墙壁表面装饰吸声材料或制成吸声结构，在空间悬挂吸声体或设置吸声屏，都可将部分声能吸收掉，使反射声能减弱。吸声效果与吸声材料的吸声系数有关。把声音隔绝起来是控制噪声最有效的措施之一。隔绝声音的办法一般是将噪声大的设备全部密封起来，做成隔声间或隔声罩。隔声材料要求密实而厚，如钢板、砖、混凝土、木板等。表27是反映了常材料的吸音效果。

表27　几种墙面材料的吸声效果　吸声比例 ％

吸声效果	墙面材料名称	声波频率(Hz)		
		125	500	1000
较差	上釉的砖	1	1	1
	不上釉的砖	3	3	1
	表面油漆过的混凝土块	10	6	7
	钢	2	2	2
中等	混凝土上铺软木木地板	15	10	7
	抹了泥或灰的砖或瓦	14	6	4
较好	胶合板	28	17	9
	粗糙表面的混凝土块	36	31	29
	覆有25mm厚的玻璃纤维层的墙面	14	67	97
	覆有76nm厚的玻璃纤维层的墙面	43	99	98

常用吸声材料和结构：①多孔吸声材料：声波在空隙中振动摩擦从而被减弱，吸音效果与厚度有关，受潮时吸音效果差。②共振吸声结：穿孔板结构、薄板与薄膜空舱结构。③空间吸声体：把多孔吸声材料或共振吸声结悬于空中。④帘幕：吸声效果与帘幕厚度和打褶有关。⑤洞口、家具、人等。

（2）采用隔振与减振降噪

噪声除了通过空气传播外，还能通过地板、金属结构、墙、地基等固体传播，降噪的基本措施是隔振和减振。对金属结构的传声，可采用高阻尼合金，或在金属表面涂阻尼材料减振。隔振用隔振材料或隔振元件，常用的材料有弹簧、橡胶、软木和毡类。将隔振材料制成的隔振器安装在产生振动的机器基础上吸收振动，从而降低噪声（图84）。

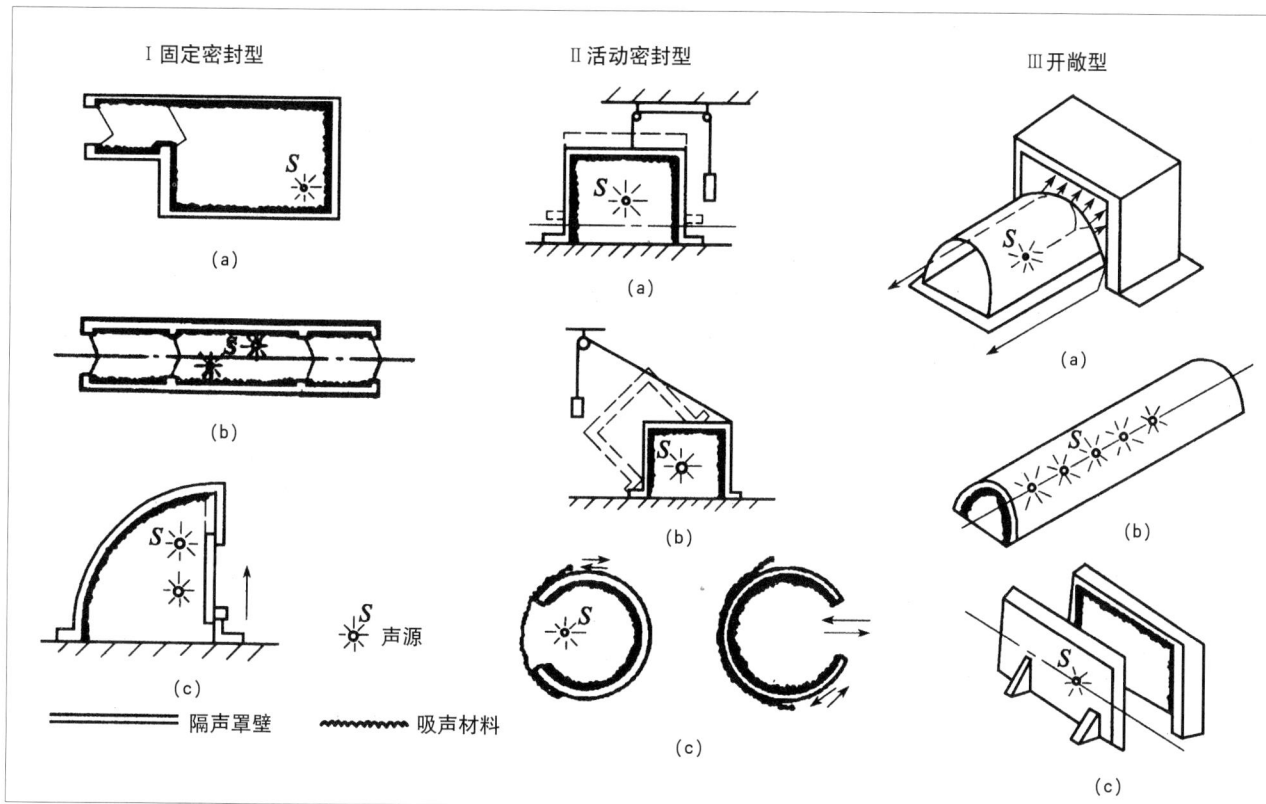

I 固定密封型　　　　II 活动密封型　　　　III 开敞型

(a)　　　　(b)　　　　(c)

S 声源

隔声罩壁　　　吸声材料

图84　隔声罩与半隔声罩常用形式

3.个人防护

在接受点进行防护就是个人防护，是减少噪声对接受者产生不良影响的有效方法。常用的防护用具有耳塞、防声棉、耳罩、防声头盔等。

（四）室内声环境设计的概念（图85）

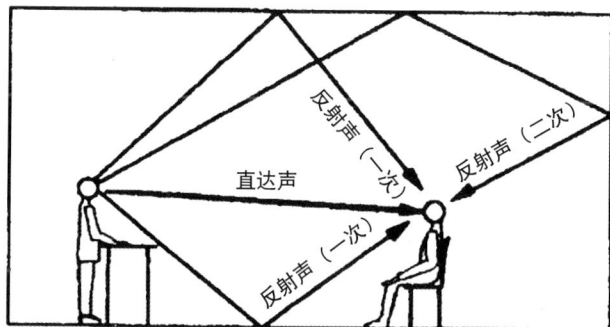

图85　室内声音传播的示意图

1.直达声

直达声指未受任何界面影响的声音。直达声声压值与到声源的距离成反比。

2.近次反射声

经过少于3次反射，在直达声到达后50ms 内到达的反射声称为近次反射声。由于人耳不能把50ms以内到达的声音加以区分，近次反射声能对直达声起到加强的作用，且基本不会影响声音的清晰度，因此一般认为近次反射声对语言传达和音乐欣赏都有好处。

3.混响声

经过多次反射，在近次反射声以后到达的声音都称为混响声(声源切断后还会保留一段时间)。混响声对室内声环境有着多重影响，有正面的，也有负面的。简言之，比直达声到达时间滞后较多且较强的混响声，对声音的清晰度有一定影响，因此对教室、演讲厅之类的室内声环境不利。但混响声能提高声音的丰满度，使音乐欣赏产生"余音缭绕"的感觉和意境，又是音乐厅设计中所要刻意追求和营造的。

4.回声

只经过一两次反射，但在直达声到达50ms以后才到达的反射声称为回声。很明显，回声是室内声环境中的有害因素，无论对语言传达、对欣赏音乐，它都是令人讨厌的干扰，应该在设计中加以避免和排除。回声只可能发生在比较大的室内空间。

5.声聚焦与声影

若室内有某较大的凹曲面(侧墙或顶棚)把声波都集中反射到某一较小的局部区域,使此处形成很强的声音,这种现象称为声聚焦。若由于存在种种阻隔,使室内某区域声音太弱而让人基本听不到,这种现象称为存在声影。声聚焦和声影也都是室内声环境中的不良因素,应在设计时加以避免。

（五）室内声环境设计的一般原则

(1) 防止室外噪声传入，减轻室内噪声对生活工作的干扰。

(2) 使室内存在适合于生活工作条件的近次反射声。

(3) 避免回声、声聚焦、声影等室内声缺陷。

(4) 使室内具有与使用目的相适应的混响声。

（六）室内空间容积、形体与声环境

1.室内空间容积与声环境

不使用扩音器的声源发声称为自然声，如授课、独唱独奏等。自然声的声功率有限，为确保必要的响度，使用自然声的室内空间容积最大值应控制在表28所示的范围以内（见表28）。

表28　自然声室内的最大空间容积

室内用途	最大室内容积/m³
授课	600～800
演讲	2000
话剧	6000
独唱、独奏	10000
大型交响乐	20000

2.席位的数目与室内容积

室内听众对室内声音的吸声量占的比例较大，可达50%，对混响时间等室内声场状况颇有影响。表29为每个席位所占空间容积的推荐值，可用来估算室内空间的总容积。

表29　每个席位的室内容积推荐值

室内用途	最大室内容积/m³
大教室、演讲厅	3～5
电影院	4
剧场、礼堂	5～6
歌剧院	6～8
音乐厅	8～10

3.室内空间形体与声环境

声环境对室内空间形体的基本要求如下：

(1) 保证直达声能够到达每一个听众。为此，小型室内常适当提升讲台，大型厅堂让座位从前到后渐次升高。

(2) 使大多数座席能接收到延时50ms以内的第一次反射声，这对高度小于10m、宽度小于20m的大厅基本不成问题，对于更大的大厅，则与大厅形体的宽深比有关，参看图86。

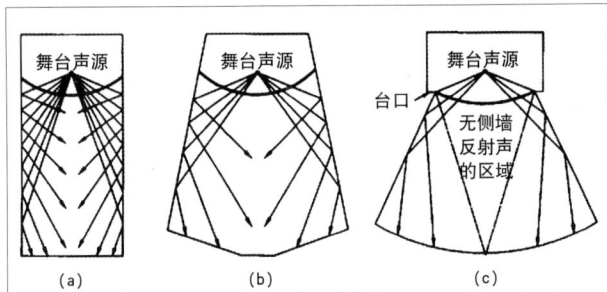

图86　厅堂形体与第一次反射声的分布

(3) 避免引起回声、声聚焦。

五、振动环境

环境振动问题主要存在工矿企业、交通运输等部门中，对"工效"环境的影响不容忽视。

（一）对人体有影响的振动因素

1.振动频率和振幅

频率：单位是Hz(赫兹)，即每秒振动的次数。

振幅：单位是mm(毫米)或m(米)。

2.其他因素

(1) 振动作用于人体的部位：作用部位不同可能形成不同的振动后果，如脚的防振能力强于臀部。

(2) 振动相对于人体的方向：对全身而言，上下、左右、前后方向的振动后果是不同的。

(3) 受振时间：人体接受振动时间过长时，可能造成的伤害程度将加重。

（二）振动对人体及工作的影响

1.振动对人体的影响

全身振动时，0.1～1Hz的低频引起晕车；2～3Hz，影响内脏器官；4～6Hz，伤害脊柱。手部振动引起的病变主要有白指病和手臂振动综合征。

2.振动对工作的影响

(1) 造成工作者视觉模糊，仪表认读、手眼动作协调和跟踪操作困难。

(2) 使神经中枢机能下降，注意力分散，易感烦躁和疲劳。

(3) 使发音颤抖，语言失真和间断。

第3章

人体动作空间与
人性化设计

本章要点
- 人体动作疲劳强度的适度考量
- 人体动作空间环境的标准考量

第一节 人体动作疲劳强度的适度考量

一、肢体的出力范围

肢体的力量来自肌肉收缩，肌肉收缩时所产生的力称为肌力。肌力的大小取决于生理因素的机能状态、肌肉对骨骼发生作用的机械条件。下表为中等体力的20～30岁青年男女身体主要部位肌肉所产生的力。肢体所能发挥的力量范围是确定机械设备操纵系统的基础数据。肢体发挥操纵力的大小，除了取决于上述人体肌肉的生理特性外，还与用力的时间长短、采取的姿势、着力部位有关。表30反映了人体各部分的肌力情况。

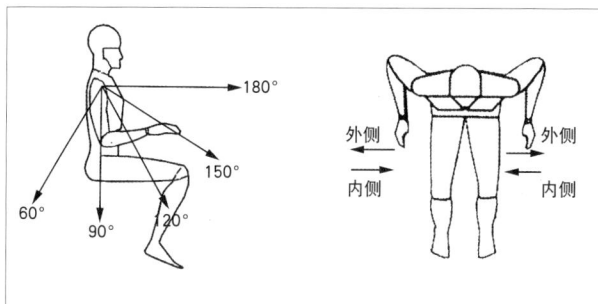

图87 坐姿手臂操纵力的测试方位和指向

表30

肌肉的部位		力 /N	
		男	女
手臂肌肉	左	370	210
	右	390	220
肱二头肌	左	280	130
	右	290	130
手臂弯曲时的肌肉	左	280	200
	右	290	210
手臂伸直时的肌肉	左	210	170
	右	230	180
拇指肌肉背部肌肉	左	100	80
	右	120	90
（躯干曲伸的肌肉）		1220	710

（一）坐姿手臂操纵力

下图为坐姿时手臂在不同方向的操纵力(中等体力男子，右立者)(见图87、表31)。

表31 中等体力的男子（右立者）

手臂的角度(°)	拉力 /N		推力 /N	
	左手	右手	左手	右手
	向	后	向	前
180	225	235	186	225
150	186	245	137	186
120	157	186	118	157
90	147	167	98	157
60	108	118	98	157
	向	上	向	下
180	39	59	59	78
150	69	78	78	88
120	78	108	98	118
90	78	88	98	118
60	69	88	78	88
	向 内	侧	向 外	侧
180	59	88	39	59
150	69	88	39	69
120	88	98	49	69
90	69	78	59	69
60	78	88	59	78

（二）立姿手臂操纵力

立姿直臂时手臂操纵力的一项实验结果见图88。

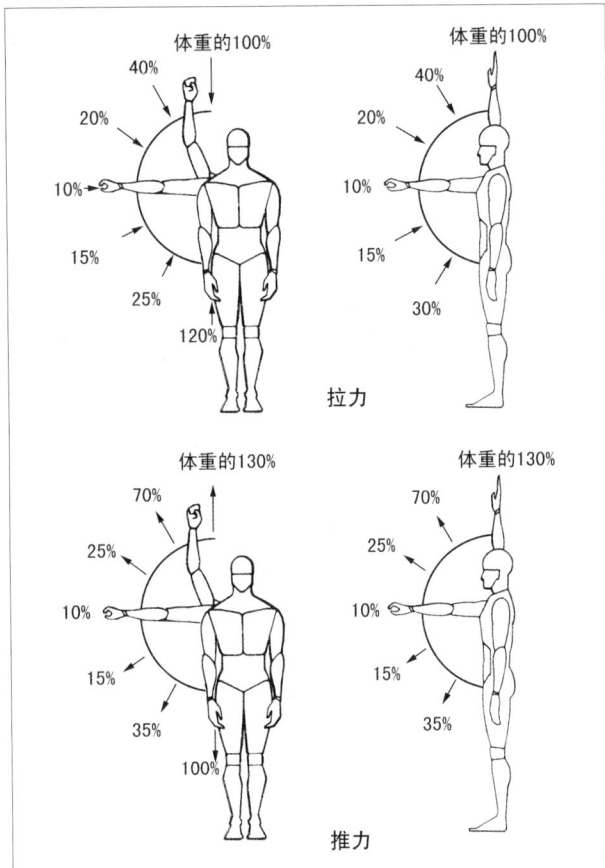
图88 立姿直臂时手臂的操纵力

（三）握力

男子优势手的握力约为自身体重的47%～58%，女子约为自身体重的40%～48%。所有肌力均随施力持续时间加长而逐渐减小。例如某些肌力持续到4分钟时，就会衰减到1／4左右，肌力衰减到1／2所持续时间，对多数人是基本相同的(图89)。

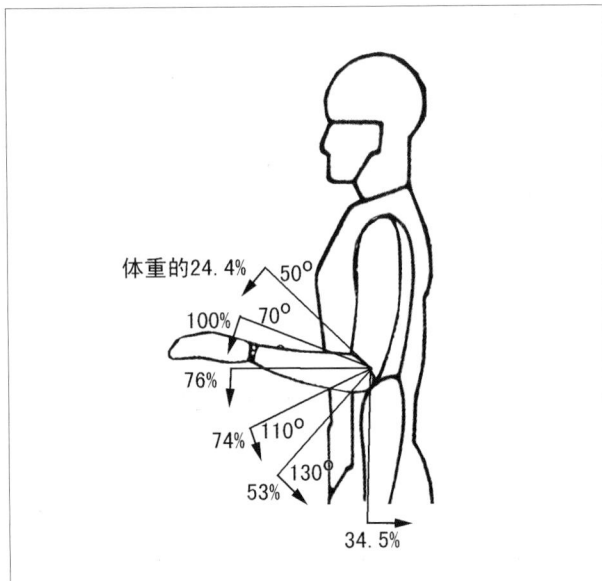
图89 立姿弯臂时的力量

（四）坐姿时足的蹬力

足的蹬力大小与人体姿势、足的位置方向有关。若坐姿有靠背支撑时可产生最大的蹬力。下图为不同体位的足蹬力。与垂线成70°角方向的蹬力最大，此时大腿略向上抬，大小腿夹角140°～150°。从俯视角度看，腿蹬方向偏离正前方15°以上时，蹬力大幅减小，操作灵敏度也会明显降低（图90）。

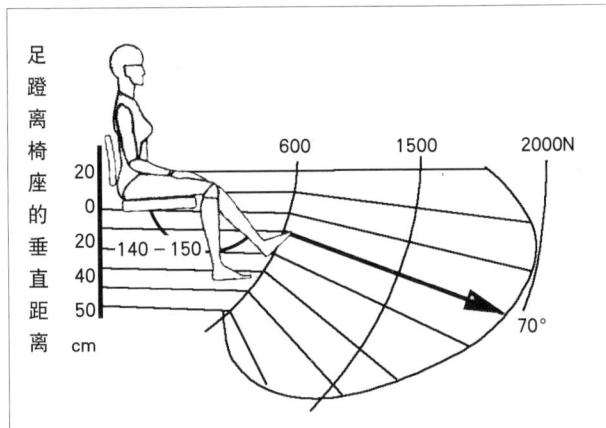
图90 坐姿下不同侧视体位的足蹬力

一般坐姿时，右足最大瞬时用力可达2570N，左足可达2364N。右足蹬力大于左足；男性蹬力大于女性。

二、静态肌肉施力

人的肌肉施力分为动态和静态两种。静态施力时，收缩的肌肉长时间压迫血管，阻止血液进入肌肉，肌肉无法从血液中得到糖和氧的补充，同时肌肉的代谢废物不能迅速排出，从而造成肌肉酸痛，引起肌肉疲劳，影响作业的持续时间。长期受静态施力的影响，就会引发永久性病症，如关节炎、腱膜炎等，因此，当长时间的静态施力不可避免时，应考虑中间安排活动(图91)。

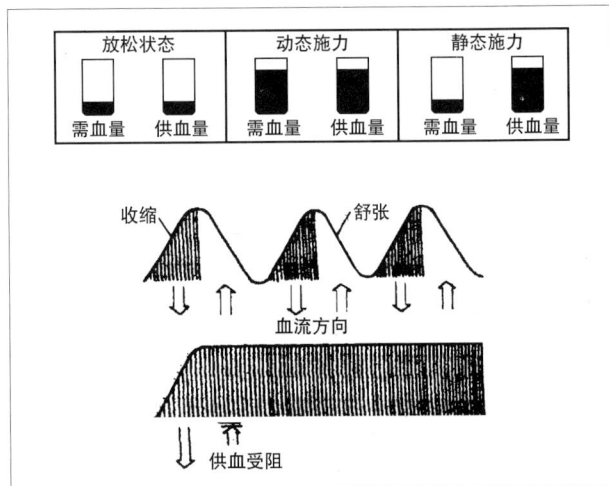
图91

（一）静态肌肉施力举例

几乎所有的劳动中都包括不同程度的静态施力。

(1) 工作时的前弯腰或侧弯腰。

(2) 工作时手臂水平抬起（图92）。

图92

(3) 用手臂夹住物体。

(4) 一只脚支撑体重，另一只脚控制机器。

(5) 长时间站立在一个位置上。

(6) 传统键盘使手腕长时间处在静态施力状态，而人机工程学键改善了施力状况。

(7) 一些传统把手中的静态肌肉施力情况（图93）。

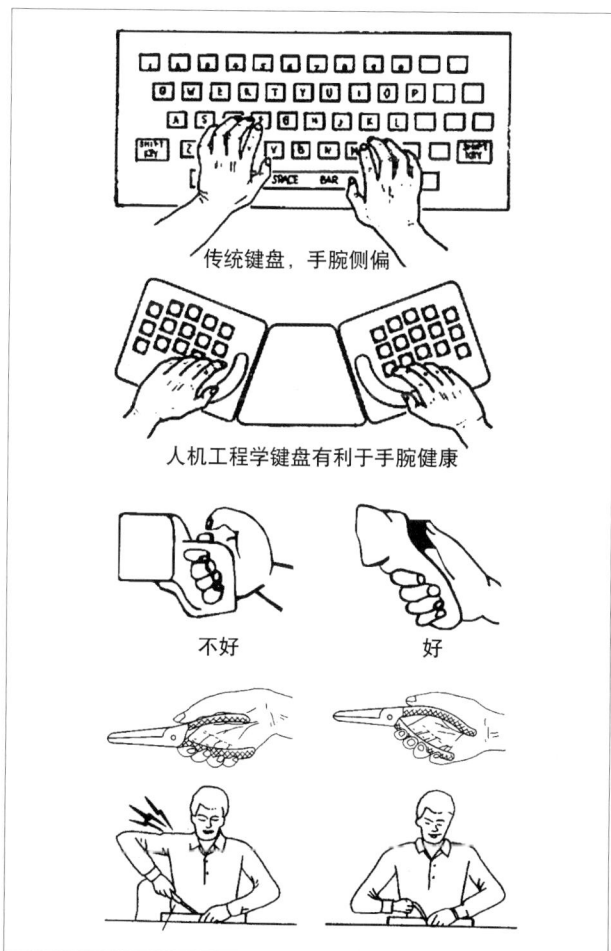

传统键盘，手腕侧偏

人机工程学键盘有利于手腕健康

不好　　　　　　好

图93

（二）避免静态施力

提高人体作业效率，一方面要合理使用肌力，降低肌肉的实际负荷；另一方面要避免静态肌肉施力。当静态施力不可避免时，肌肉施力大小应为最大肌力的15%。对于简单的重复性动作，可增加到30%。

(1) 避免弯腰或其他不自然的身体姿态。

(2) 避免长时间地抬手作业，同时抬手作业会降低操作精度。

(3) 坐着工作比站着工作省力。

(4) 对于频繁走动性的工作，座椅的高度应调到使操作者可十分容易地改变站立和坐的姿势的高度，这样可减少站起和坐下造成的疲劳。

(5) 作业面的高度应按工作性质来设计，一般观察需要的距离越近，工作面应越高。

(6) 常用工具应放在人的附近，最频繁的动作，应在肘关节弯曲时就可完成。

(7) 当手不得不放在高位置工作时，应使用支承物托住肘关节前臂，手的支撑物表面应为毛布或其他较柔软而不发凉的材料，且最好可调节以适应更多的人（图94）。

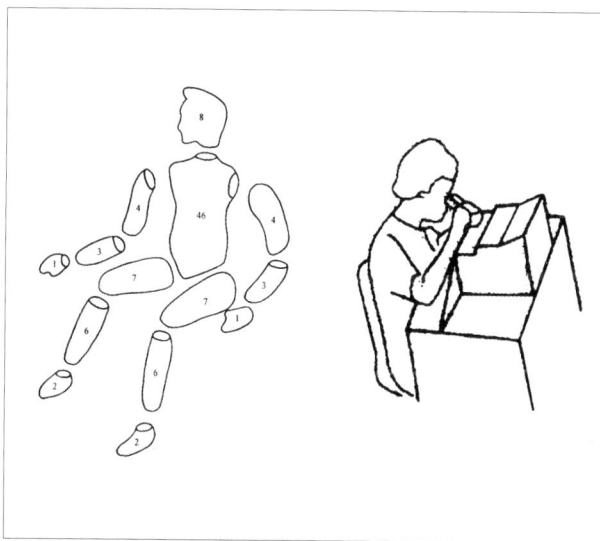

图94

(8) 支撑肢体。人的每一肢体都有重量，作业时，不但要支持物体，而且还要支持自重，故对举手之类的作业，应设计支撑物（如近视距工作设计中应有支撑物）。

(9) 颈支撑着头，只要头部是垂直向前稍有倾斜，颈部就不会感到疲劳。阅读书写时的头向前平均倾斜25°，书写时眼到纸面275mm，阅读时325mm。当头后仰15°时，颈部肌肉会感到酸痛，同时也带来了另一个问题——来自光源和窗的眩光。在设计显示屏幕时，可设计成稍微倾斜，以减少人的头部后仰。

三、动作的灵活性与准确性

（一）人体动作的灵活性

灵活性是指操作时的动作速度与频率。人体生物力学特性决定了人体重量轻的部位较重的部位、短的部位较长的部位、肢体末端较主干动作灵活。因此，在设计机器及操纵装置和工作方式时，应充分考虑这些特点。

1.反应时和运动时

反应时指从刺激呈现到人开始作出外部反应的时间间隔，也称为反应潜伏期。影响反应时的有人体主观因素和外界刺激客观因素。

(1) 刺激的数目：数目越多反应越慢（表32）。

表32　辨别反应时与刺激数目的相关性

刺激数目	1	2	3	4	5	6	7	8	9	10
辨别反应时/ms	187	316	364	434	485	532	570	603	619	622

(2) 刺激强度：随着刺激强度加大，反应时逐渐缩短，但到达一定的刺激强度以后，反应时就基本稳定不再缩短了。

(3) 刺激的对比度：对比越强反应时越短。

(4) 刺激类型和受刺激的部位：触听视觉反应时短，味觉反应时长。触觉中脸、手指反应时短，脚部反应时长（表33）。

表33　各种刺激类型（感觉器官）的简单反应时

刺激类型	感觉器官	简单反应时/ms
触觉(触压、冷热)	皮肤、皮下组织	110～290
听觉(声音)	耳朵	150～160
视觉(光色)	眼睛	150～200
嗅觉(物质微粒)	鼻子	210～390
味觉(唾液可溶物)	舌头	330～1100
深部感觉(撞击、重力)	肌肉神经和关节	400～1000

(5) 人的主体因素：影响反应时的人的主体因素，有先天的个体差异、当时的身体状况和培训造成的差异等。先天性的个体差异指素质、性别、个性等方面，当时的身体状况指年龄、健康状况、疲劳状况、情绪、生理节律等状态，培训对反应时的快慢影响更是明显。

2.动作速度

动作速度是指肢体在单位时间内移动的路程。动作方向、轨迹决定动作速度。肢体运动速度变化很大，可从每秒几毫米到800mm。在一般情况下，手臂动作速度平均为50～500mm/s。经测定，动作速度有下列规律，可供设计时参考：

人体躯干及肢体在水平面的运动比垂直面的运动速度快；

从上往下较从下往上运动速度快；

水平方向的前后运动较左右方向运动快，旋转运动比直线运动灵活；

顺时针方向操作动作比逆时针方向操作要快，且符合动作习惯；

向身体方向的运动较离开身体方向运动要快，但后者准确性高；

一般人右手较左手快，同时右手向右较向左运动快；

动作速度与受力物的质量成反比。

3.动作频率

每分钟或每秒钟动作重复的次数称为动作频率。它与操作方式及动作部位有关。测试数据见表34。

表34　手足最大动作频率

动作部位	最大动作频率（次/min）	
手指（敲击）	204～406	
手抓取	360～431	
前臂屈伸	190～392	
大臂前后摆动	99～344	
足蹬踩（足跟儿做支点）	300～378	
腿（抬放）	300～406	
手旋转	右288	左360
手推压	右402	左318
手打击	右300～840	左510

（二）人体动作的准确性

动作的准确性可从动作形式、速度和力量三个方面考察。这三方面配合恰当，动作才能与客观要求相符合，才能准确。动作方向错误，动作量过大或过小，都将产生不准确的动作。

四、作业姿势

（一）作业姿势的类型

人在日常生活和生产中，一般有四大基本姿势，即立姿、端坐姿、靠椅坐姿和卧姿。

（二）确定作业姿势的一般原则

不同的人体姿势所造成的肌肉负荷一般可由伴随肌肉收缩所产生的生物电位的变化肌电图来显示。人机工程学学者曾选择了人体的13种姿势,通过肌电图得出如图所示的结果。图中以立姿的肌肉活动量为100%,按不同姿势所造成的相对于立姿的肌肉活动量的大小,依次由左向右排列,从中反映了为维持不同姿势,人体有关部位的肌肉进行等长收缩的紧张程度(表35)。

姿势对心血管系统的影响如表36所示:

为保障操作者的身体健康,提高作业率,在确定作业姿势时,一般应遵循如下原则:

(1) 操作者的作业姿势一般以坐姿为好,其次是坐—立姿。当工作过程非立姿不可时,才选择立姿。

表35 姿势对肌肉的影响

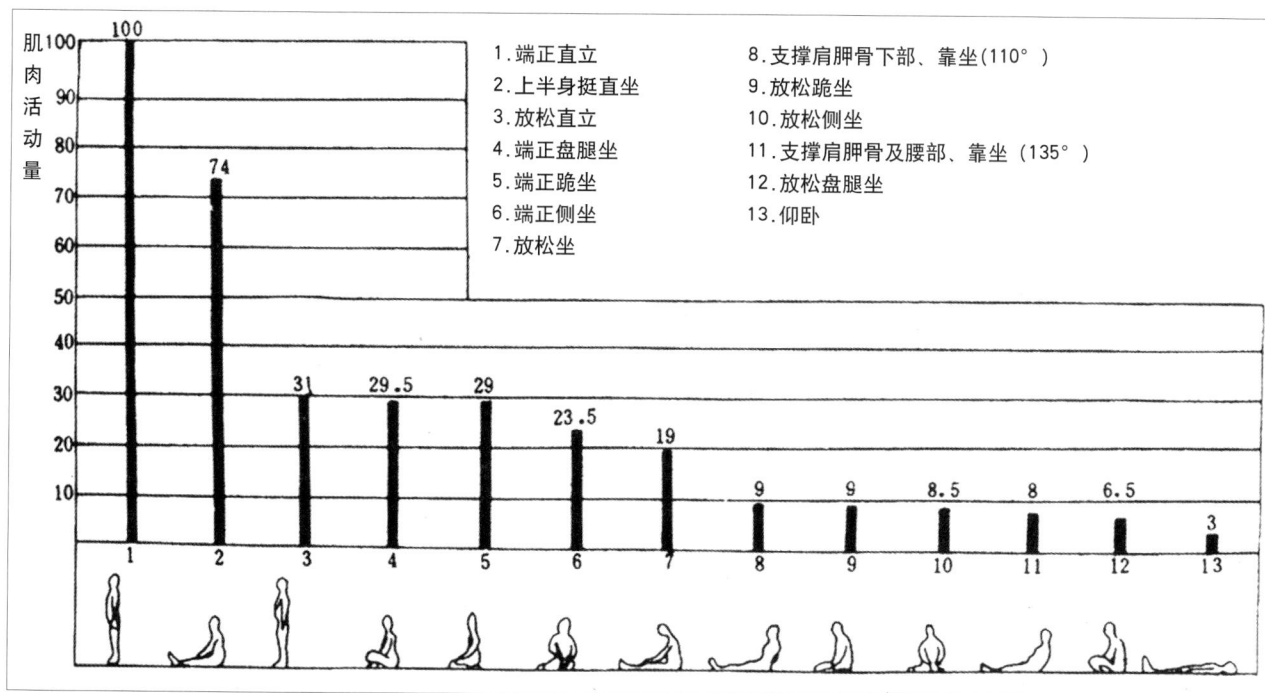

1.端正直立
2.上半身挺直坐
3.放松直立
4.端正盘腿坐
5.端正跪坐
6.端正侧坐
7.放松坐
8.支撑肩胛骨下部、靠坐(110°)
9.放松跪坐
10.放松侧坐
11.支撑肩胛骨及腰部、靠坐(135°)
12.放松盘腿坐
13.仰卧

表36 立姿与坐姿对心血管系统的影响

指标	立姿	坐姿	坐:立(%)
心脏的输血量 /(L/min)	5.1	6.4	125
心脏跳动一次的输血量 /(ml/次)	54.5	78.3	144
平均动脉压力 /mmHg	107.0	87.9	82
心跳次数 /(次/min)	97.2	84.9	87

(2) 应尽可能地使操作者采取平衡姿势,避免因作业姿势不当而给肌肉、关节和心血管系统造成不必要的负担。

(3) 作业过程中,应使操作者能自由地变换多种体位,尽可能地使操作者身体处于舒适状态。当强制保持的姿势无法避免时,应设置适当的支撑物。

(4) 确定作业姿势应与肌力的使用以及作业动作相联系,三者应相互协调。

(三) 作业中常用的姿势

1.立姿

正确的立姿是身体各个部分,如头、颈、胸、腹等

均垂直于水平面,且身体保持平衡和稳定。此时,人体的重量主要由骨骼承担,肌肉和韧带的负荷最小,人体内各系统如呼吸、消化、血液循环等活动的机械阻力最小。舒适的立姿是身体自然直立或躯干稍向前倾15°左右。

下列情况宜采取立姿作业:

(1) 常用的控制界分布在较大区域,远远超出坐姿的最大可及范围时。

(2) 需要用较大肌力的作业,而坐姿不可能达到时。

(3) 在没有容膝空间的机器旁作业,坐着反而不如站着舒适时。

(4) 需要频繁地坐、立的作业,因为频繁起坐所消耗的能量比立姿的耗能量还大。

(5) 单调的易引起心理性疲劳的作业。

持续较长时间的立姿作业会引起下肢肌肉酸痛,下肢肿胀。因此,对于一些不得不采取立姿进行的作业,应使操作者可以自由变换体位,避免长时间站立于一个位置;同时脚下应铺垫木板、橡胶板或有弹性的垫子,也可穿有软垫的鞋子;还应安排操作者定时坐下来作适当休息或安排做一些轻度的体育活动,以改善血液循环状况,减少肌肉疲劳。

2.坐姿

作业时正确的坐姿应是身躯上部伸直稍向前倾10°～15°，保持眼睛到工作面的距离在300mm以上，大腿放平，小腿自然垂直着地或稍向前伸展着地，使整个身体处于自然舒适状态。研究证明，当直腰坐(身躯上部挺直坐)时，脊柱的变形较大，肌肉的负荷也大。当放松坐(身躯上部稍弯曲)时，背部肌肉负荷小，有利于整个身体的平衡，感觉比较舒适，但此时椎间盘的内压力会增大。由此可见，肌肉与椎间盘对坐姿的要求是矛盾的。若在作业过程中，适当变换直腰坐与放松坐两种坐姿，则既可通过改变椎间盘的内压力，改善椎间盘的营养供应状况，又可使肌肉得以放松。

下列情况应采用坐姿作业：
(1) 持续时间长的静态作业。
(2) 精密度高而又要求细致的作业。
(3) 需要手足并用的作业。
(4) 要求操作准确性高的作业。

由于坐姿心脏负担的静压力较立姿有所降低，肌肉承受的体重负荷也较立姿小，故坐姿作业可以减轻劳动强度，提高作业效率，优于立姿作业。但坐姿作业不易改变体位，施力受限制，工作范围也受限制，且久坐易导致脊柱变形。

3.坐—立姿

坐—立姿是指在作业过程中既可以坐也可以站立，坐、立交替，但以坐姿为主。坐着可以解除站立所引起的下肢肌肉酸痛感，而站立又可放松坐着引起的腰部肌肉紧张，所以坐、立交替可以消除不同部位的肌肉负荷(图95)。

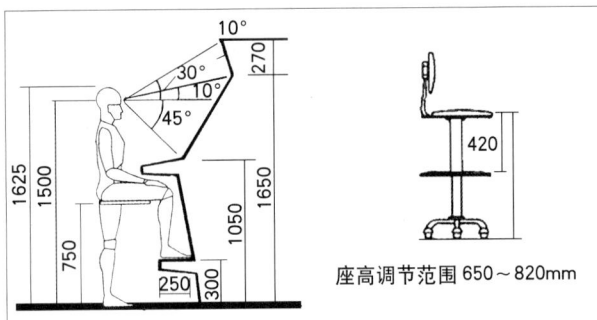

图95 立、坐两用控制台及可调高度座椅

五、疲劳研究

疲劳是一种人体的生理状态。在作业过程中，作业者产生作业机能衰退、作业能力下降，有时还伴有疲倦感等主观症状的现象，就叫作业疲劳。过度的作业疲劳不仅导致作业能力下降、劳动质量降低、大脑与动作迟钝、反应能力降低，而且易增加事故发生率，甚至造成人身与财产损失。作业疲劳是一系列复杂现象的综合体，既有人的生理和心理因素，又有生产设备的因素，还受环境和社会因素的影响。因此，对疲劳问题的探讨也是人机工程设计的一个重要课题。

(一) 疲劳的分类

1.肌肉疲劳

肌肉疲劳又分为个别器官疲劳和全身性疲劳。前者常发生在仅需个别器官或肢体参与的紧张作业。如计算机操作人员的肩肘痛、眼疲劳，打字人员的手指、腕疲劳等。后者主要是由全身参与较为繁重的体力劳动所致，表现为全身肌肉、关节酸痛，困乏思睡，作业能力明显下降，失误增多，操作迟钝等。

2.精神疲劳(刺激疲劳)

精神疲劳包括智力疲劳、技术性疲劳和心理性疲劳。智力疲劳主要是指长期从事紧张的脑力劳动所引起的头昏脑涨、全身乏力、嗜睡或失眠等，常与心理因素有联系。技术性疲劳常见于体力脑力并用的劳动和神经相当紧张的作业，如驾驶飞机、汽车、拖拉机，收发电报、操纵半自动化生产设备等。单调的作业内容很容易引起心理性疲劳，例如监视仪表的人员，表面上坐在那里"悠闲"自在，实际上并不轻松。信号率越低越易产生疲劳，使警觉性下降。这时体力并不疲劳，而是大脑皮层的一个部位经常兴奋引起的抑制。

3.生物疲劳(周期性疲劳)

根据疲劳周期的长短，可将周期分为年周期性疲劳和月、周、日周期性疲劳。这种疲劳的出现与社会、生理心理因素的影响有关。

(二) 作业疲劳的调查与测定

1.疲劳问卷调查

周身和局部疲劳可由个人自觉症状的主诉得以确认。

2.疲劳测定方法

(1) 闪光融合值测定

受试者观看一个频率可调的闪烁光源，记录工作前后受试者可分辨出闪烁的频率数。具体做法是先从低频闪烁做起，这时视觉可见仪器内光点不断闪光，当增大频率，视觉刚刚出现闪光消失时的频率值叫闪光融合阈。人体疲劳后闪光融合值降低，说明视觉神经出现钝化。这一方法对在视觉显示终端前面工作人员的疲劳测定最为适用。通过测定得知，全身性疲劳也会在视觉方面有所表现。

(2) 心率及肺活量测定

心率和劳动强度是密切相关的。作业开始后，头30～40s内迅速增加，以适应供氧的要求，以后缓慢上升。一般经4～5min达到与劳动强度适应的稳定水平。

轻作业心率增加不多；重作业能上升到 $150\sim200$ 次／min。作业停止后，心率可在几秒至十几秒内迅速减少，然后缓慢地降到原来水平。疲劳越重，氧债越多，心率恢复得越慢。

(3) 触觉两点阈值测定

当皮肤表面上的两个点同时受到刺激时，如果两点间距离在 50mm 以上，任何人都能清楚地感受到两点的刺激。但是，当两点距离缩短到一定值以后（正常情况下小臂约为 20mm），只感觉是一个刺激点，其值称为两点阈值。作业疲劳越甚，感觉越迟钝，此值上升越多。

（三）引起疲劳的原因

1.超生理负荷

劳动强度越大，劳动时间越长，人的疲劳就越重。

2.工作单调

对多数人来说，内容单一、限制创造力的工作是乏味的。乏味的工作会使作业者产生不愉快和厌烦的情绪。另外，还会使注意力不集中，注意力是最易疲劳的心理机能之一。

3.环境不良

不良的环境条件(如温度、湿度、照明、振动和噪声等)是不适应人的生理和心理需要的，它会增加作业人员的劳动强度和疲劳感。噪声可加重疲劳，优美的音乐可以舒张血管、松弛紧张的情绪并减轻疲劳。

4.精神因素

精神因素指作业人员因强烈的刺激、焦虑情绪、烦恼、工作责任感以及人与人之间和家庭等因素导致的精神不振。

5.身体状况不好

这是指疾病，如疼痛、营养不良、睡眠不足、个人体质欠佳等。

6.人机工程设计不合理

这是指劳动姿势与体位选择不合理。生产设备与工具设计不合理，未能减轻劳动强度和释放紧张情绪；人机界面设计不合理，不符合人的感觉功能和心理特点；未按生物力学的原则合理使用体力；工作空间过小等。

（四）疲劳的某些规律

1.疲劳可以恢复

青年人比老年人恢复得快，而且在作业过程中青年人较老年人产生的疲劳要小得多。

2.疲劳累积效应

前一日未完全恢复的疲劳会继续到第二天。

3.人对疲劳有适应能力

人如果连续工作，反而不觉累了，这是体力上的适应性。

4.生理周期的影响

在生理周期中，如生物节律低潮期、妇女月经期，发生疲劳的自我感受较重。

（五）降低作业疲劳的措施

这里仅从人机工程设计的角度考虑降低作业疲劳的措施。

1.提高作业的自动化水平

提高作业的自动化水平是现代科学技术发展的主要方向之一。自动化能改善劳动条件，降低劳动强度，缩短劳动时间，从而消除了笨重体力劳动造成的重度疲劳，同时也提高了作业安全可靠性。统计资料表明，笨重体力劳动比重较大的工业部门，如采矿、冶金、建筑、铁路等行业，由于劳动强度大，生产事故较机械、化工、纺织等行业均高出数倍至数十倍。由此可见，提高作业自动化水平是减少作业人数、提高劳动生产率、减少人员疲劳、提高生产安全水平的有力措施。

2.正确选择作业姿势和体位

在作业中，除劳动负荷外，劳动姿势与体位也是引发人体疲劳的很重要的因素。劳动姿势不当，容易造成过度的疲劳和职业病，使工作效率大大降低。

3.合理设计作业中的用力方法

(1) 合理安排施力方式与负荷

静态施力很容易使作业者感到疲劳，因此应尽量避免。如果静态施力不可避免，则应对施力大小作出限制，肌肉施力应低于其最大施力的15%。在动态作业中，如果作业动作是简单的重复性动作，则肌肉施力也不应超过其最大肌肉力的30%。

(2) 按生物力学原理用力

作业时，要把力用到完成某一动作的做功上去，避免浪费在身体本身或不合理的动作上。

(3) 利用人体活动特点用力

(4) 利用人体动作的经济原则

所谓动作的经济原则是指保持动作自然、对称和有节奏。动作自然是为让那些最适合运动的肌群及符合自然位置的关节参与动作；动作对称是为了保证闲力后不破坏身体的平衡和稳定；动作有节奏是为了使能量不至于因为肢体的过度减速而被浪费掉,避免过早发生疲劳。

4.改善作业内容，避免单调重复性作业

对多数人来讲，内容单一、不能发挥其创造能力的工作是乏味的。单调作业产生的不愉快心理状态，表现

为单调感和枯燥感。如长期从事单调的重复性作业，特别是在作业者对作业项目不感兴趣时，就会产生破坏作业情绪的单调的心理状态，使之提前产生心理疲劳。重复性作业时，由于总是使用同样的身体部位，局部肌肉群反复施力，就会造成局部肌肉疲劳，影响作业效率。避免作业的单调感和枯燥感常用的方法如下：

（1）使操作内容适当复杂化

根据人的生理和心理特点设计作业内容。将若干操作时间短的工序合并为一个工序，使作业内容丰富化。这样可改善单调的操作，提高作业者的兴趣。由于作业内容的增加，作业者必须采取多种姿势操作，避免了局部肌肉的疲劳。作业内容变了，更有利于作业者发挥其创造力。

（2）交换操作内容或作业岗位

既然单一的重复劳动会导致心理疲劳和肌肉疲劳，那么定期地变换作业内容有助于消除疲劳。这样做，一是使作业者有种新鲜感，作业时能保持较旺盛的精力；二是作业内容变换有助于避免长时期因某种作业方式所造成的职业病。

实践表明，在操作紧张程度相同的情况下，从更单调的操作变换为不太单调的操作效果较好；从紧张程度较低的操作变换为紧张程度较高的操作效果较好；变换操作的内容差别越大，效果越显著。

第二节　人体动作空间环境的标准考量

研究空间环境与人的行为之间的关系已成为规划师、建筑师、社会学家、心理学家、人类学家等共同关心的问题。个人空间、私密性和领域性空间环境是这一问题所要讨论的基本内容，是相互联系但又有区别的三个重要概念。

一、个人空间环境与人际距离

在人与人的交往中，彼此间的距离、言语、表情、身姿等各种因素起着微妙的调节作用。无论陌生人之间、熟人之间还是群体成员之间保持适当的距离和采用恰当的交往方式十分重要。接近或热情过了头会把别人吓跑，过分冷漠也令他人难以接受。环境心理学家把它称为"心理的空间"。对这方面的观察和研究不仅有益于个人在人际交往中的行为选择，而且对环境设计也具有重要的意义。

（一）个人空间（图96）

鸟儿停落在电线上成一排，互相保持距离，恰好谁也啄不到谁。类似的现象在人类中，一般人不愿夹坐在两个陌生人中间，因而出现公园座椅两头忙的现象。如

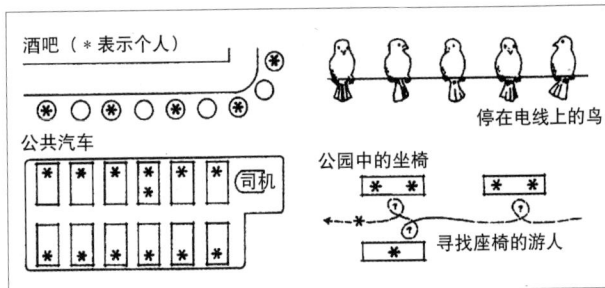

图96　在各种场合中陌生人的个人空间模式

果有人张开双臂占据中间位置，那么常常是一个人就客满了。对这些日常生活中常见的现象一般人感到不足为怪，然而心理学家却从中得到启发，在大量观察的基础上提出了"个人空间"的概念。在人类社会，个人空间既包含生物性的一面，又受到社会与文化的影响。

（二）个人空间的度量

研究者们普遍认为，个人空间像一个围绕着人体的看不见的气泡，腰以上部分为圆柱形，自腰以下逐渐变细，呈圆锥形。这一气泡跟随人体的移动而移动，依据个人所意识到的不同情境而胀缩，是个人心理上所需要的最小的空间范围，他人对这一空间的侵犯与干扰会引起个人的焦虑和不安。为了度量个人空间的范围，以往的研究曾采用两种方法：现场研究及实验室实验（图97）。

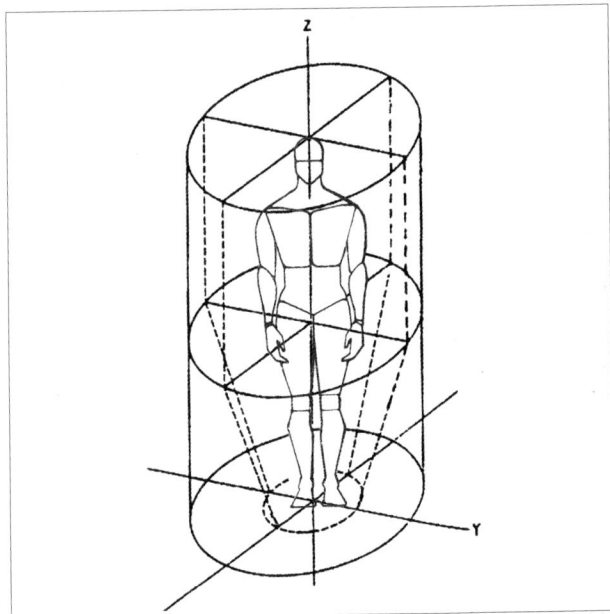

图97　个人空间

1.实验室研究

通过实验室实验进行测量。具体做法是要求被试者从前后左右等8个方向接近对象，当被试者停止前进时，记录被试者与对象之间的距离。虽然个人空间受到多种因素影响，但一般说来，前面较大，后面次之，两侧最小，即从侧面更容易靠近他人（图98）。

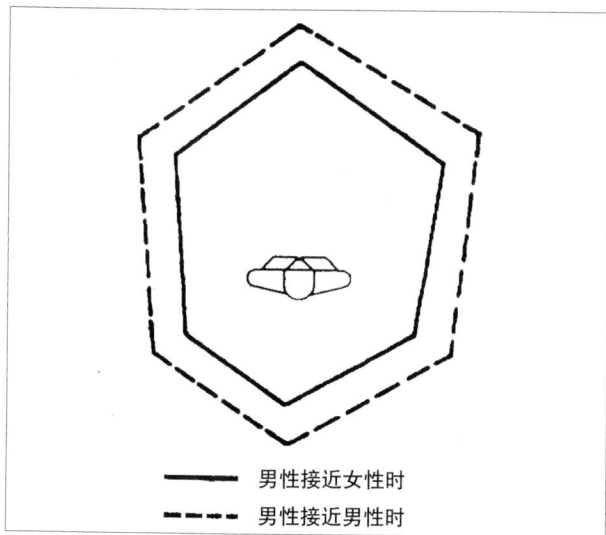

男性接近女性时
男性接近男性时

图98　个人空间度量

2.现场研究

对真实环境场景中社会交往的人际距离进行系统的观察和记录，可利用电视、电影或照片收集自然场景中的有关资料。我们从日常生活中的观察和体验也不难得知，如果一个陌生人无缘无故走到距你的脸50cm之内，你定会认为是一种无礼的侵犯；然而在人行道上有人走近你的身旁，或排队时有人无意间碰到你，只要不是对着你的脖子吹气，一般不会引起介意。

（三）个人空间的功能

个人空间起着自我保护作用，是一个针对来自情绪和身体两方面潜在危险的缓冲圈，以避免过多的刺激，导致应激的过度唤醒，私密性不足，或身体受到他人攻击。

在一项研究测试中，研究者闯入正在图书馆阅览室看书或学习的女学生的个人空间，并选择一些在这里学习的女生作为对照组。实验者坐到被试者旁边的椅子上，并挪动椅子尽量靠近被试者，但保持身体不接触。30分钟后，70%受侵犯的被试者离开了座位，而对照组中只有13%的人离开座位。然而在侵犯不严重的情境中，如在实验者和被试者之间有一张桌子或一把空椅子，被试者则几乎没有反应。事实上，当个人感到有人闯入自己的空间时，逃离之前常常在行为上做出一些复杂的反应，如改变脸的朝向或调节椅子的角度。有些被试者还做出防卫姿态，如收肩缩肘、手托下巴，还有人用书或其他物品将自己与来犯者隔开。如果这些防卫措施都无济于事，被试者就可能逃走，正如常言所说"惹不起，躲得起"。

（四）对侵犯个人空间的反应

1.被入侵者的反应

研究显示，入侵者的个人特征，如年龄、性别、社会地位等都影响着被侵犯者的反应。一般男性入侵者比女性入侵者会引起更多的动作反应。而且，当个人空间被入侵时，男性所受到的干扰比女性更强。为了解因入侵者年龄所引起的反应，研究者在剧院中让儿童站在成人后面15cm以内，结果发现，5岁儿童讨人喜欢，对8岁儿童不介意，10岁儿童则引起同成人入侵者同样的反应。

2.入侵者的反应

一个人在侵犯他人个人空间的同时，他自己的个人空间也同时被他人侵犯，因此侵犯他人的人自己也感到不自在。例如，在大学教学楼饮水机前1.5m以内有人时，人们就不愿在这里饮水；但如果饮水机被遮挡，即使附近有其他人存在，也不影响被试者在这里饮水。

人们也忌讳穿越正在交谈的两人空间，尤其是男女交谈的两人空间。如果是两位女士稍好一些，顾忌最少的是两位男性。穿越双人空间的人在行为上常常表现出不安，他们低着头，目不斜视，并低声道歉。当两人离开1.2m以上时，穿越的人就会增加。

（五）影响个人空间的因素

个人空间受到多种复杂因素的影响，这里只对一些最重要的因素进行讨论。

1.情绪

个人空间会随个人情绪的变化而变化。研究显示，焦虑的或感到社会情境对自己有威胁的人需要比一般人更大的个人空间。

2.人格

自尊心强的人所需要的个人空间比自尊心弱的人要小；合群的人比不合群的人与人保持更近的距离。显示暴力倾向的囚犯的个人空间差不多是正常人的3倍。

3.年龄

个人空间随着年龄增加而改变。有关研究认为，儿童越小，在相互接触的多种情境中偏爱的人际距离越小，这一结论适用于不同文化的儿童。大约在青春期开始时便显示了类似于成年人的空间行为标准。到了老年，人际距离又显示缩小的倾向。

4.性别

男性和女性对所喜欢和不喜欢的人显示出不同的空间行为：女性以较近距离接触所喜欢的人；而男性的空间行为不因吸引而改变。在与吸引无关时，就性别相同的人所保持的人际距离而论，有人发现，一般两位女性保持着比两位男性更近的距离，这反映了女性具有合群的社会倾向，而男性更注意与同性别的人保持非亲密状态。

5.文化

人类的空间行为具有某些共性，也存在跨文化的差异。在地中海文化中(包括法国、阿拉伯、南欧和拉丁美洲人等)，习惯使用嗅觉、触觉以及其他感觉形态进行人际交往，使用极近的交往距离甚至频繁的身体与目光接触，显示出极大的密切性；而在北美和北欧文化中(如德国、英国和美国白种人等)，则喜欢较大的交往距离和个人空间，一般很少对他人使用非言语的亲密动作。

当两个文化不同而又互不了解的人相互交往时，尴尬的局面就会出现：一方总感到彼此距离太远而不断向前靠拢；另一方则总感到距离太近而不断后退。

不同文化水平的人对个人空间的要求也不一样，一般文化水平高的人要求更大的个人空间。

6.相似性

友谊和人际吸引的程度会使人们保持更小的人际距离。人们所感觉到的彼此间的相似性会促使他们的身体相互靠近。例如。随便对学校男生和女生进行几天观察不难发现，那些人格相似的个人之间比人格不同的个人之间更加靠近。也就是说，相似性增加了人际吸引，人际吸引缩小了人际距离。感到他人与自己相似之处越多，对他人就越容易产生好感，这实际上反映了"人以群分"的行为倾向。年龄相近、人格相近、兴趣相同、共同的利害关系、同乡、同行、同学、同事，都会促使人们具有共同的兴趣和话题而彼此接近。

7.社会地位

一般社会地位高的人要求更大的个人空间。

(六) 人际距离

人与人之间的距离决定了在相互交往时以何种渠道成为最主要的交往方式。人类学家霍尔将人际距离概括为四种：密切距离、个人距离、社会距离和公共距离(图99)。

图99　四种人际距离

1.密切距离

0～0.45m，小于个人空间，可以互相体验到对方的辐射热、气味；在近距离时发音易受呼吸干扰，触觉成为主要交往方式，适合抚爱和安慰，或者摔跤格斗；距离稍远则表现为亲切的耳语。在公共场所与陌生人处于这一距离时会感到严重不安。

2.个人距离

0.45～1.20m，与个人空间基本一致。处于该距离范围内，能提供详细的信息反馈，谈话声音适中，言语交往多于触觉，适用于亲属、师生、密友握手言欢，促膝谈心，或日常熟人之间的交谈。

3.社会距离(Social Distance)

1.20～3.60m，这时相互接触已不可能，由视觉提供的信息没有个人距离时详细，其他感觉输入信息也较少，彼此保持正常的声音水平。这一距离常用于非个人的事务性接触，如同事之间商量工作。远距离还起着互不干扰的作用，观察发现，即使熟人在这一距离出现，坐着工作的人不打招呼继续工作也不为失礼；反之，若小于这一距离，即使陌生人出现，坐着工作的人也不得不招呼问询，这一点对于室内设计和家具布置很有参考价值。

4.公共距离

3.60～7.60m或更远的距离，这是演员或政治家与公众正规接触所用的距离。此时无细微的感觉信息输入，无视觉细部可见，为表达意义差别，需要提高声音、语法正规、语调郑重、遣词造句多加斟酌，甚至采用夸大的非言语行为(如动作)辅助言语表达。

(七) 人际空间定位

萨默进行的一系列研究发现，人们在谈话时位置的选择与谈话性质有关。在一项研究中，萨默用四把椅子代替两个沙发，发现一般对竞争者常选择面对面就座；合作者更多地选择肩并肩就座；各干各时选择角对角就座 (图100)。

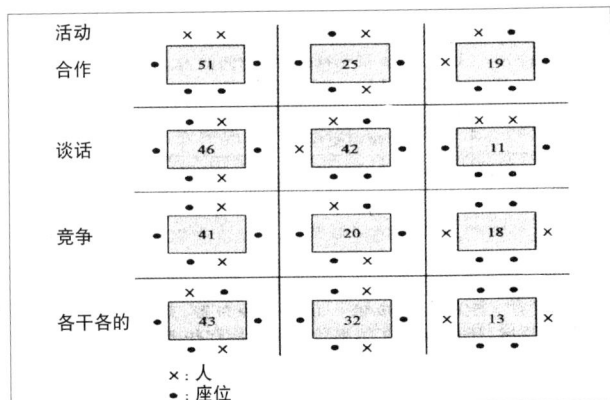

图100　选择座位坐法的百分比

古今中外人际交往中，个人的空间定位常与其权力和地位相对应。例如中国封建社会，百官文东武西分列两侧。中国人的宴会也分上座与下座，上座留给贵宾或长者。据说希特勒喜欢在会议室采用长条形会议桌，他自己总是占据前方端头位置，以显示元首的权威。在国际会议上，位置不仅代表个人地位，还象征着国家的权力和尊严。

1959年5月，在苏联和西方国家之间关于德国前途的会谈中，对座位安排问题进行了激烈的争论。苏联想让东德与西德享受同等地位，西方国家表示反对，因为这意味着承认东德。最后达成协议：为主要谈判国家设置一个大圆桌，另为东德和西德分设一个较小的长方桌，把东德和西德视为会议观察员。

结束越南战争的巴黎和谈因争论谈判桌的大小和形状而耽搁了12个月，直到1969年1月15日才最后达成协议：用一个直径为8m多的完整圆桌。

二、私密性空间环境

（一）私密性的定义

私密性是对接近自己或自己所在群体的选择性控制。（个人或群体控制自身与他人在什么时候以什么方式在什么程度上与他人交换信息）

私密性并非仅仅指离群独居，而是指对生活方式和交往方式的选择与控制。私密性概念的关键是从动态和辩证的方式去理解。独处是人的需要，交往也是人的需要，什么时间，在什么地方，独处还是交往，和什么人在一起，以什么方式交往，这要取决于人格、年龄、角色、心境、场合等多种因素。人们主观上总是努力保持最优私密性状态，当个人需要与他人接触的程度和实际所达到的接触程度相匹配时，就达到了最优私密性状态。因此，个人选择的范围越大，控制能力越强，感觉就越满意（图101）。

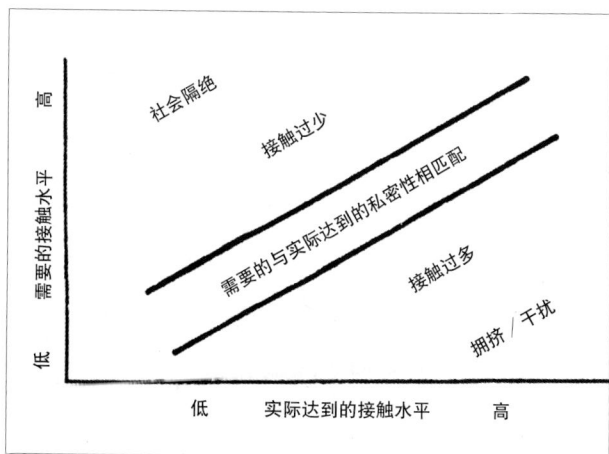

图101　最优私密性水平

（二）私密性的功能

私密性有助于个人建立自我认同感。私密性还有助于个人建立和保持自律，从而增强独立性和选择意识。

私密性是人的本能需求，它可使人具有安全感，可按照自己的想法来支配环境。私密性在人际关系中形成了人际距离，个人人际距离对公共场所、公园等的环境设计，公共建筑及其室内设计、家具布置均有影响。私密性在环境中的个体呈现导致了个人空间即领域性，领域性是人的需求。在办公室，可利用隔断形成领域，在教室或图书馆，一般不选择对面或邻座有人的位置，以免互相干扰。

在公园座椅设置上应注意考虑私密性，个人游园时往往喜欢独处，不愿意与陌生人同坐一条椅子。夫妇、恋人游园休息时，希望座椅能离开公共路径，选择在有所隐蔽的场地。

家是自己的生活空间，可无拘无束，因此更应注意私密性。

对私密性的需求与民族也有关，如私密性门槛线。穆斯林民族对私密性要求更高，同样的住宅，穆斯林民族的庭院会建高实的围墙，而北欧民族的庭院会建成开敞式的（图102）。

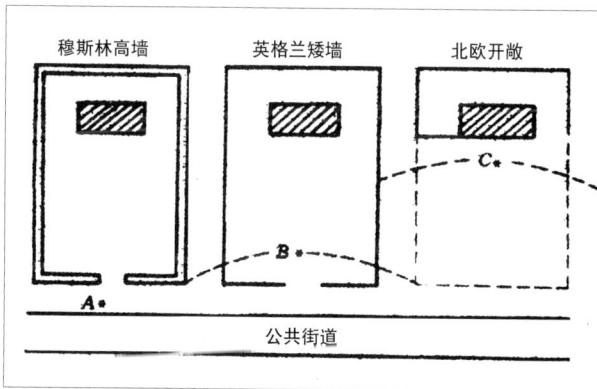

图102　私密门槛线

（三）私密性与环境设计

私密性对个人生活和社会生活都起着重要的作用，私密性的关键在于为使用者提供控制感和选择性，这就需要物质环境从空间的大小、边界的封闭与开放等方面，为人们的离合聚散提供不同的层次和多种灵活机动的选择。

1.居住环境的私密性

居住环境是影响个人生活体验最重要的场所。一家人亲密团聚固然是幸福，但不是唯一的幸福；隐蔽独处也必不可少，对有些人来说那也是一种自由自在的享受。理想的住宅应使每个家庭成员都具有只属于自己的私人空间作为退路。

好的居住环境除了内部应提供不同层次的私密性，同时户外空间也需要保持一定的私密性。赖特早年设计的切内住宅对此做出了相应的处理：宅前设置了有挡墙的平台，行人的视线越过挡墙顶部，恰好落到住宅起居室大门的上缘。居住者坐在室内时行人完全看不到他的身影，而在需要时，居住者又可很方便地走到室外凭靠挡墙与邻居、行人谈话，既使住宅生活不受干扰，又为居民提供了自由的交流空间（图103）。

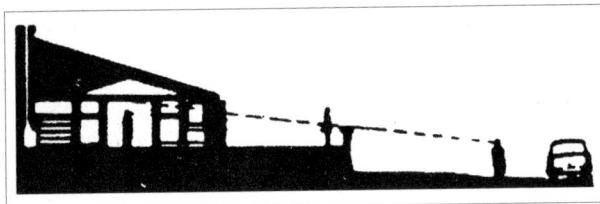

图103 切内住宅

北京的四合院，由房间围合成对外、内开放的院落。尽管后来大多数都成了杂院，但其室内仍属于个人或家庭的私密空间，院内则是全院居民共享空间。院子的门通过过道对着厢房的山墙，无论独门小院还是深宅大院，站在门外都不可能看到院子内部（图104）。

图104

在一些新建的多层住宅楼前，用栅栏围出一定范围的空间作为住户的花园，不仅能增加私密感，而且也是美化居住区环境、加强精神文明建设的一项有效措施——可观春华秋实，体验春生、夏长、秋收、冬藏的乐趣；可怡情悦性、陶冶情操、格物致知……那些楼前楼后没做任何处理的住宅，陌生人可随意接近，即使窗子装上铁笼子，小偷也会伺机隔窗"钓鱼"；居民由于缺乏安全感和控制感，对户外环境表现出漠不关心，听之任之，于是就形成户内装修讲究、户外脏乱的极不协调的强烈反差。

2.开敞办公室

开敞办公室有时也称景观办公室，20世纪60年代出现于德国。它是一个大面积开敞的工作区，其中没有从地面到顶棚的隔墙，有的一层楼就是一间大办公室。办公桌、工作空间、低矮的可移动隔板等反映了流线型工作方式和特定办公场所的组织程序。设计的目的在于提高工作效率，加强有关工作人员之间的联系，并给工作人员提供了灵活和自由。

但在开敞办公环境中噪声和视觉干扰更多，空间传来的谈话声也会分散工作时的注意力，难以进行机密性谈话。所以在开敞办公环境设计时必须解决噪声干扰和缺乏私密性的问题。控制噪声可以采用加强管理、选用吸声装修材料、铺地毯、隔离有噪声的设备等措施。例如日本的一些开敞办公空间中连电话也不装，个人电话通过每人工作台上的显示器通知，被通知的个人到专设的电话间通话。附近还可设少量私密性小室，少数人的交谈可以在这些小室中进行。此外，开敞办公室还应具有足够的空间，以免人们活动受限而产生拥挤感。

三、领域性空间环境

（一）领域性和领域

领域性是个人或群体为满足某种需要，拥有或占用一个场所或一个区域，并对其加以人格化和防卫的行为模式。该场所或区域就是拥有或占用它的个人或群体的领域。

拥占领域性是所有高等动物的天性。人的领域性不仅包含生物性一面，还包含社会性一面。因此，人对领域行为的需要和反应也比动物复杂得多。因个人需要层次的不同，如生存需要、安全需要、社交需要、尊重需要、自我实现需要等，领域的特征和范围也不同，如一个座位、一个角落、一间房间、一套住宅、一组建筑物、一片土地……随着拥有和占用程度不同，个人或群体对它的控制，即人格化与防卫的程度也明显不同。领域这一概念不同于个人空间，个人空间是一个随身体移动的看不见的气泡；而领域无论大小，都是一个静止的、可见的物质空间。

（二）领域的类型

因领域对个人或群体生活的私密性、重要性以及使用时间长短的不同可分为三类：主要领域、次要领域和公共领域。

1.主要领域

主要领域是使用者使用时间最多、控制感最强的场所，包括家、办公室等对使用者来说最重要的场所。主要领域为个人或群体独占和专用，并得到明确公认和法律的保护，外人未经允许闯入这一领域被认为是侵犯行为，会对使用者构成严重威胁，必要时用武力保卫也被认为是无可非议的。

2．次要领域

次要领域对使用者的生活不如主要领域那么重要，不归使用者专门占有，使用者对其控制也没有那么强，属半公共性质，是主要领域和公共领域之间的桥梁。次要领域包括夜总会、邻里酒吧、私宅前的街道、自助餐厅或休息室的就座区等。还有一些类型的次要领域，如住宅楼的公用楼梯间，房前屋后的空地，如果被某些人长期占用，则可能变成半私密领域而被占用者控制。

3．公共领域

可供任何人暂时和短期使用的场所，当然在使用中不能违反规章。公共领域场所一般包括电话亭、网球场、海滨、公园、图书馆及商业步行街座位等。这些领域对使用者不很重要，也不像主要领域和次要领域那样令使用者产生占有感和控制感，因此当使用者暂时离开时被他人占用，原使用者返回后一般不会作出什么反应。但如果公共领域频繁地被同一个人或同一个群体使用，最终它很可能变为次要领域。例如学生常常在教室选择同一个座位，晨练的人群常常在公园中选择固定的场所，如果这一位置或场所被他人或其他群体占用，则会引起不愉快的反应。

（三）领域的功能

1．组织功能（图105）

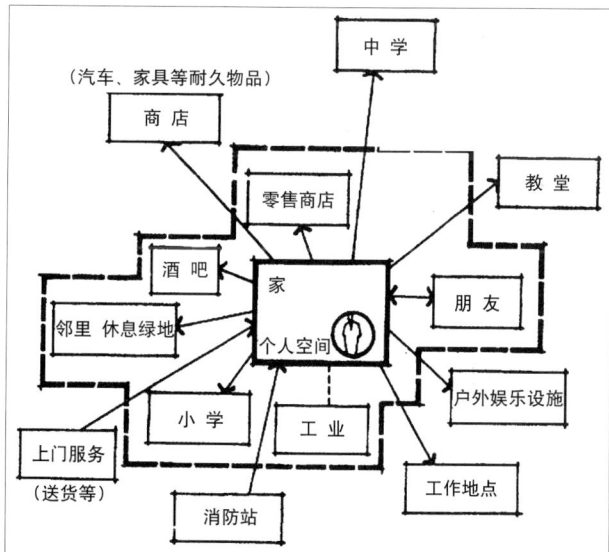

图105　个人的知觉领域和活动领域

领域具有不同的尺度和区分方法，其中最小的领域便是个人空间，它也是领域中唯一可移动的空间范围。其他依次为私人房间、家、邻里、社区、城市，形成了从小到大的领域系统。明确的功能分区使人们了解到什么领域从事什么活动，会见到什么人，有利于个人根据自己的角色和需要选择安排自己的行为，形成稳定有秩序的生活。

2．私密性与控制感

领域有助于私密性的形成和控制感的建立。前面已谈到，私密性并非仅仅指离群独居，还包含着人与人交往的程度与方式。生活在具有丰富的私密性——公共性层次的环境之中，会令人感到舒适而自然，既可以选择不同方式的交往，又可以躲避不必要的应酬。

有的研究者认为，在医院病房中提供个人领域会促进精神病患者的康复。允许个人对自己的领域人格化，如按自己喜欢的方式装饰，陈设对个人有意义的饰物，选择自己喜欢的色彩等，都会提高使用者的满意度，增强归属感。霍拉汉与塞格特为了研究提高领域性对改进治疗环境的作用，特地对纽约一所精神病院的病房进行了大规模改造实验。主要措施是将多人病房分隔为双人病房并允许对领域人格化。改造后经过6个月的连续观察发现，卧室内出现了书籍、杂志、毛巾、香粉等个人用品，甚至窗台上还摆放了鲜花。与未改造的病房相比，病房内具有更好的社会气氛，病人也更加愉快。

在建筑物外部通过适当范围的空间围合，利用草坪、树篱、台地、栅栏等形成具有不同私密性层次的领域也有利于个人或群体的正常活动。在老年居民较多的住宅前提供边界明确的半私密户外空地，以供老年人栽花养草，既有利于老年人身心健康，又有益于美化环境。而且由于环境条件的改善，促进了居民(尤其老年人)的户外交往，加强了对居住环境的监视与安全防卫，的确是一举多得的好事。例如，武汉某文明小区几位七旬老人都是养花迷，因家中窄小，便将40多盆花搬到室外墙边，成为小区一道美丽的风景。居委会注意到老人们的行动，为他们拖来两包水泥和百余块旧砖砌了一座简易花台，这一来，老人们干劲更大，于是又买来30多盆花，换土、浇水、施肥、忙得不亦乐乎。

在一些没有明确领域感的地方可能会发生两种后果：一种是引起领域争端，导致邻居不和；另一种是无人过问，造成被糟蹋和滥用。城市中后面一种现象更为常见。例如两区交界处或两单位交界处常乱搭乱建或垃圾成堆，成为城市环境的老大难地带。某住宅楼前是一家仓库的屋顶平台，其高度与二楼阳台持平，它成了两个单元60户居民的垃圾场。居委会曾为此开过会，一次就清理垃圾十几翻斗车，但没过多久，情形又依然如故。后来二楼搬来一位70多岁的老人，他用了3天时间将平台打扫得干干净净，摆上了10多盆鲜花，从此平台上一点儿纸屑也没人丢了。老人辛勤耕作，年复一年，日复一日，鲜花增加到100多盆，一年四季百花争艳，花香不断，连三、四、五单元的住户都可以闻到沁人的花香。越是没有归属、没有人管、没有人爱的空间，越容易被糟蹋；一旦有了明确的主人，并得到爱惜与呵护，就会得到尊重。住宅的楼前楼后总有些空地，如果有关部门将这些空地统一围起来，划归住户，使之成为半私密的户外空间，允许住户自己动手种花养草，或由住户按自己的爱好委托花木公司代为美化，就可以加强房前屋后的归属感，并提高住户的控制感、责任心和对环境的满意度，同时也会使环境更加丰富多彩，受人爱护。

3.领域性与安全防卫

美国建筑师纽曼自1968年开始研究美国城市住宅区的犯罪问题，发现高犯罪率住宅区在规划布局与设计上具有户数多、层数高、区内可自由穿行、缺乏组团划分、公共空间缺乏监视等特点。他又考察了低犯罪率住宅区的特点，位于纽约的河湾住宅就是其中一例（见图106、107）。这组住宅由两幢并排的十层楼组成，楼间的公共院落高于街道，形成了有别于街道的领域。楼内联系各户的外廊采光充足，底层每户前还设有略高于外廊的半公共小院，居民可以在院中休息或做家务，增加了邻居熟识的概率。公共院落、开敞的公共走廊、半公共的院落构成了一系列清晰的领域，为居民提供了较安全的环境。

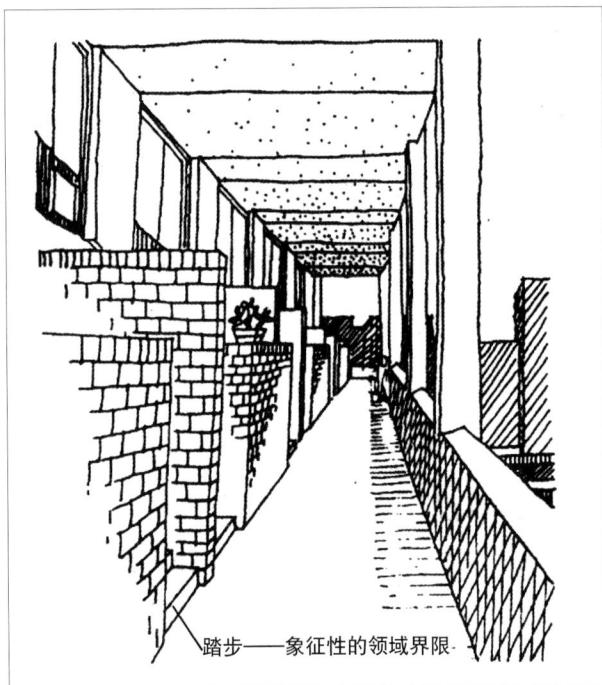

踏步——象征性的领域界限

图106

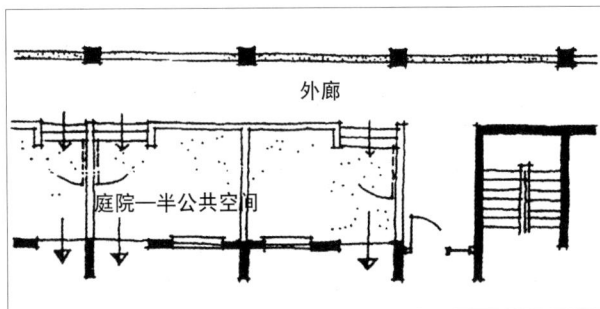

外廊

庭院——半公共空间

图107

纽曼在分析高层住宅区犯罪率高于低层住宅区原因时指出，低层住宅由于分组明确、居民较频繁使用门前的半公共领域（休息、停车、游戏），彼此容易熟悉，因而也便于共同负起管理和监视环境的责任。而高层住宅居民感到户外空间与己无关，结果互不相识，从而为犯罪分子提供了可乘之机。纽曼认为，这些问题应该通过建筑设计来加以解决，他提出了"能防卫空间"的设计原则，其主要特征包括以下两方面：

(1) 形成易于被感知并有助于防卫的领域：户内外空间除私密性——公共性领域层次外，还应设有半公共领域，这样无形中扩大了居民占有的空间与活动范围，增加了居民对周围环境的关心，从而加强了居民对环境的控制。在领域划分中，每幢建筑物的单元数、每个组团的建筑物数量不宜过多，以便居民互相熟识与交往，增强共同维护环境的责任感。

(2) 自然的监视：通过建筑物布局和门窗位置，使居民可以从室内自然地监视户外活动，从而对犯罪分子构成心理上的威慑作用。自然监视和共同防卫只有在那些白天有人在家的邻里中才有效。如果邻近几幢住宅全是同一户型，居民都是清一色的上班族，这种社会组成本身就不可能建立有效的全天候监视。

除调查分析之外，纽曼还与心理学家合作，对公共住宅区加以改建。纽约的克拉廊波因特花园住宅区即为一例。通过改建，对这个原来基地荒芜、盗贼出没的住宅区在用地功能方面作了明确划分，把原先安全最令人担心的地方辟为公共休憩活动区；住宅和公用道路之间用路边石围出了半公共前院；每8～12户为一组，用2m高的栅栏围成封闭的后院，从而使住宅区60%的空地成为集体占有的空间，杜绝了原来陌生人随意出入的现象。

近年来，我国城市多层和高层住宅的楼门什么人都可以出入，常有乞丐窜入楼内挨户敲门乞讨，推销员敲开门与住户纠缠，还有推销刀剪的堵在住户门前手执样品比比画画，甚至有歹徒窜入室内作案行凶。据一个盗窃团伙的案犯事后交代："我们在作案时也曾遇到过人，但从未有人对我们产生怀疑和上前盘问。有一次一位好心的大妈还帮我们把偷来的音响抬上出租车……"

四、人的行为习性与环境

1.向光性

向光性是人类的本能需求，由于注意的心理原因，人在环境中首先注意的是相对光亮强度大的物体，因为光亮的物体的刺激强度大，特别是光度不断变化或闪烁的物体，它会使人产生高度的指向性和集中性，这就是人的向光性。

向光性的运用：

(1) 两个相邻出入口，一个亮一个暗，对于陌生人，几乎都选光亮的。

(2) 观看一橱窗，首先引起注意的是光亮度最强的物体。

(3) 在商场、展厅、娱乐场设计中，可不做顶棚或局部吊顶。当人进入时，首先注意的是光亮度大的物品，极少注意阴暗的顶棚，这样吊顶里的管道，就很少被人发现。

(4) 在安全出口，可做光导向设计，这可能比安全标志更起作用。

2.心理空间

人们不仅从生理的角度去衡量空间，对空间的满足程度及使用方式还决定于人们的心理尺度，这就是心理空间。

一个完整的空间由两部分组成。

(1) 功能空间：包括人体活动空间、家具设备空间、人和物之间活动空间。

(2) 心理空间：由人的心理因素决定。

3.抄近路

当人清楚知道目的地的位置时，或是有目的移动时，总是有选择最短路程的倾向。在室内外设计中，特别要注意因出入口位置的不当或因家具布置不妥造成的绕道行走，否则会使人感到烦恼。

图108中人们去食堂时因抄近路会直接从草地上通过，破坏了绿化，所以应对草地加栏杆进行围护，或在草地中修一条小路。

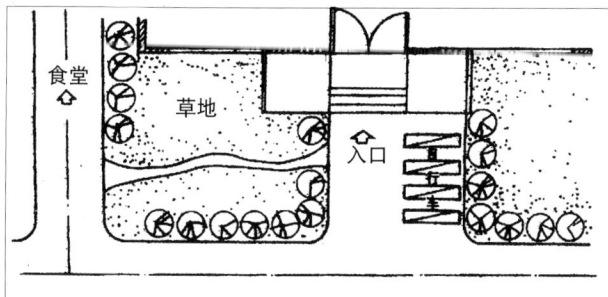

图108 抄近路

图109是展厅中的抄近路的情况，多数人不会看完整个展览，在展示设计中应考虑展示路线问题。

在商场设计中通过路线设计，有意造成的绕道行走，有利于客人注意更多的商品，提高营业额。

4.识途性

识途性是动物的习性。在一般情况下，动物感到危险时，会沿原路返回，人也有这一本能。火灾现场情况

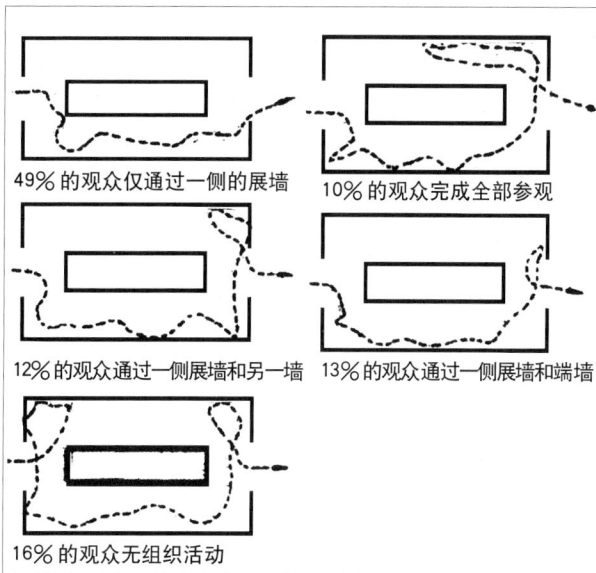

图109 展厅的抄近路行为

表明，许多遇难者在灾害时会慌不择路，忘记附近的疏散口而从原路返回，这就告诉设计师，在入口处应标明疏散口的方向和位置，同时应进行导向设计。

5.左侧通行和左转弯

这一习性对路线设计有一定的参考价值（图110）。

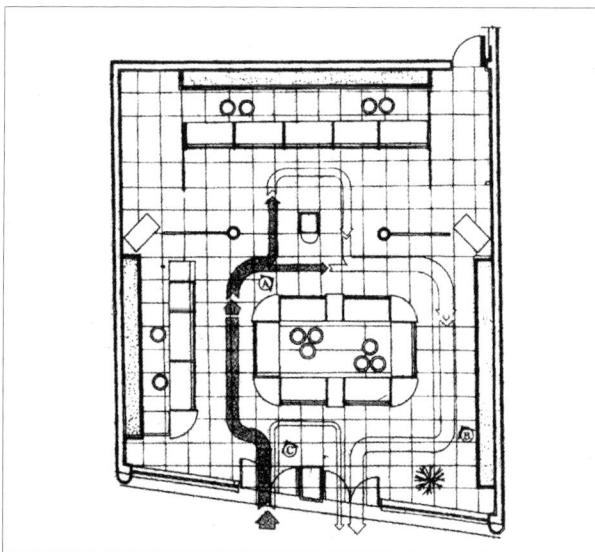

图110 某商店顾客人流线图

6.从众习惯和聚集效应

人类有"随大流"的习性，如果发生灾害或异常情况，如何使首先发现者保持冷静是很重要的。

当人群密集分布不均且密度较大时，会出现滞留现象，这就是聚集效应。在室内设计中，可设置很多模特儿造成人群聚集的假象，吸引顾客，同时，室内陈列不宜太分散，顾客活动空间不宜太大，要造成"人挤人"的现象。

7. 幽闭恐惧

当空间形式断绝了人们与外界的直接联系时，人易产生恐惧感。在室内设计中，对于封闭性的空间，应尽量建一些与外界联系的设施，如电梯、浴室中安电话等。

8. 恐高症

登临高处会引起人血压和心跳的变化，在这种情况下，许多在一般情况下是合理的或足够安全的设施也会被人们认为不够安全，如栏杆高度是否够高、够牢固等。

9. 侥幸心理、省能心理、逆反心理、凑兴心理

侥幸心理：如"多数人违章操作也未发生事故"的心理。

省能心理：嫌麻烦，怕费劲，图方便，得过且过等心理。

逆反心理：你要东，我偏往西；你要西，我偏往东。

凑兴心理：如开快车超车。

五、环境质量评价

(一) 评价概念

1. 评价目的和意义

评价是指为一定目的而对某个事物作出好坏的判断。通过评价可分清事物的等次或优劣，选出优秀方案；通过评价完善事物的不足之处。

通过评价可避免或减少对事物的决断出现主观武断，可少出差错。室内设计方案出来了，如果不征求使用单位意见，不征求直接使用者(不只是单位的少数领导)的意见，不征求其他各工种的意见，只凭室内设计师的个人决定，那么，或多或少会出现差错。评价对保证室内环境设计质量是非常重要的，是必不可少的。

2. 评价种类

由于事物性质的不同，评价目的不同，评价内容不同，采取评价的方法也不同，故评价的种类是多样的。

(1) 按目的分，评价有决策评价和修订评价。

所谓决策评价，就是对某几种方案或对某个方案的某些方面进行评价，以决定方案的取舍。这种评价大多数用于设计招投标或设计竞赛。通过评价确定等次，选定选用哪一个方案。

修订评价，就是对某个方案的评改，肯定方案的优点，找出不足之处，以便修订和完善，这种评价在室内设计中是经常进行的。建筑工种的方案出来了，请其他专业工种提意见。或整个方案出来了，请使用单位、各管理单位、施工单位等代表进行评议修订。

(2) 按内容分，有设计评价，包括建筑设计评价、室内设计评价、结构设计评价、设备设计评价等；有施工评价；环境质量评价，等等。

(3) 按方法分，有单一评价和综合评价。

对一般较简单的事物，常采用单一评价的方法。常见的形式就是对某一方案或几个方案，找几个人来议一议，然后投票，决定同意与否。也可以分出方案的等次(按投票多少)。

综合评价，由于某个事物较复杂，或对评价要求较高，就要对涉及该事物的相关因素先进行分类评价，再综合确定其综合评价值。

3. 影响评价质量的因素

根据评价的定义，影响评价质量的因素包括评价的客体、评价的主体、评价的环境、评价的目的和方法五个方面。

(1) 评价的客体

评价的客体就是被评价的事或物。应该说，客观事物本身的好坏就决定评价结果。

(2) 评价的主体

评价的主体是指评价事物质量的人。因为判断总是由人作出的，所以判断与人们的价值观有关。只有价值观相同时，才能希望得出相同的判断。这就涉及到评委的选择和评委的素质问题。

好的室内设计应该得到好的、公正的、准确的评价。这就需要选择熟悉该专业的人，即"专家"。室内设计的质量要涉及很多方面的因素，因此选择的专家要有一定的代表性。人多了评价的结果难于统计，太少了容易出现偏见。另外，请来的专家要有一定的业务素质和思想素质。

(3) 评价环境

评价环境是指评价的时间、地点和评价时的环境氛围。由于人的价值观是随着时间进程而变化的，因此即便对同一事物，今天的判断可能会与早先的或今后的判断不同。一个几年前的好设计，好作品，如果拿到今天来评价，会得出不同的结果，这是常有的事。同一种事物，由于评价的地点不同，也会得出不同的评价结果。同一作品在不同地点(如在北京和在上海组织评价)，会有不同的评价结果。

评价时的环境氛围对评价结果的干扰也很大。如评价一个设计作品，由于介绍作品的人很善于表达，往往会得到好的评价结果；或在评价时由于某些人，特别是评委中的"领导"、"权威人士"的话，会对评价结果作"基调"。这是人际行为的诱导作用，"随大流"，"从众行为"的表现。

(4) 评价目的

评价目的对不同人而言，会有不同的评价结果。如

某一住宅，使用者的判断和筹建这一住宅的投资者，会有不同的评价结果。往往是使用者所关心的是经济、舒适的居住环境。而投资者所关心的是盈利。如果这两种人都被请来作评委，显然会得出不同的评价结果。

（5）评价方法

采用总计评价和周密评价的两种不同方法，会得出不同的评价结果。前者准确性不如后者。另外，目前对建筑设计作品的评价同对许多事物的评价一样，常采用无记名的评价方式，这就没有将评价的职责和评价结果联系起来，这就容易造成评价缺乏公正性，被评者又无解释权。这样的评价就失去了原来的意义。

（二）评价内容

由于评价目的和被评事物的不同，评价内容也各异。室内环境质量的评价是一个综合性的评价，它涉及到室内空间环境、知觉环境、围合实体、设备技术、环境艺术、使用后效等诸方面（表37）。

表37

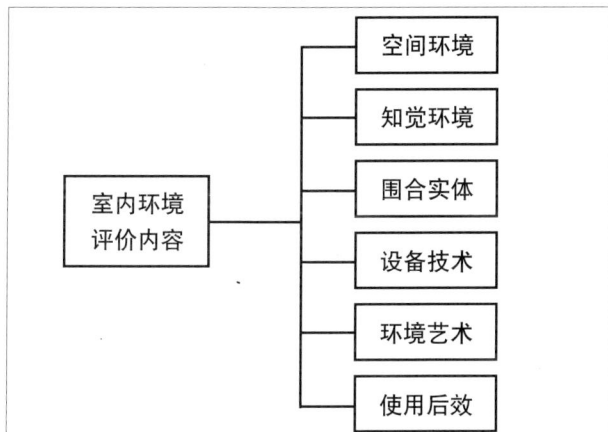

1.空间环境

室内空间环境的质量主要取决于室内空间的大小和形状。室内空间的大小是根据室内空间的性质、使用者的行为、经济能力、相邻客观环境的可能性以及建筑技术规范等综合因素，由建设方经过可行性研究后确定的。如观众厅的大小就是根据演出的性质、观众人数、观演行为要求以及建筑技术等可能性综合确定的。室内空间的形状，也是根据使用性质、使用行为、建筑技术和经济条件的可能性，由设计单位经过方案比较而确定其可行性。再如观众厅的形状，确定演出方式后，就确定了观众的排列方式，根据视觉、听觉等要求确定了观众厅形状的可能性，以便评价。

2.知觉环境

室内知觉环境的质量主要是满足人的视觉、听觉、肤觉和嗅觉对环境的质量要求。这种要求又由于室内环境性质和使用目的的不同而不同。

3.围合实体

围合实体的质量主要取决于围合空间环境和分隔空间环境结构的安全性和经济性。这种安全性是指围合实体的强度、刚度和围护结构的防水、保温、隔热、防火以及抗震性能、隔声性能。围合实体的经济性是指这些实体的大小及其造价等要求。

4.设备技术

设备技术是指室内的家具和设备的数量、质量，以及室内环境的通风、采光、供暖、送冷等技术措施的质量。

5.环境艺术

环境艺术是指室内环境的气氛和室内空间的象征意义。如室内环境优雅、环境嘈杂、环境温馨、环境肃穆等，都属于环境氛围的特征。室内像"宫殿"，像"水晶宫"，像"科幻世界"，等等，都属于室内环境的象征意义。这些环境艺术，都是通过室内空间处理、界面设计、家具设备布置，以及光环境、色环境、声环境、热环境、空间形态的艺术处理来实现的。由于室内环境性质和使用者的要求不同，室内环境艺术也各不相同。

6.使用后效

使用后效是指室内环境建成后的使用效果和对相邻环境的安全、卫生、交通、土地利用等的影响。

室内环境的综合评价，就是上述各项评价内容是否满足或基本符合相应的有关标准。就某一个具体的室内环境而言，不是所有评价内容都一样重要，评价标准也不一样。

（三）评价方法

对一个对象或一个建筑作品的质量进行量度有很多方法，有的精确些，有的差一些。常用的评价方法有下列几种。

1.总计判断法

总计判断，像设计竞赛中所通行的那样，是对许多对象进行比较，评出其好坏。总计判断的理由常常是后加的，这个理由只与少数因素有关，并且几乎是不足以解释全部理由的。这种理由实际上取决于判断者的经验、知识和能力。

我们在评定学生设计成绩时，就是将作业按好差次序排队，然后由几位教师讨论定出最好和最差的成绩。其余作业成绩则按最好成绩适当扣除一些分数，从而确定各位学生的设计成绩。

2.综合因素分析法

为了得到仔细的判断，必须将整个集合体分解成若干因素，确定各因素的权数，并对每个因素分别作出判断，然后再将各局部判断进行综合。

第4章

人机工程学的设计运用

本章要点
- 室内空间设计
- 家具陈设设计
- 无障碍设计

第一节　室内空间设计

一、家居设计

(一)家庭活动效率和特征

1.家庭组成

随着社会进步,我国家庭结构发生了明显的变化。大户型减少,小户型增加。据人口调查统计,我国城市3~4人家庭占一大半。随着观念的更新,独生子女的成长,这一趋势会更加明显。另外,老龄化社会步伐也在加快,在我们的环境设计中,应充分考虑这一发展趋势。

2.家庭活动效率及特征

人的一生有1/2的时间在家庭中度过。家庭生活主要有休息、起居、学习、饮食、家务、卫生等。在这些活动中,家务劳动所花的能耗最大,一个家庭主妇的能耗相当于一个生产线工人的能耗。

家务劳动由于姿势的不同,家居劳动所花费的能耗是不同的。如弯腰洗地板比跪着洗地板能耗多70%,能耗的大小决定了劳累程度。一般的情况下,人的工作效率为30%,而家务工作效率更低,如弯腰整理床,只达6%~10%。大部分的能耗转化为热能了。在家务劳动中应尽量采用适当的姿势,过分的弯腰和走动都是不适当的。这就要求设计家居时,尤其是家具设备的不同功能设计时,尽可能减少弯腰动作。

3.家庭活动特征(见表38)

表38

生活分类	项目	集中	分散	隐蔽	开放	安静	活跃	柔和	光洁	日照	通风	隔声	保温
休息	睡眠		✓	✓		✓		✓		✓	✓	✓	✓
	小憩		✓	✓		✓		✓		✓	✓	✓	✓
	养病		✓	✓		✓		✓		✓	✓	✓	✓
	更衣		✓	✓		✓		✓					✓
学习	阅读		✓			✓		✓			✓	✓	
	工作		✓			✓		✓			✓	✓	
起居	团聚	✓			✓		✓	✓		✓	✓	✓	✓
	会客	✓			✓		✓	✓		✓	✓	✓	✓
	音像	✓			✓		✓	✓		✓	✓	✓	✓
	娱乐		✓		✓		✓	✓		✓	✓	✓	✓
	运动	✓			✓		✓	✓	✓	✓	✓	✓	✓
饮食	进餐	✓			✓		✓	✓	✓	✓	✓	✓	✓
	宴请	✓			✓		✓	✓	✓	✓	✓	✓	✓
家务	育儿		✓				✓	✓	✓	✓	✓		✓
	缝纫		✓				✓	✓	✓	✓	✓		✓
	炊事		✓				✓	✓	✓	✓	✓		✓
	洗晒		✓				✓	✓	✓	✓	✓		✓
	修理		✓				✓	✓	✓	✓	✓		✓
	贮藏		✓				✓	✓	✓	✓	✓		✓
卫生	洗浴			✓	✓			✓	✓		✓		✓
	便溺			✓	✓			✓	✓		✓		
交通	通行		✓		✓	✓		✓					
	出口		✓		✓	✓		✓					

（二）居住行为与空间组合

1.家居活动功能分析（图111）

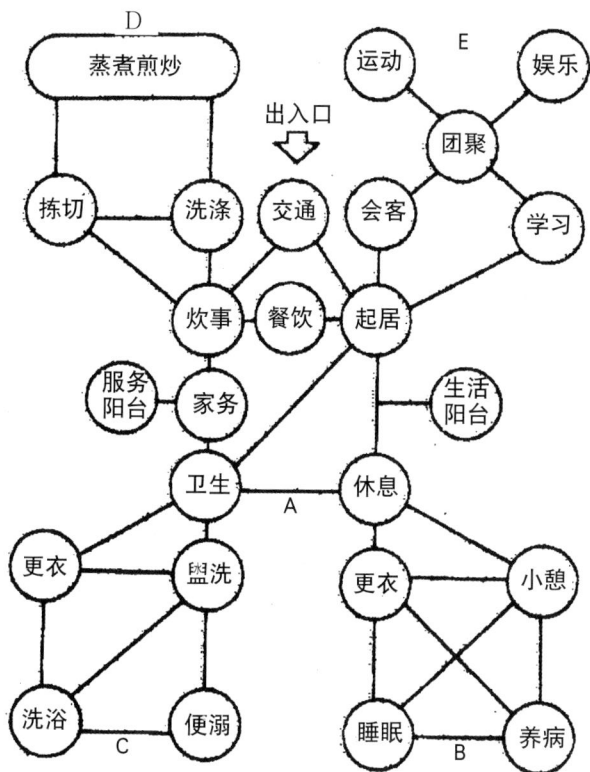

图111　居住行为空间秩序模式

图111中的每一个圆圈表示一种功能空间，它可以是一个建筑实体，也可以是某种家具设备所构成的空间。它们之间的相对位置，也显示了户内生活功能的空间分布。它们之间的连线，表示两功能关系密切程度，连线可能是过道，也可能是一扇门或一门洞。功能分析图为室内空间布局设计提供了依据。

2.家居空间组合

不同的功能区域要有不同的空间。根据家庭生活各自功能要求和空间的性质，家居空间可分为四部分：个人活动空间、公共活动空间、家居活动空间、辅助活动空间。它们各自有一定的独立性，同时又有相关性。

空间组合原则：动静分区、主次分明、公私分离、食寝分离、居寝分离、洁污分离，同时注意各空间之间联系的紧密性。

在家居布局中应注意分区明确，这里主要是指动静分区。家居中根据功能的不同，可分为两大块。一类是公共活动的部分，如起居室、餐厅以及家务区域的厨房都属于人的动态活动较多的范围，属动区。其特点是参与活动的人多，群聚性强，声响较大，这部分空间可靠近住宅的入口处。另一类空间，如卧室、卫生间、书房则需要安静和隐蔽。应该布置在远离入口的部位，并

采取相应的措施如设置走廊、隔断、凹入等手段让其相对隐蔽，使隐私得到保障。

在家居中，动静区域在布局上和物理技术手段上一般采取必要措施进行分隔，以免形成混杂穿套，以至影响人的睡眠及心理。如：

①卧室的门直接对着客厅，会使主客都感到不适；

②卫生间的门直接对着客厅，会使人很尴尬。

家居中起居室与各空间联系的紧密性见下图。其中起居室与餐厅联系最为密切，所以一般这两个空间位置也较接近（图112）。

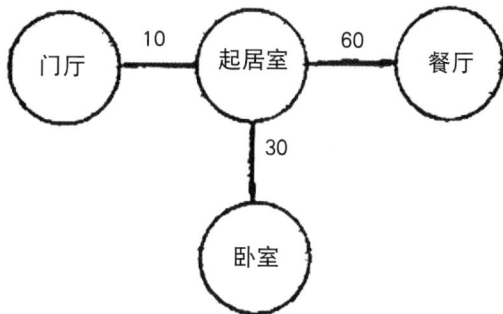

图112　户内空间流动行为模式

3.家居空间尺度构成

（1）人体活动空间：根据单位容量和人数可求出整体容量。

（2）家具设备空间：含家具设备"活动空间"。

（3）交通空间。

（4）心理空间。

（三）家居空间设计

1.客厅（图113）

客厅是家庭日常生活主要活动的空间。由于居住条件有限，客厅的功能都是一厅多用。在现代家庭中负有联系内外、沟通宾主的任务，同时又是家人团聚、休息、娱乐、学习活动的场所。因而，客厅是现代家庭生活的中心。

客厅作为招待访客和家人休闲的场所,应充满亲切和谐、轻松自如和自由开放的气氛。不仅会使客人轻松亲切，有客至如归的感觉，也会使家人感到舒适愉快。同时客厅又主要是适合家庭自身的生活形态,并为之服务的。它应是实用美观的，具有浓厚的家庭生活性格，展示出家庭审美、信仰等生活风格。

客厅空间的多用途，依需要可分成会客聚谈休息区；视听欣赏区；学习、写作阅读区；娱乐区等。下面谈几点客厅设计中的基本要求：

（1）空间的宽敞化。客厅的设计中，制造宽敞的感

觉是一件非常重要的事,宽敞的感觉可以带来轻松的心境和欢愉的心情。

(2) 景观的最佳化。在室内设计中,必须确保从哪个角度所看到的客厅都具有美感,这也包括主要视点(沙发处)向外看到的室外风景的最佳化。客厅应是整个居室装修最漂亮或最有个性的空间。

(3) 交通的最优化。客厅的布局应是最为顺畅的,无论是侧边通过式的客厅还是中间横穿式的客厅,都应确保进入客厅或通过客厅的顺畅。

(4) 功能区的划分与通道应避免干扰。

2.餐厅(图114)

餐厅是家庭中的一处重要的生活空间,舒适的就餐环境不仅能够增强食欲,更使得疲惫的心在这里得以彻底的松弛和释放,为生活带来些许的浪漫和温情。

餐厅的设计注重的是其实用功能和美化功能,整个空间大的主色调应以明朗轻快的颜色为主,特别是代表食品的橙色或黄色,这些色调有刺激人的食欲之功能。

餐厅的设计风格除考虑跟整个居室的风格相一致外,氛围上还应把握亲切、淡雅、温暖、清新的原则,假如餐厅面积较小,可考虑在餐桌靠墙的一面装上大的墙镜,既增强了视觉通透感,又通过反光使居室显得明亮,整个空间也就感觉开阔了许多。

设计要点:餐厅可单独设置,也可设在起居室靠近厨房的一隅。就餐区尺寸应考虑人的来往、服务等活动。正式的餐厅内应设计备餐台、小车及餐具贮藏柜等设备。

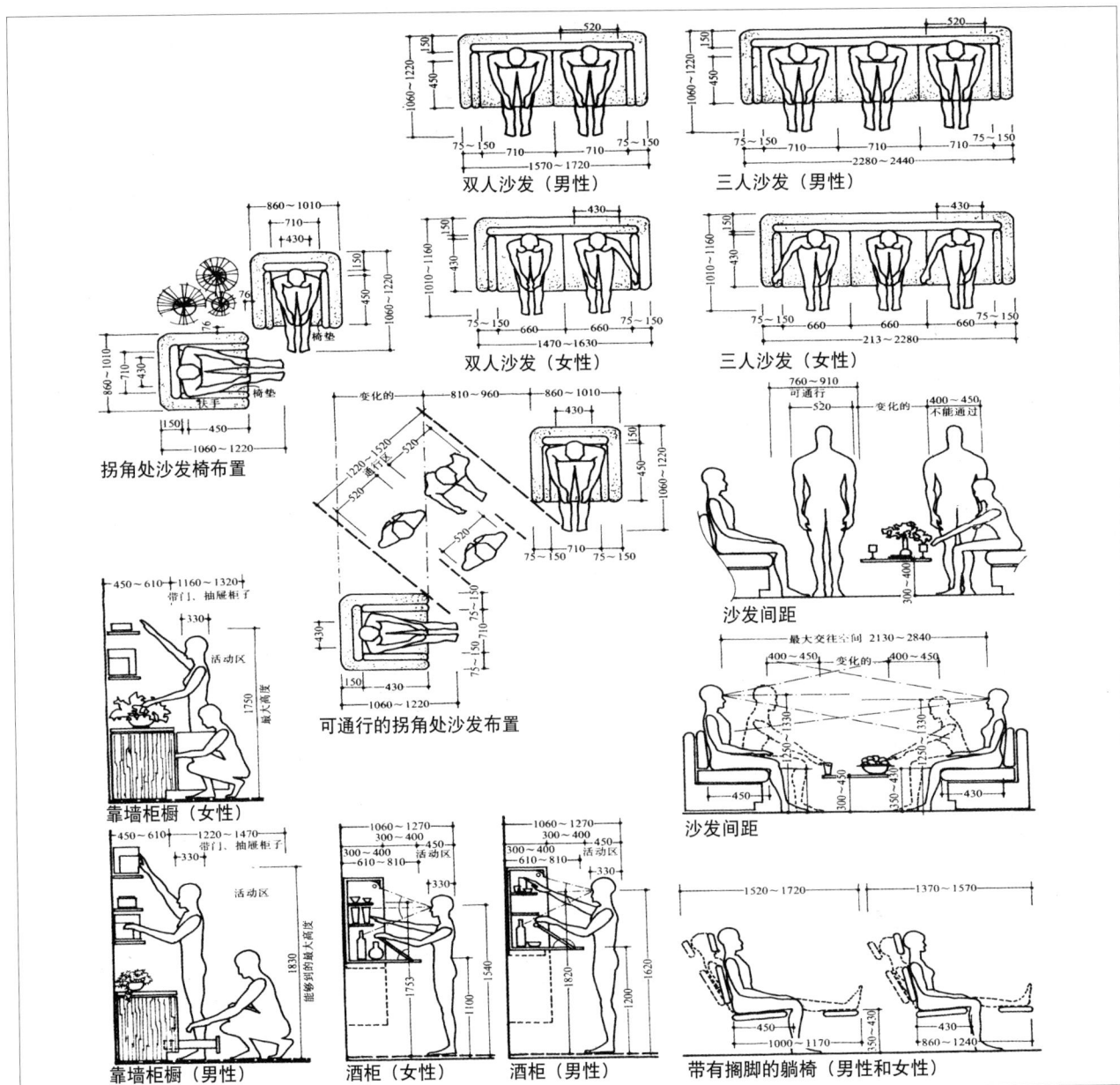

图113

餐厅的功能分析

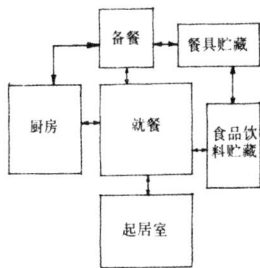

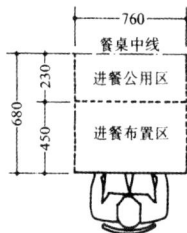

四人用小圆桌尺寸

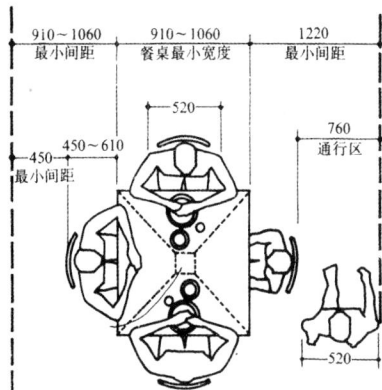

四人用餐桌

四人用小方桌

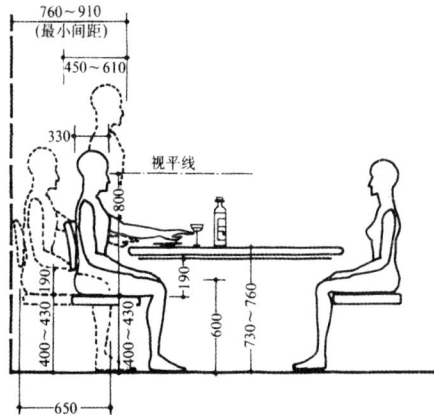

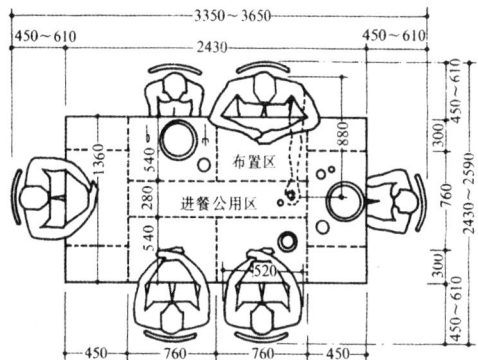

长方形六人进餐桌（西餐）

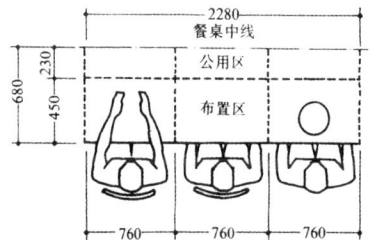

最佳进餐布置尺寸

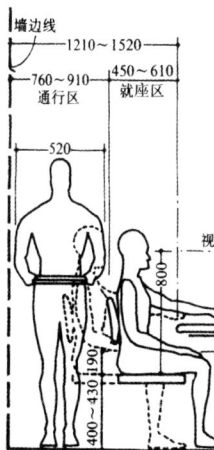

三人进餐桌布置

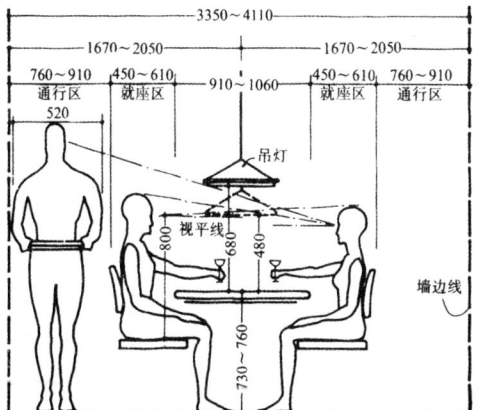

最小就座区间距（不能通行）

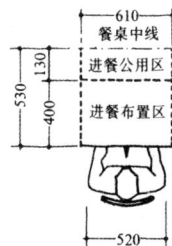

座椅后最小可通行间距

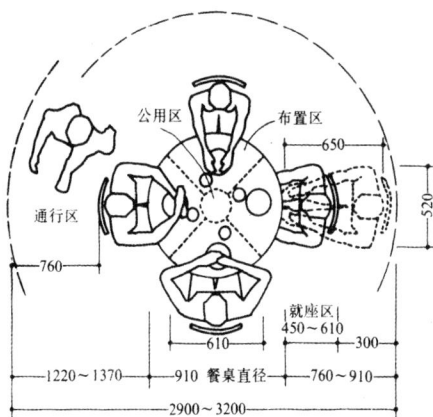

最小进餐布置尺寸

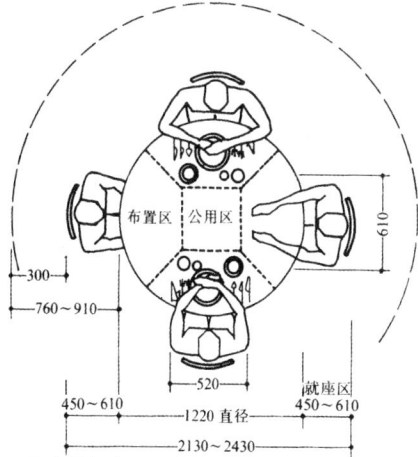

最小用餐单元宽度

图114

3.卧室（图115）

卧室的布置应以舒适、利于睡眠为重点。首先应确定卧室环境的基调，创造室内典雅气氛，主要靠色彩的表现力。一般来讲，卧室色彩应该以低纯度为主，要避免两种色彩面积相同或接近，以形成主次，有基调。局部面积可以做高纯度处理，比如陈列品或家具等的高纯度，并且与周围的背景做对比处理。总之，在统一的色彩主调中，有跳跃的色彩对比，更具装饰效果，以达到低纯度中有鲜艳、协调有对比的生动效果。

设计要点：卧室的功能布局应有睡眠、贮藏、梳妆及阅读等部分，平面布局应以床为中心，睡眠区的位置应相对比较安静。

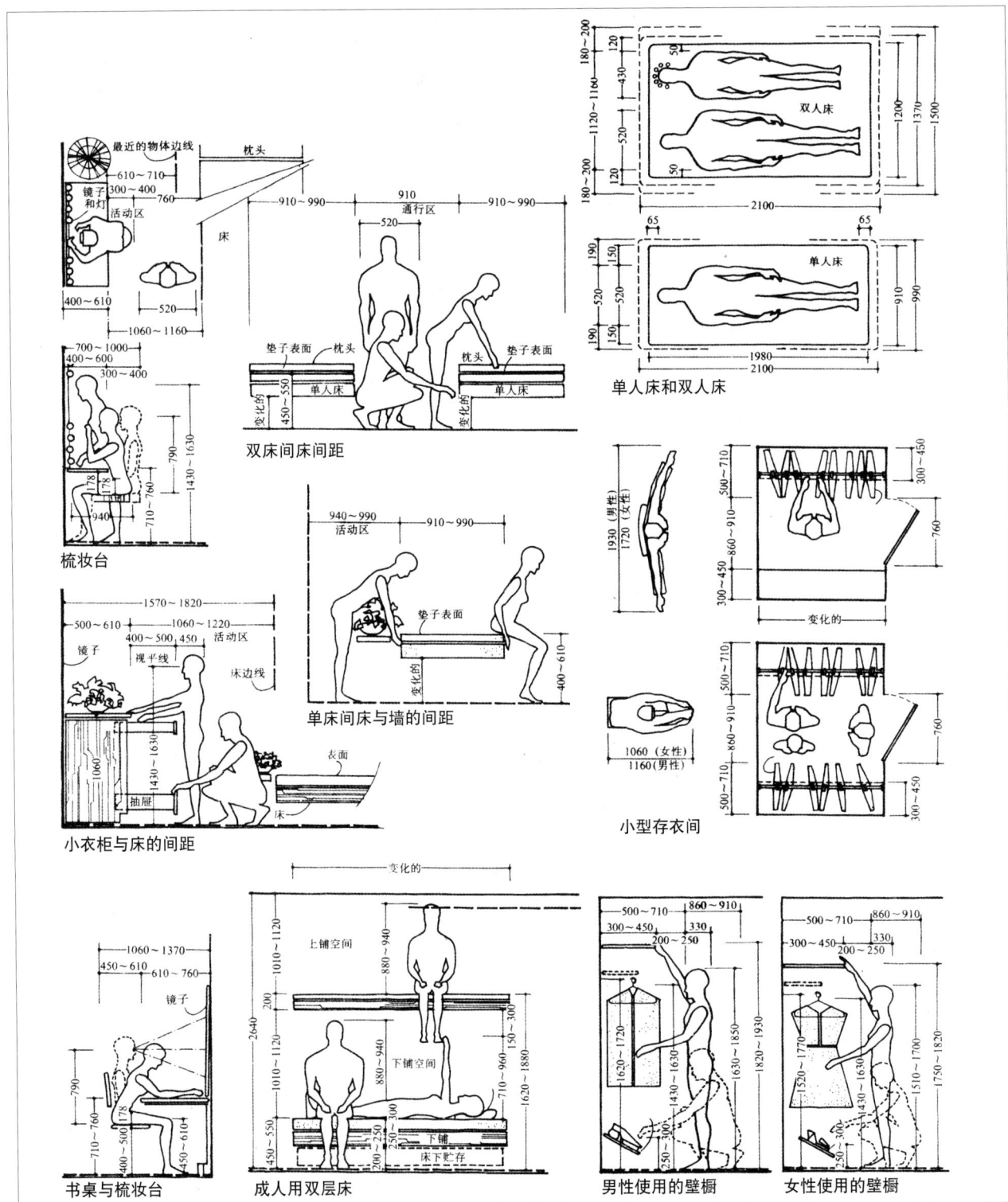

图115

4.厨房

随着住宅条件的改善和物质生活水平的提高,人们对厨房布置及家具功能设计的要求也相应提高了,这就给设计者提出了一个新的课题,设计时既要做到功能与美相结合,又要做到功能与尺寸相协调。尤其是厨房家具,无论进行怎样布局与设计都应给操作者提供一个方便、舒适、干净、明快的环境,使操作者劳动强度降低到最低程度。下面就从几方面来谈谈厨房的设计。

(1) 厨房中的操作流程

厨房中的操作流程也与工厂生产产品一样具有一个程序问题,一般情况下厨房流程如下图。在动线上必须将它们连接起来而且又互不干扰,达到省时、省力的目的(图116)。

图116

设计要点:厨房设备及家具的布置应按照烹饪操作的顺序来布置,以方便操作,避免走动过多。平面布置除考虑人体和家具尺寸外,还应考虑家具的活动所占空间。

(2) 厨房布局形式(图117)

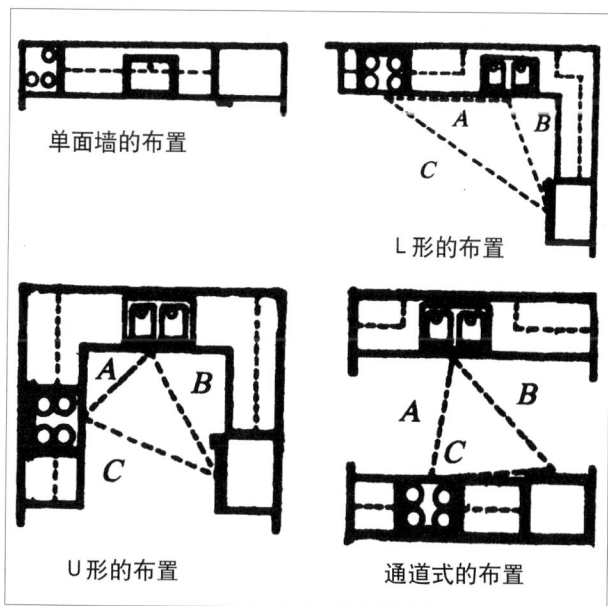

单面墙的布置

L形的布置

U形的布置

通道式的布置

图117

一字形:它是最简单的一种形式,所有的家具都依一面墙排列,动线成直线形,一般这类设计在小面积厨房中较为常见。

平行式(亦称对称式、走廊式):将家具依两个相对墙壁设置,比一字形贮藏面积大,但操作不太方便,

操作时要经常转动180°角。

L形:这种类型设计是沿墙角双向沿伸,其操作程序不重复,容易安排流畅的操作流程,但其转角部分(墙角)使用效率较低。

U形:依墙布置成U形,它动线最短,一般适合较大面积厨房使用。

(3) 厨房家具与人的关系

厨房的贮存性家具要求存取方便。根据存取尺度来划分,可分三个区域。如下图所示,第一区域是以肩为轴,上肢为半径的范围内,存取物品最方便,因此,这个区为最常用区域,也是人的视线最易看到的区域(图118)。

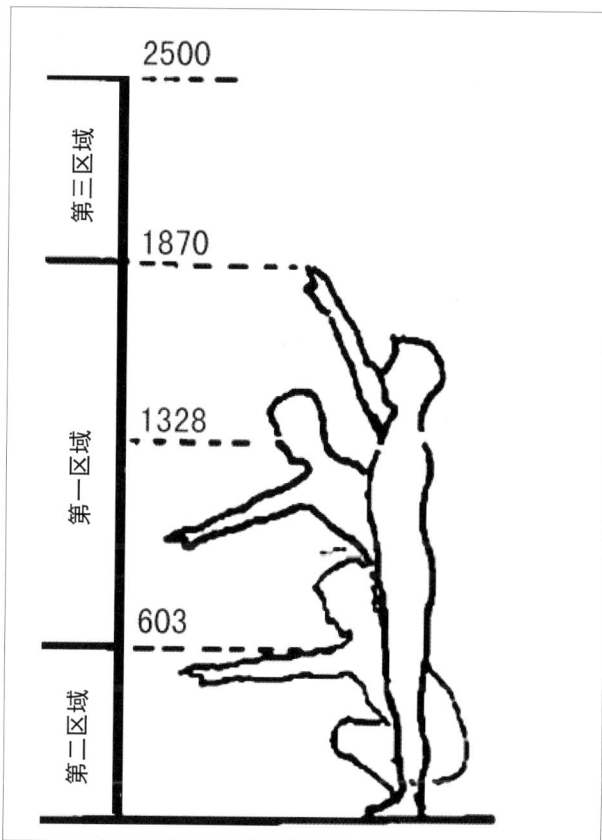
图118 A柜空间的三个区域

根据我国人体的高度,操作台高度范围是800～850mm,吊柜深度范围是250～350mm,吊柜与操作台面距离为600mm左右,排烟罩与操作台距离以800mm为宜。

(4) 厨房中小件物品贮存

厨房内小件物品多,小件物品处理得不好就会杂乱无章,影响视觉与心理,在存放这些物品时,既要考虑到存取方便,又要考虑到安全、卫生等因素。餐勺、餐刀、叉、筷等可放置在抽屉中。勺、铲、漏勺等可放在勺架上。调味品种类多,在放置时可用专用器皿等。这样放置物品既卫生又方便(图119)。

厨房功能分析

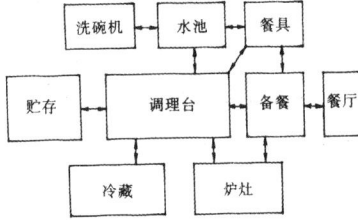

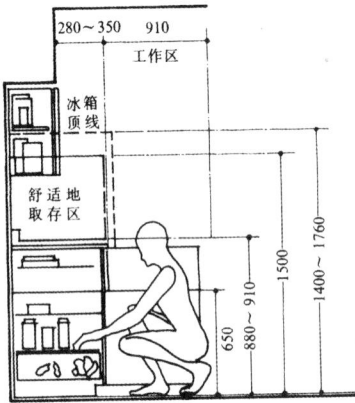

洗碗机 → 水池 → 餐具
贮存 → 调理台 → 备餐 → 餐厅
冷藏　炉灶

设备之间最小间距

上方排烟罩
炉灶
烤箱
300
530～760 标准高度
490～1160 标准空间
380 侧面空间
侧面空间
烤箱工作区 1010
炉灶工作区 1010
1220

3400～2500
610～690 标准厚度
1210 设备最小间距
610～660 标准厚度
450 贮存柜
1010 烤箱工作区
1010 炉灶工作区
760
520
排烟罩
610
330
1500
890～920 标准高度
炉灶
贮存柜
烤箱
890

冰箱布置立面

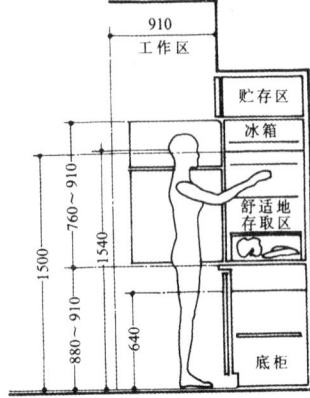

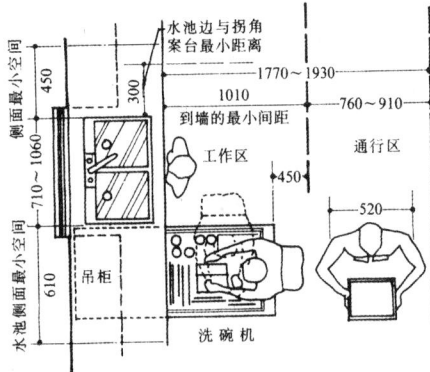

280～350　910
工作区
冰箱顶线
舒适地取存区
1400～1760
1500
880～910
650

冰箱布置立面

910
工作区
贮存区
冰箱
舒适地存取区
底柜
760～910
1540
1500
880～910
640

水池布置尺寸

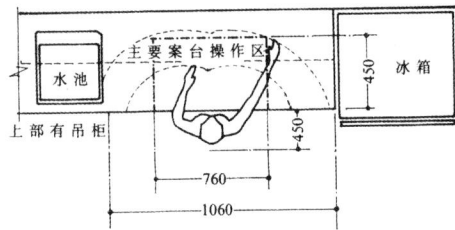

水池边与拐角案台最小距离
1770～1930
1010 到墙的最小间距
760～910
300
侧面最小空间 450
工作区
通行区
450
520
710～1060
610
水池侧面最小空间
洗碗机

调制备餐布置

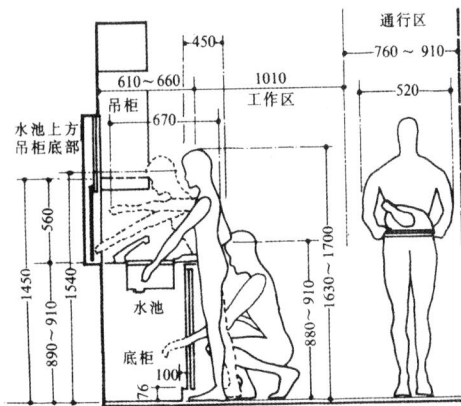

水池
主要案台操作区
冰箱
450
上部有吊柜
450
760
1060

炉灶布置立面

水池布置

通行区
450
760～910
610～660
1010 工作区
520
670
吊柜
水池上方吊柜底部
水池
底柜
1450～1540
560
890～910
1630～1700
880～910
76　100

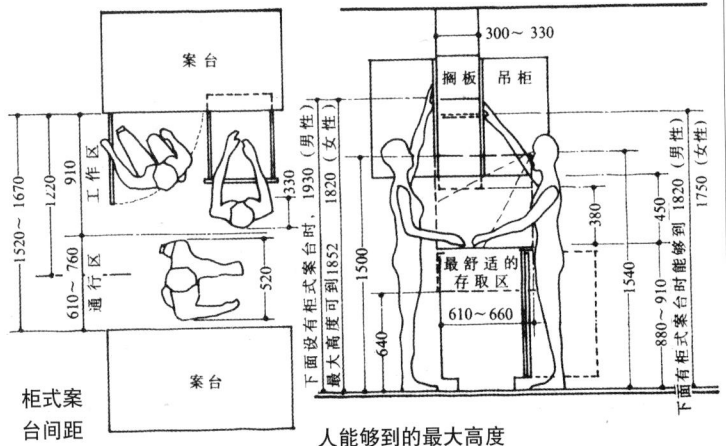

柜式案台间距

案台
工作区
通行区
案台
1520～1670
910
1220
610～760
330
520

人能够到的最大高度

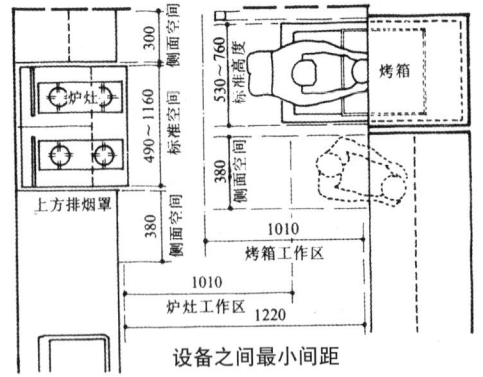

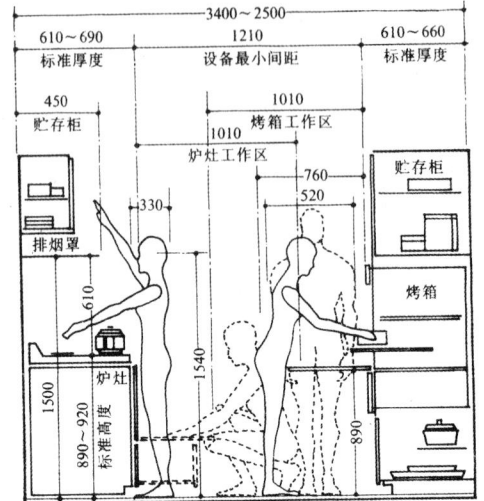

300～330
搁板　吊柜
最舒适的存取区
610～660
下面设有柜式案台时 1930（男性）1820（女性）
最大高度可到 1852
1500
640
380
1540
450
下面有柜式案台时能够到 1820（男性）1750（女性）
880～910

图119

082

5.卫生间

就建筑功能而论，每一类型建筑物都存在核心功能，这是决定建筑物性质的功能；同时也存在辅助功能，是在完成核心功能的同时必须完成的辅助性功能。我们对核心功能一般都比较熟悉，也比较重视，在进行建筑设计或室内设计的过程中都会比较注意，然而对辅助功能就不那么注意，甚至完全被忽视。在设计中应关注辅助功能。

让我们来分析一下人在卫生间的行为模式(图120)：

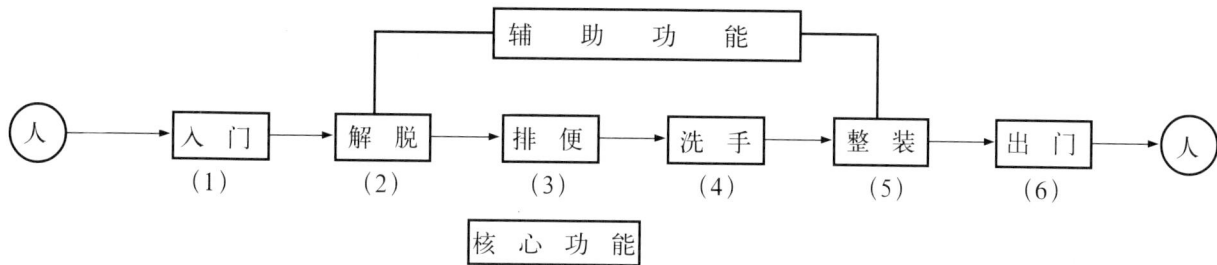

图120

全扶手。厕所地面应平整防滑，不得设门槛或台阶，不用明露的沟槽式便器，厕所应提供卫生纸。

(4) 如厕后要洗手，应提供洗手盆和皂液，可能的话还应提供烘手设备。

(5) 人们需要整容化妆，要提供整容镜。人们穿好衣服，携带好旅行包，出门，完成了整个行为过程。

卫生间装修设计的注意事项：

(1) 空间划分：理想的卫生间应该在5～8m²，最好卫浴分区或卫浴分开，如不能分开，也应在布置上有明显的划分，并尽可能设置隔屏、帘等。如空间允许，洗脸梳妆部分应单独设置。小面积的卫生间选择洁具时，必须考虑留有一定的活动空间，洗手台、坐便器最好选择小巧的；淋浴要靠墙角设置。

(2) 通风：卫生间里容易积聚潮气，所以通风特别关键。选择有窗户的明卫最好。如果是暗卫，为了卫生不发霉、不长毛，除了装一个功率大、性能好的排气换气扇外，你还要注意避免"包裹"，尤其是在临近地面的地方。许多人喜欢把管子包得严严实实的，或者干脆在洗手台下面做个储物柜，结果潮气被包在里面散不出去，很不卫生。

布局合理的卫生间应当有干燥区和非干燥区之分。非干燥区不利于储物，即使是干燥区，卫生纸、毛巾、浴巾等如果长期放置，也一定要用隔湿性好的塑料箱存放，避免受潮，要保证它们拿出来使用时没有一点儿水汽。

(3) 光线：明卫可以有自然光照射进来，暗卫所

(1) 厕所的出入口，不仅提供出入方便的必要设施、还要考虑为老年人提供出入方便、防滑的缓坡踏步、坡道和必要的借助扶手。

(2) 在进行如厕操作之前要解放双手，要把手提的旅行包放下来，要将大衣脱掉，这就要求提供旅行包放置的台或架，要有挂衣的设施，而这些设施必须在如厕者可视范围内并保证清洁，不能放在脏污的地面上。

(3) 应提供方便的适合不同体能的人选用的大小便器，并保证其私密性，对老年人与伤残人，厕所应设安有光线都来于灯光和瓷砖自身的反射。卫生间应选用柔和而不直射的灯光；如果是暗卫而空间又不够大时，瓷砖不要用黑色或深的，应选用白色或浅色调的，使卫生间看起来宽敞明亮。

(4) 下水：下水是卫生间清洁的重要一关，要特别注意以下几点：地漏水封高度要达到50mm，才能不让排水管道内的气泛入室内。地漏应低于地面10mm左右，排水流量不能太小，否则容易造成堵塞。如果地漏四周很粗糙，则容易挂住头发、污泥，造成堵塞，还特别容易繁殖细菌。地漏算子的开孔孔径应该控制在6～8mm之间，这样才能有效防止头发、污泥、沙粒等污物进入地漏。

(5) 复式结构的房子中卫生间不宜设置在卧室、起居、厨房的上层，否则应有可靠的防水、隔声和便于检修的措施（图121）。

二、各类空间的功能分析

1.普通办公室处理要点

(1) 传统的普通办公室空间比较固定，如为个人使用则主要考虑各种功能的分区，既要分区合理又应避免过多走动。

(2) 如为多人使用的办公室，在布置上则首先应考虑按工作的顺序来安排每个人的位置及办公设备的位置。应避免相互的干扰。其次，室内的通道应布局合理，避免来回穿插及走动过多等问题出现（图122）。

卫生间功能分析

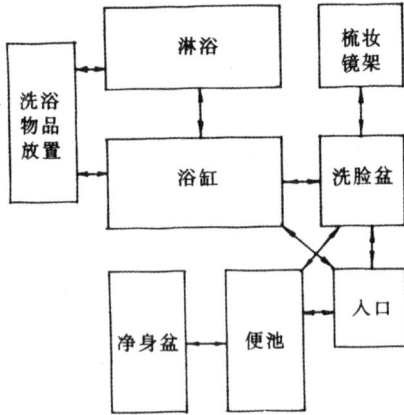

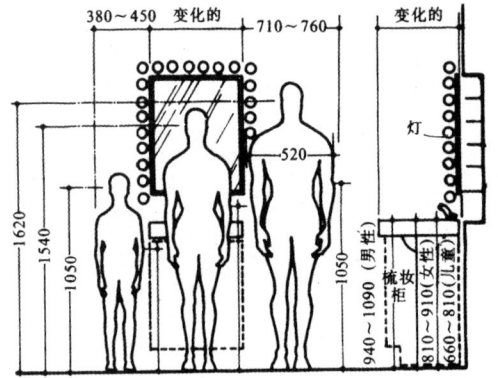
洗脸盆通常考虑的尺寸

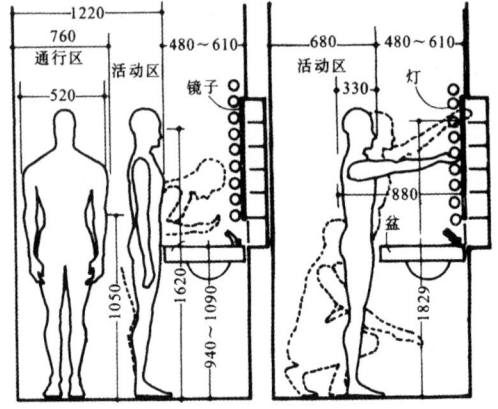
男性的洗脸盆尺寸

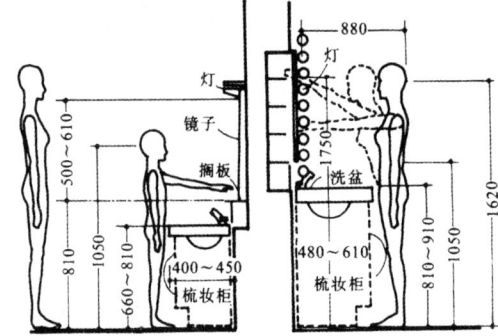
女性和儿童的洗盆尺寸

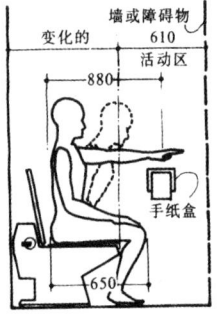
坐便池立面

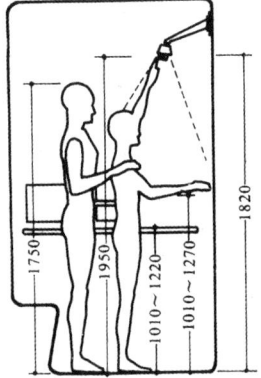
淋浴间立面

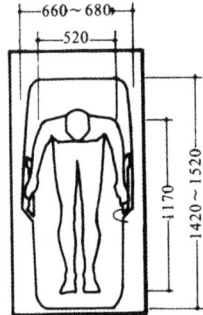
单人浴盆平面

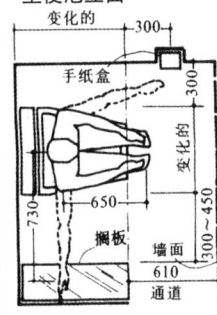
坐便池平面

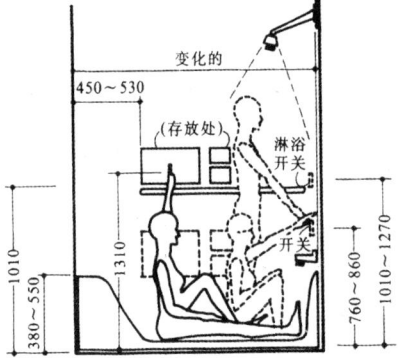
淋浴、浴盆立面

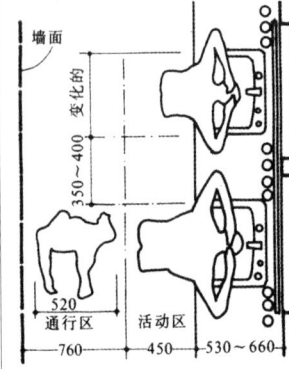
洗盆平面及间距

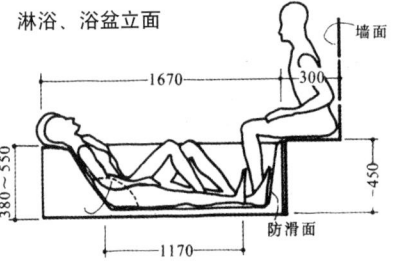
浴盆剖面

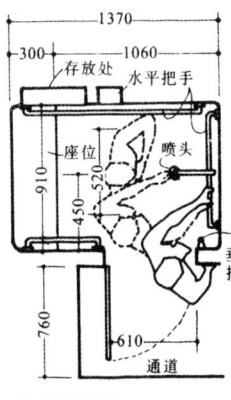
淋浴间平面

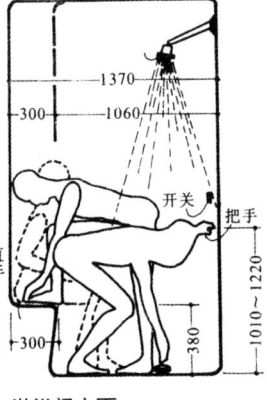
淋浴间立面

图121

普通办公室功能分析

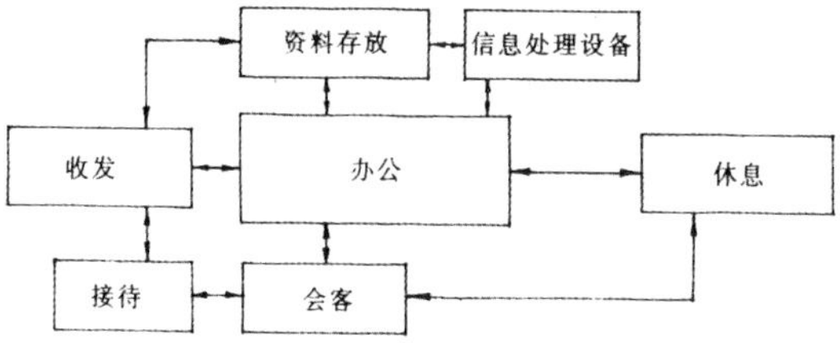

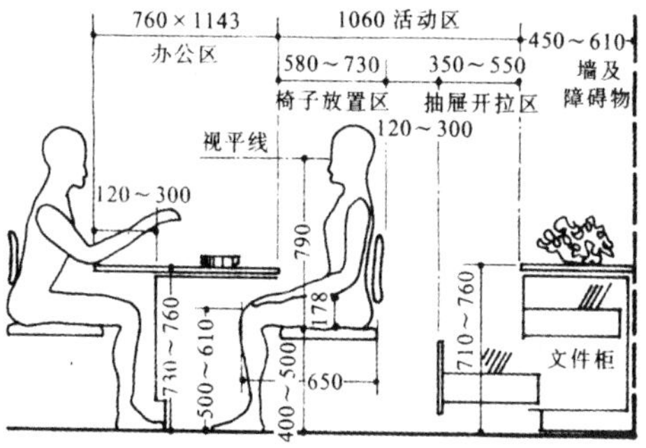

经理办公桌主要间距

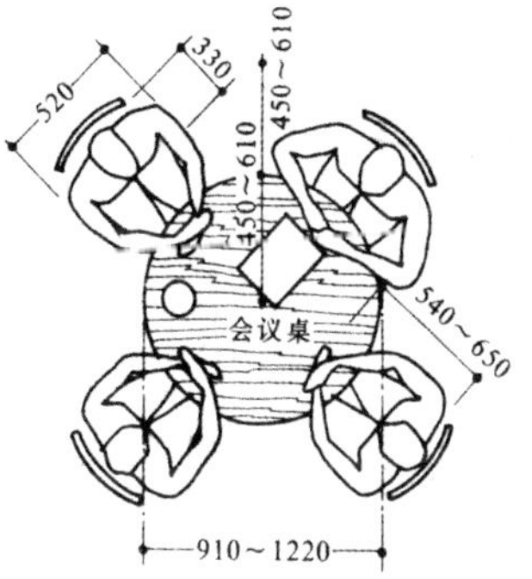

经理办公桌布置

圆形会议桌

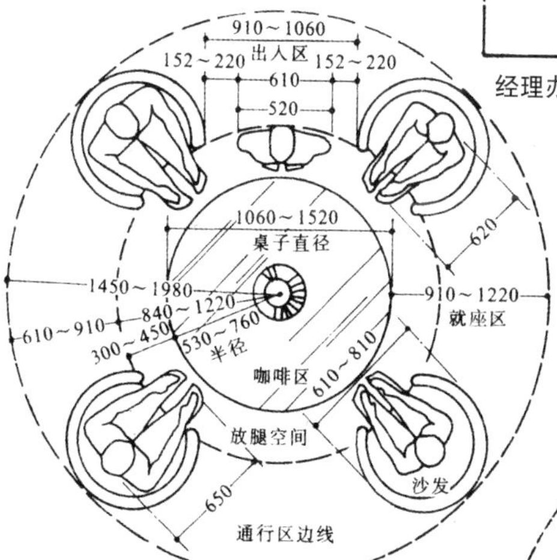

休息娱乐圆桌

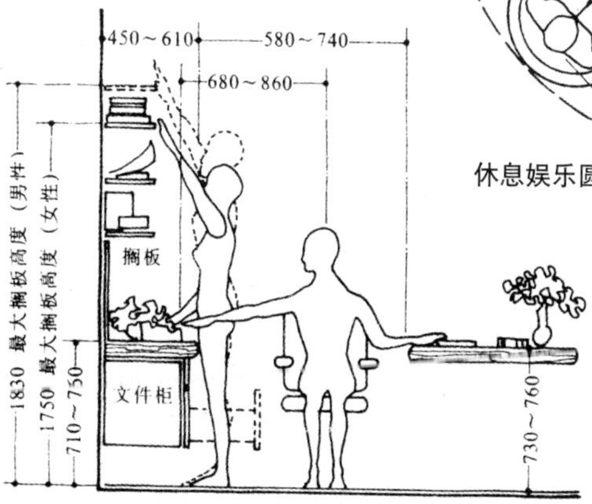

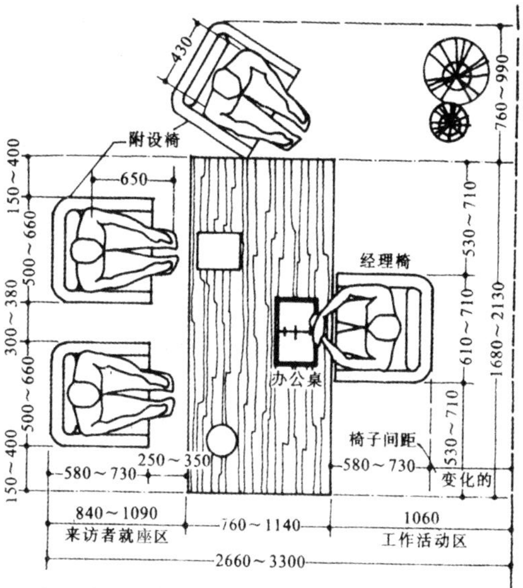

经理办公桌布置

经理办公桌文件柜布置

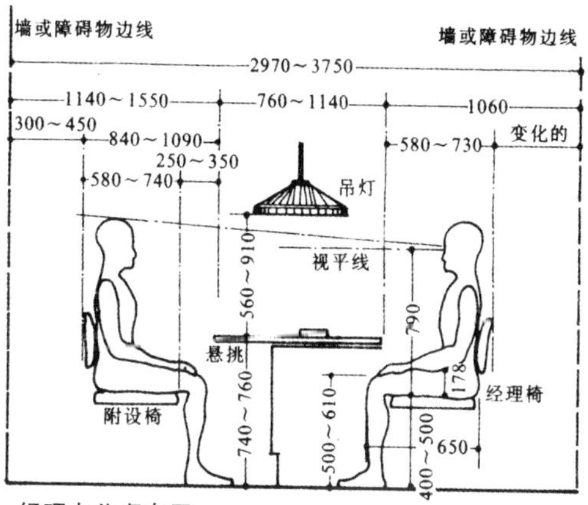

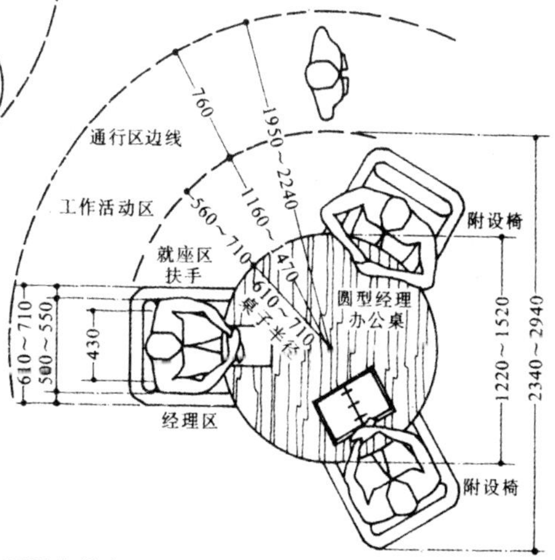

圆形办公桌

图 122

2.开放式办公室处理要点

(1) 开放式办公室是国外较流行的一种办公室形式,其特点是灵活可变。由工业化生产的各种隔屏和家具组成。

(2) 处理的关键是通道的布置。办公单元应按功能关系进行分组（图 123）。

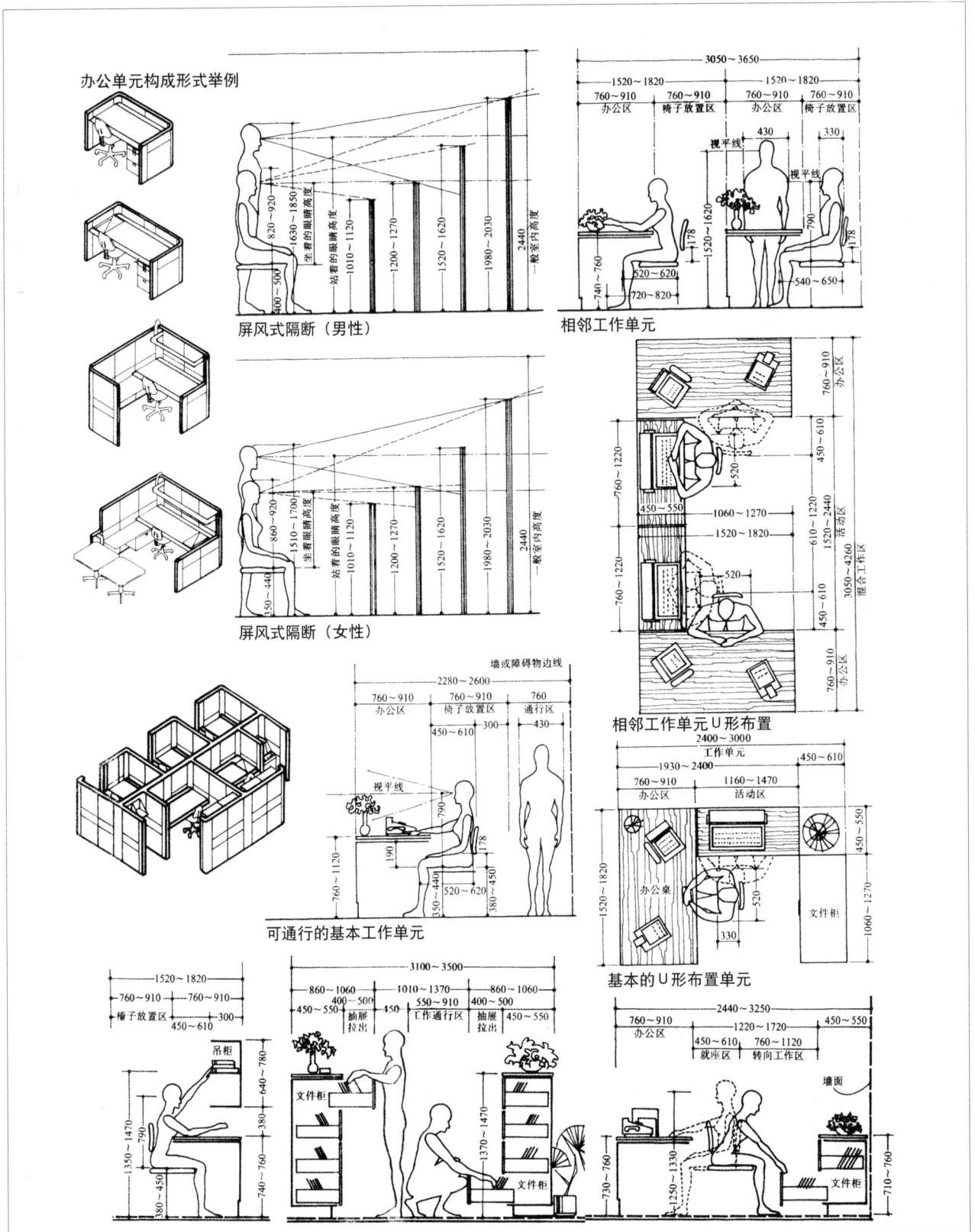

图 123　开放式办公室人体尺度

3.银行营业厅空间处理要点

银行营业厅分为大型营业厅和小型储蓄所。储蓄所比较简单，而大型营业厅因营业内容多，一般分成多个柜台和若干个洽谈室(图124)。

4.邮局营业厅空间处理要点 （图125）

(1) 邮局营业厅的规模不同，内部的功能构成也不同。小型的只有信函等部；规模大的综合型邮局除了邮政业务，还可能附设报刊、集邮等业务。

(2) 顾客活动区应设置填写台，布局应不影响人流交通。在电讯部分应设立供顾客等候用椅。

(3) 附设的报刊、集邮等部分的布局应不影响正常的邮电业务。有条件的可单独设立。

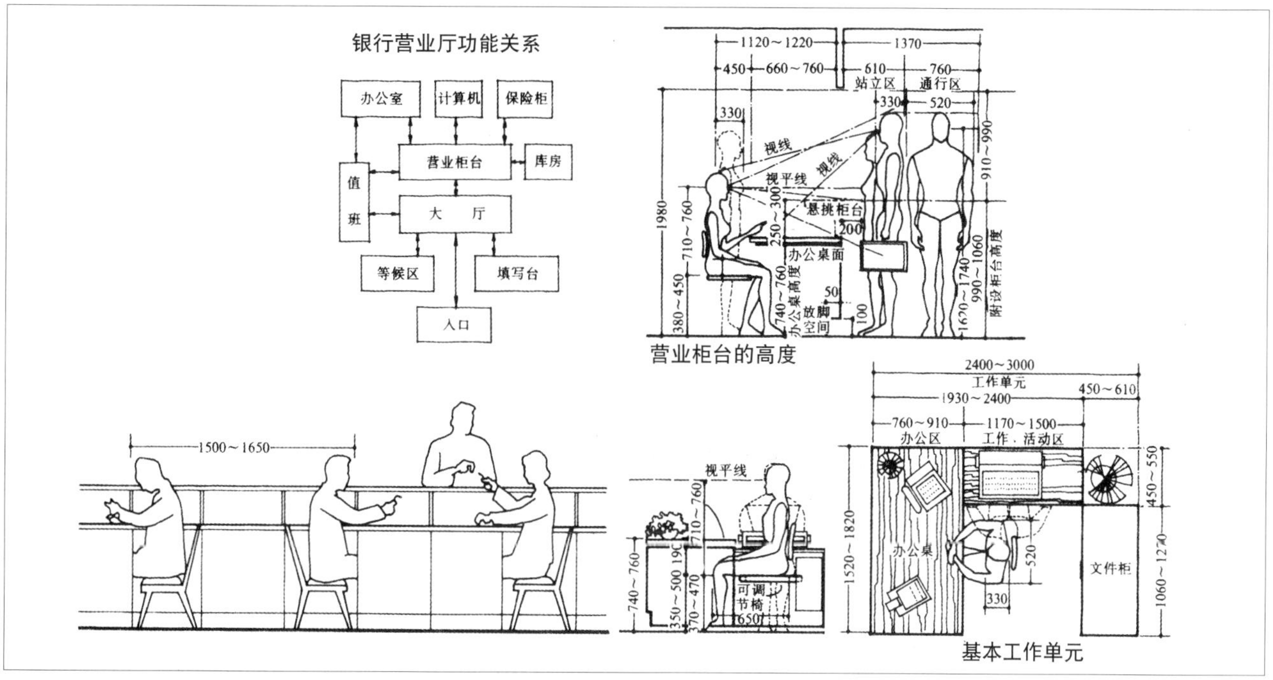

图124

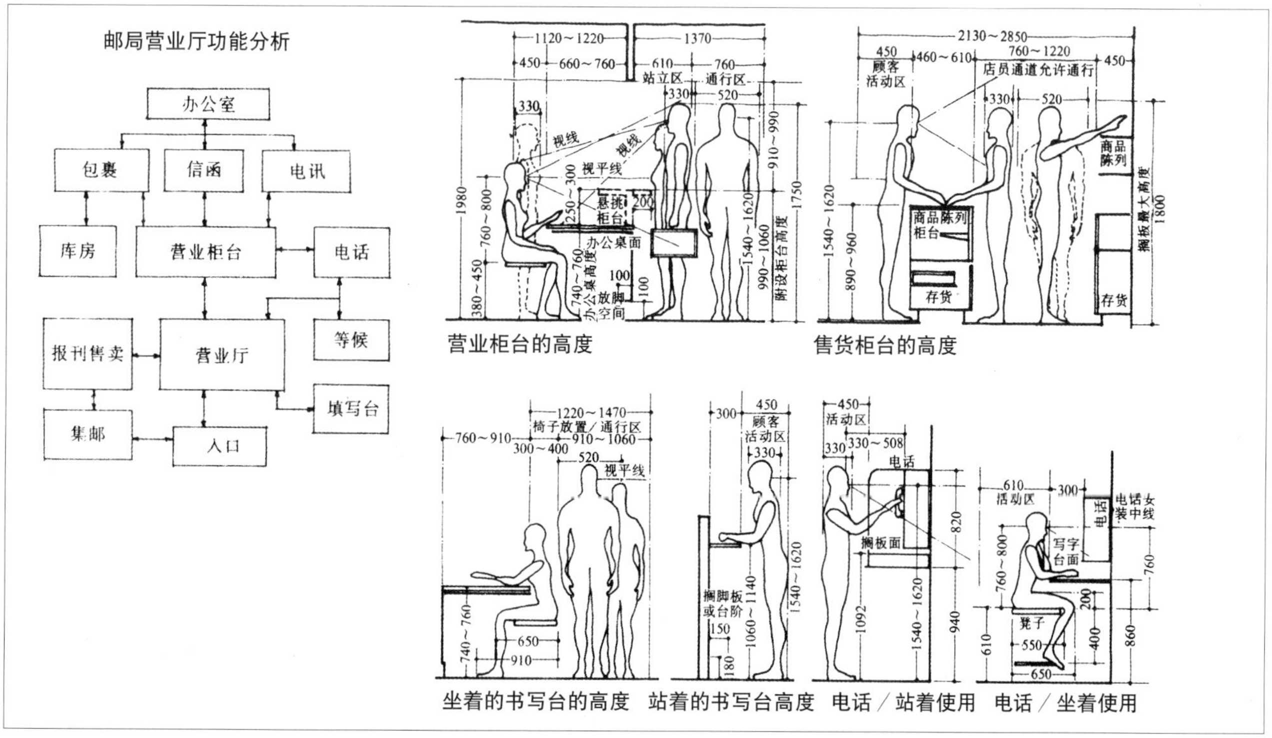

图125

5.车站售票处空间处理要点

(1) 售票处根据车站的规模、性质不同,可放在综合性的车站大厅内,也可单独设置。

(2) 售票厅内的旅客购票行列一般按 20 人／米考虑,每人排队长度为 0.45m。

(3) 单独设立的售票处,厅内旅客的逗留面积应该适当加大。逗留区内可设休息椅、时刻表及公用电话等,方便旅客使用。

(4) 大型车站内的售票处还可设置售卖时刻表等的小卖部及解答问题的问讯处或自动问讯台。

(5) 售票柜台的尺度,售票口的间距应该确定合理的尺寸。售票口前可设立栏杆,以维护旅客购票秩序。

(6) 售票室内的各种时刻表、显示板和布告栏等位置和尺度都应能使旅客很容易看到(图 126)。

6.候车室空间处理要点

(1) 在较大的车站内,候车室一般单独设置,功能也比较明确;在较小型的车站内,经常是将售票等其他功能与候车合为一体,因此空间处理应适当划分功能区域。通道和旅客停留区应明确分开。

(2) 在等候区可根据情况适当设置售卖与娱乐设施(图 127)。

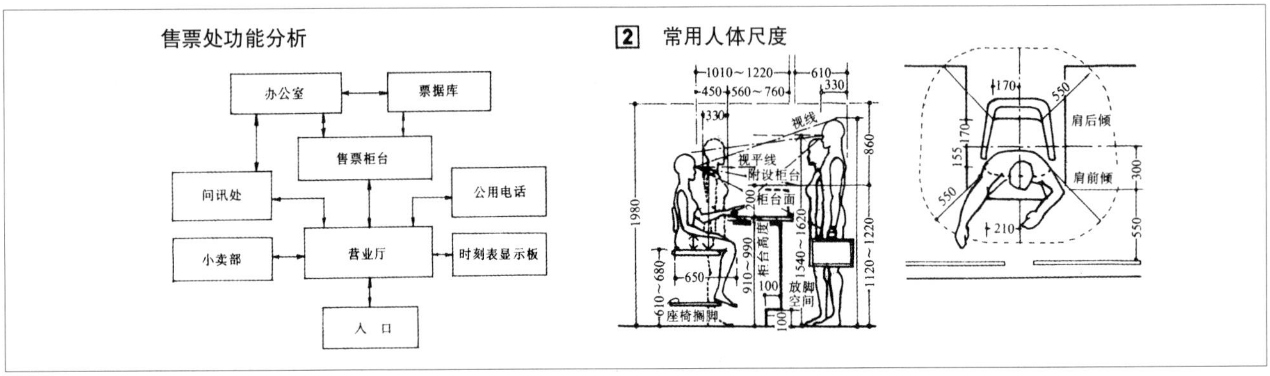

图 126

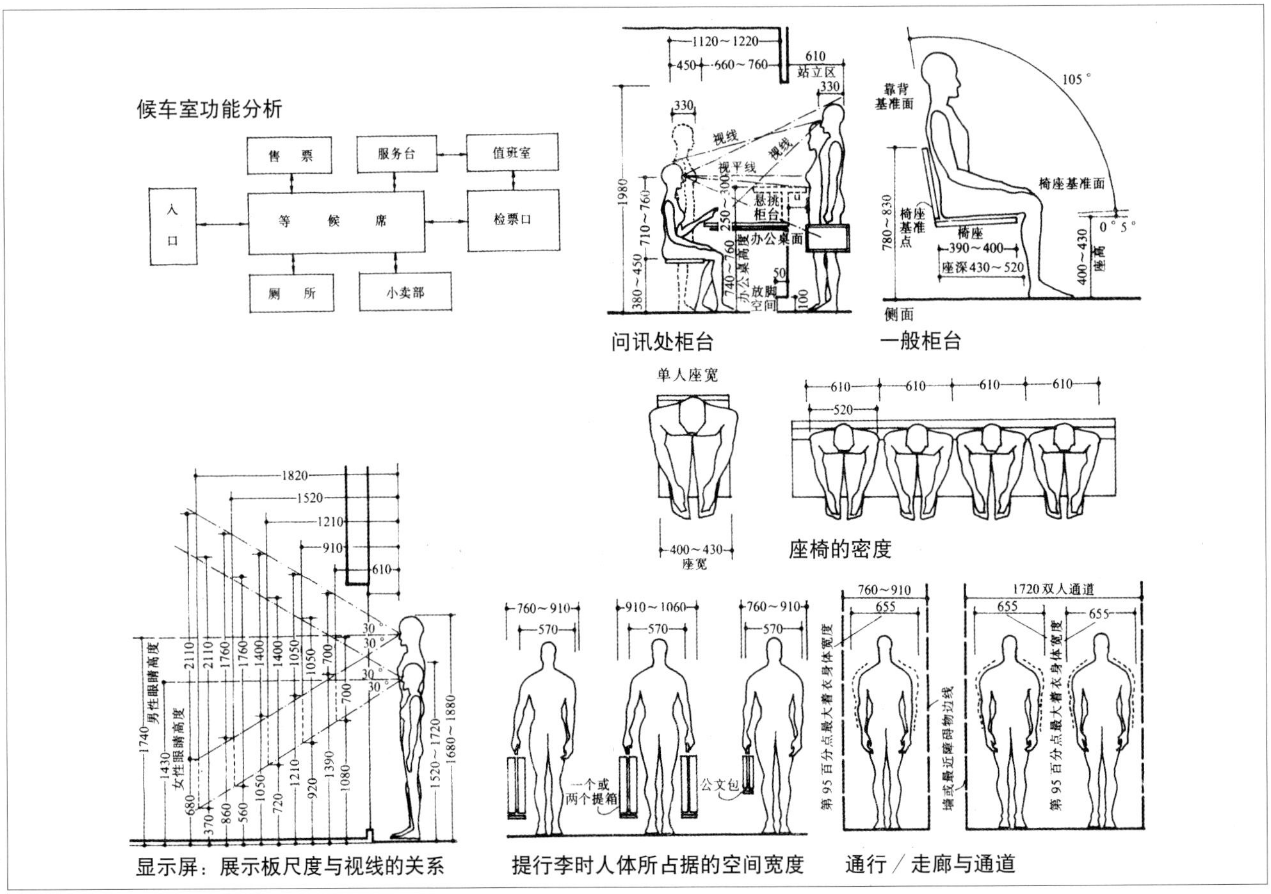

图 127

7.旅馆门厅空间处理要点

(1) 旅馆门厅一般分为交通和接待两大部分。较大型的高级旅馆还设有内庭花园及其他服务设施。

(2) 接待部分主要包括房间登记、出纳、行李房、旅行社和通讯等。

(3) 接待部分的总服务台应该布置在门厅内最明显的位置，以方便旅客。

(4) 服务台的长度与面积应按旅馆客房数确定。

(5) 接待区内靠近服务台应设置适当的休息区域，

便于旅客休息等候（图128）。

8.标准间空间处理要点（图129）

(1) 标准较低的客房每间一般4～8张床，卫生设备是公用的。标准高的客房设有单独的壁柜和卫生间，每间1～2张床。

(2) 客房内家具布置以床为中心，床一般靠向一面墙壁开门。其他空间可放梳妆台、电视架及行李架等。

(3) 客房内走道宽度为1.1m。

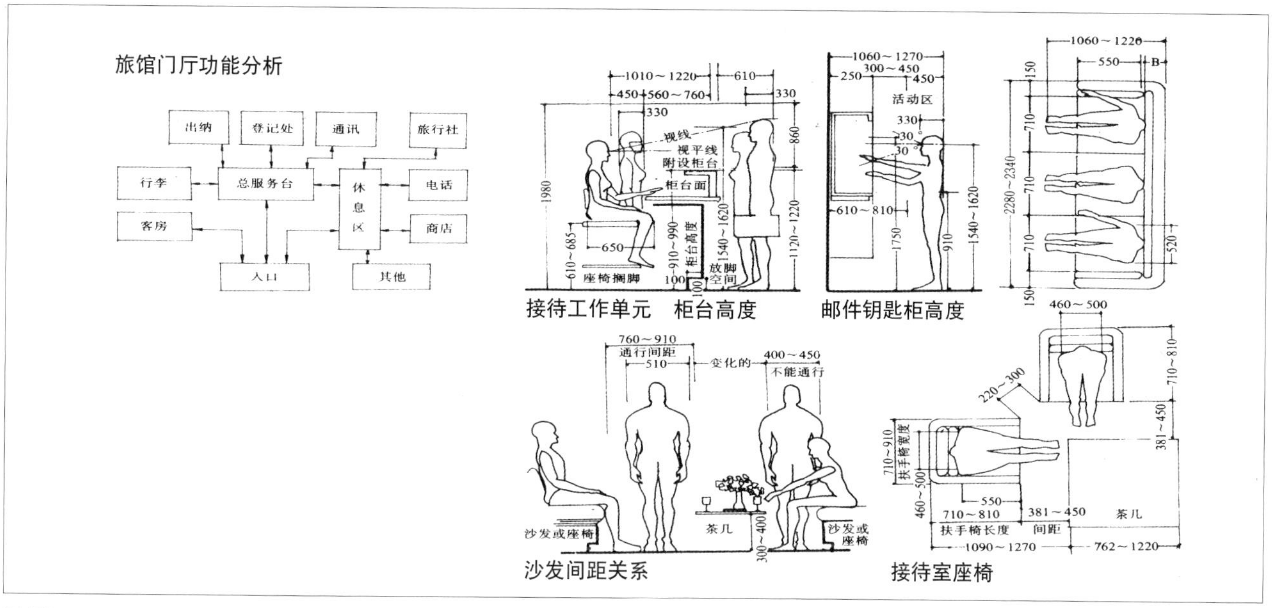

图128

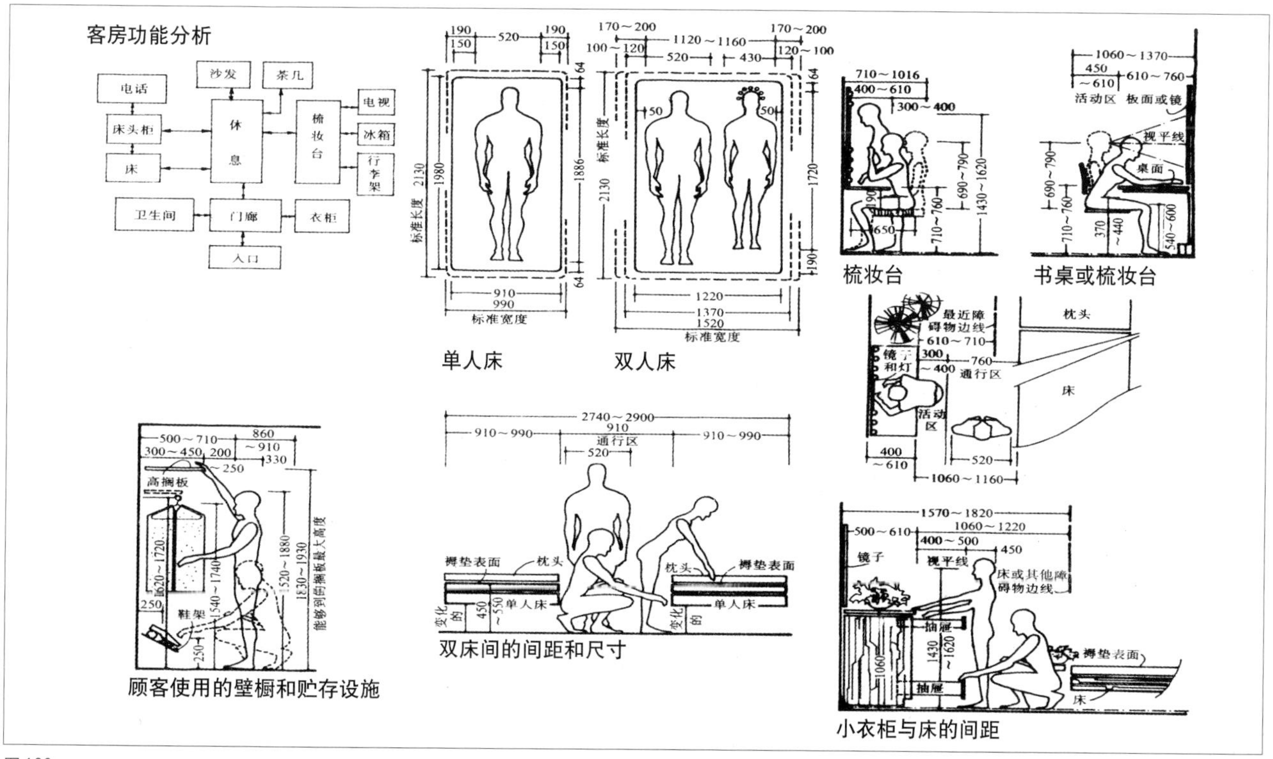

图129

9.视听空间处理要点（图130）

(1) 视听空间中的座位分活动和固定两种。固定座位的设置应考虑视线问题，如空间较大，座位较多时，还应按照当地防火规范设置适当的通道及出入口。

(2) 视听室与操作控制室应有直接的联系通道，以便工作人员操作。

(3) 大型视听空间内如需要，可设小舞台或活动舞台。

(4) 大型视听空间应设有适当的休息室，供演讲人休息。

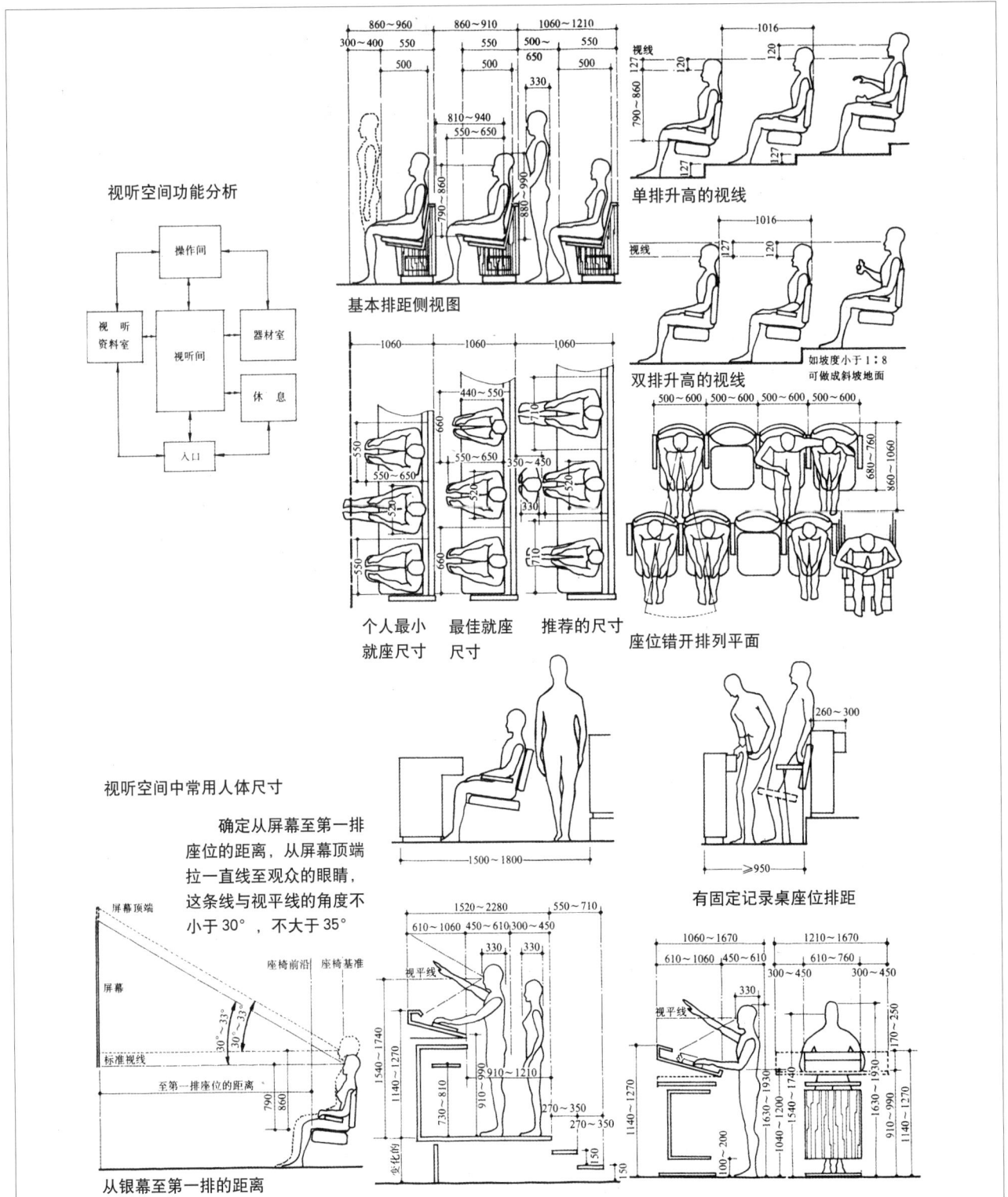

视听空间功能分析

基本排距侧视图

单排升高的视线

双排升高的视线

如坡度小于1:8 可做成斜坡地面

个人最小就座尺寸　最佳就座尺寸　推荐的尺寸

座位错开排列平面

视听空间中常用人体尺寸

确定从屏幕至第一排座位的距离，从屏幕顶端拉一直线至观众的眼睛，这条线与视平线的角度不小于30°，不大于35°

从银幕至第一排的距离

有固定记录桌座位排距

图130

10.展览陈列空间处理要点（图131）

（1）展览陈列的主要功能部分为两大部分：陈列和服务，各部分可视具体情况增减。

（2）参观路线的安排是展览布局的关键，根据不同的展览内容需要做适当的布置：连续性强的——串联式；各个独立的——并行式或多线式。

（3）陈列布局应满足参观路线要求，避免迂回、交叉，合理安排休息处，展品及工作人员出入要方便。

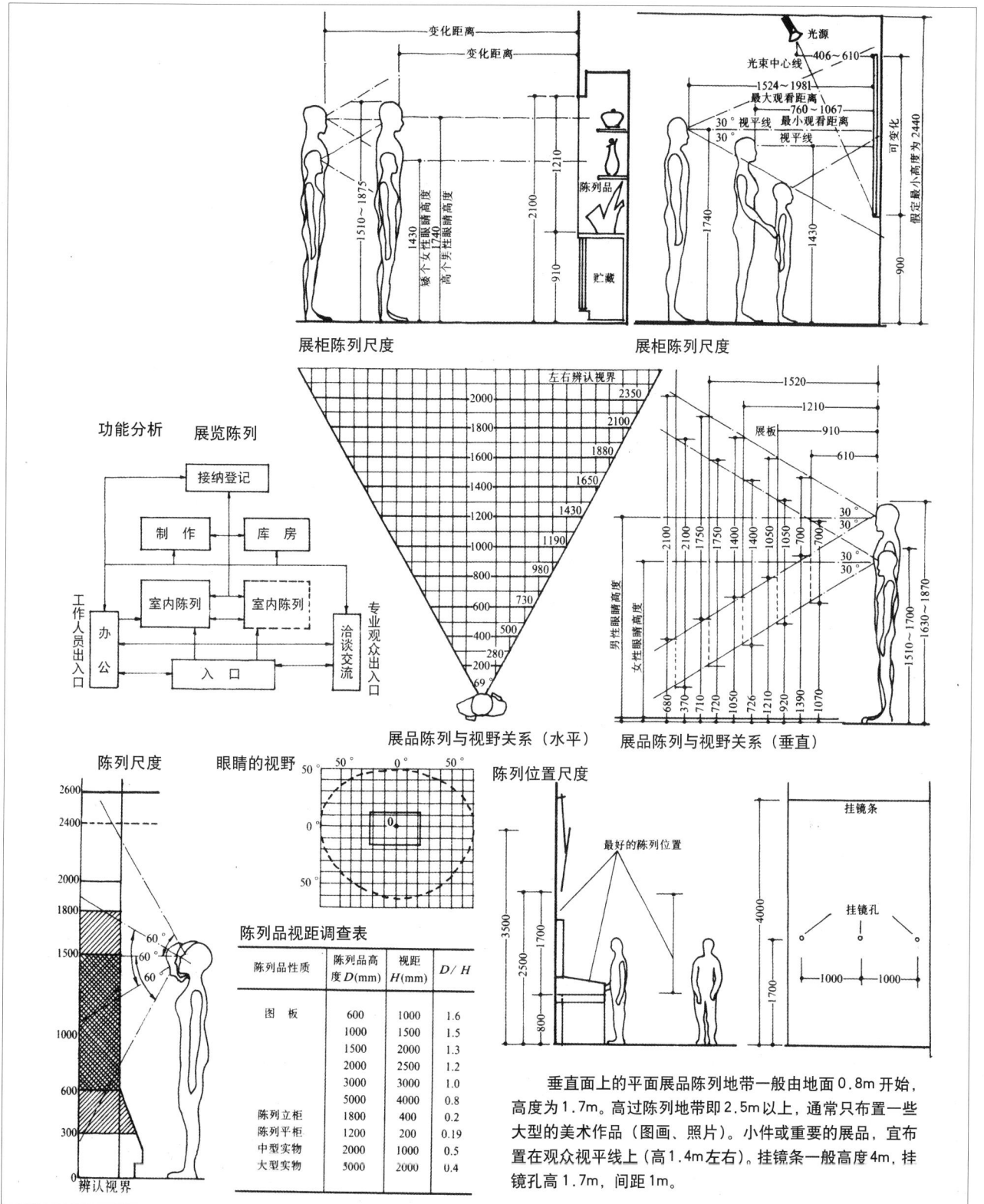

图131

11. 其他空间功能分析图（图132～134）

健身房

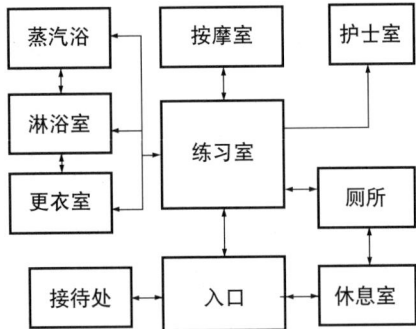

目录出纳厅

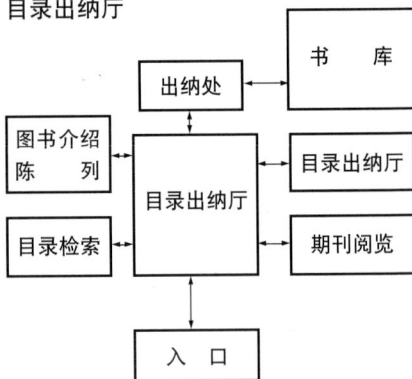

牙科治疗室

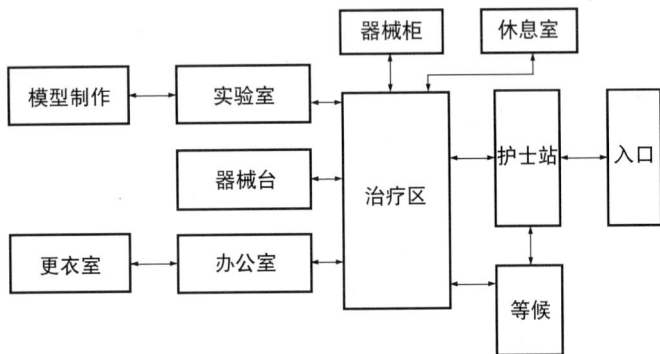

医院病房

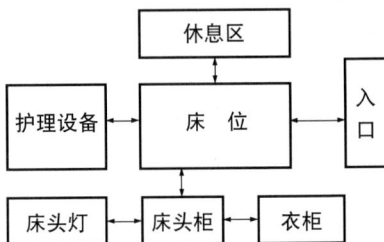

阅览室

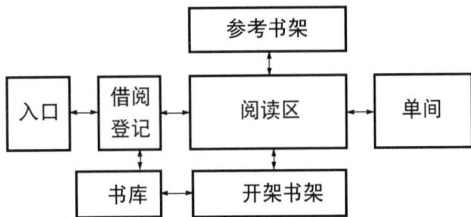

舞厅

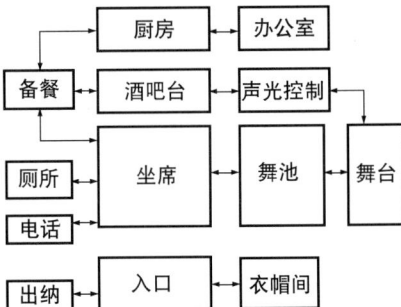

影剧院门厅

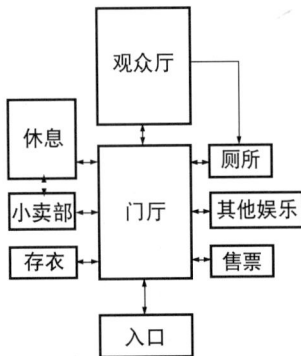

台球厅

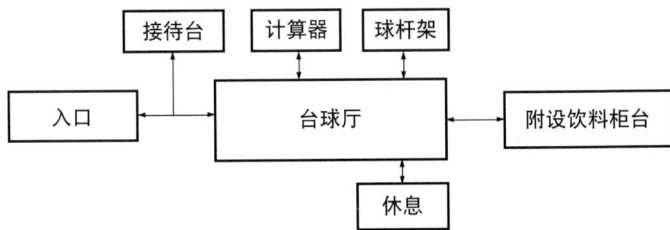

图132

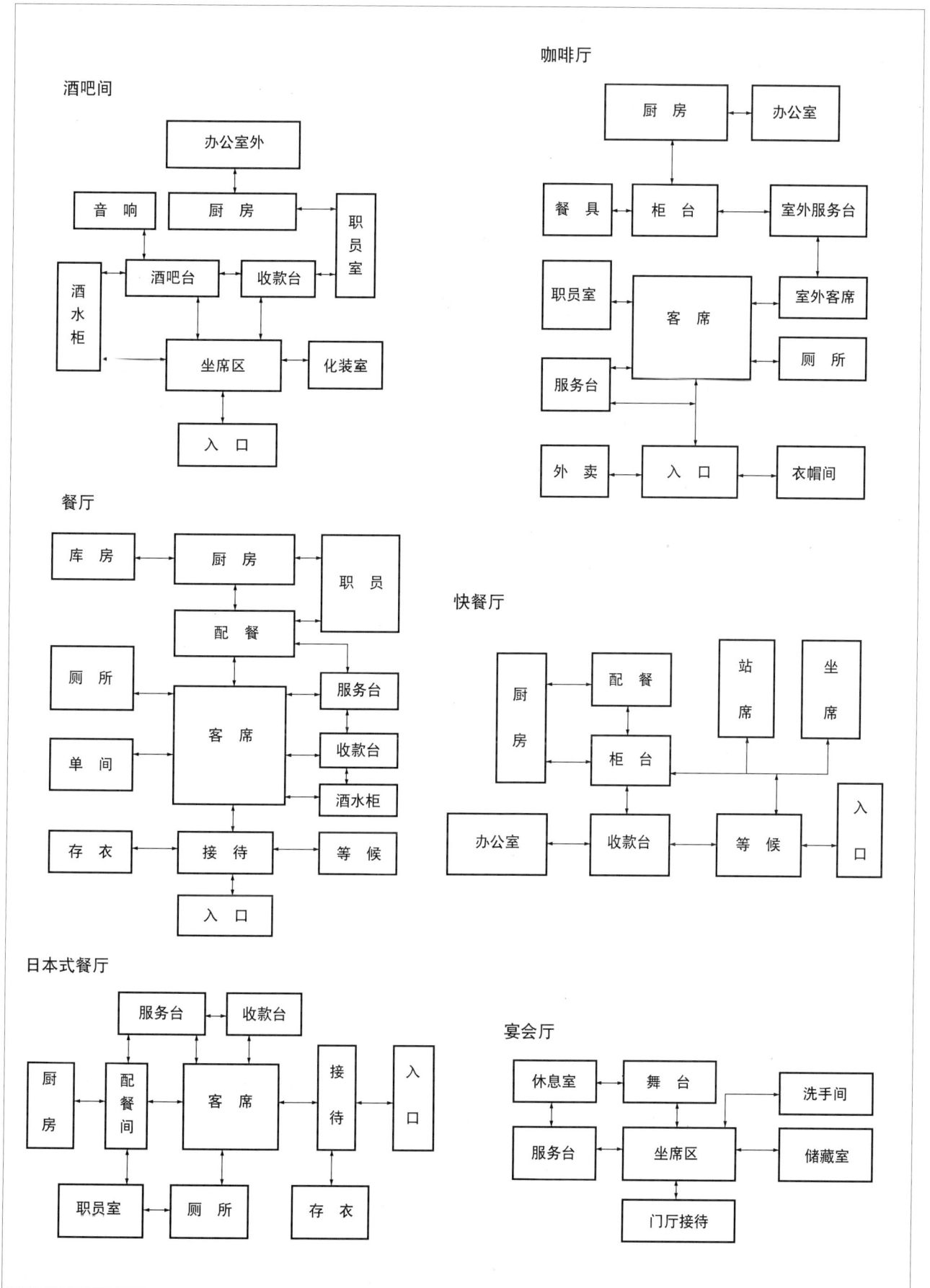

咖啡厅

```
          ┌────┐   ┌─────┐
          │厨 房│──▶│办公室│
          └────┘   └─────┘
┌────┐ ┌────┐     ┌──────┐
│餐 具│ │柜 台│────▶│室外服务台│
└────┘ └────┘     └──────┘
┌────┐  ┌────┐    ┌──────┐
│职员室│ │客 席│───▶│室外客席│
└────┘  └────┘    └──────┘
┌────┐          ┌────┐
│服务台│          │厕 所│
└────┘          └────┘
┌────┐ ┌────┐   ┌────┐
│外 卖│ │入 口│   │衣帽间│
└────┘ └────┘   └────┘
```

酒吧间

```
        ┌──────┐
        │办公室外│
        └──────┘
┌────┐ ┌────┐   ┌────┐
│音 响│ │厨 房│   │职员室│
└────┘ └────┘   └────┘
┌────┐┌────┐┌────┐
│酒水柜││酒吧台││收款台│
└────┘└────┘└────┘
      ┌────┐ ┌────┐
      │坐席区│ │化装室│
      └────┘ └────┘
      ┌────┐
      │入 口│
      └────┘
```

餐厅

```
┌────┐ ┌────┐ ┌────┐
│库 房│ │厨 房│ │职 员│
└────┘ └────┘ └────┘
      ┌────┐
      │配 餐│
      └────┘
┌────┐        ┌────┐
│厕 所│ ┌────┐ │服务台│
└────┘ │客 席│ ┌────┐
┌────┐ │    │ │收款台│
│单 间│ └────┘ │酒水柜│
└────┘        └────┘
┌────┐ ┌────┐ ┌────┐
│存 衣│ │接 待│ │等 候│
└────┘ └────┘ └────┘
      ┌────┐
      │入 口│
      └────┘
```

快餐厅

```
┌────┐ ┌────┐ ┌────┐┌────┐
│厨 房│ │配 餐│ │站 席││坐 席│
└────┘ └────┘ └────┘└────┘
      ┌────┐
      │柜 台│
      └────┘
┌────┐ ┌────┐ ┌────┐┌────┐
│办公室│ │收款台│ │等 候││入 口│
└────┘ └────┘ └────┘└────┘
```

日本式餐厅

```
   ┌────┐┌────┐
   │服务台││收款台│
   └────┘└────┘
┌────┐┌────┐┌────┐┌────┐┌────┐
│厨房││配餐间││客 席││接待││入口│
└────┘└────┘└────┘└────┘└────┘
   ┌────┐┌────┐┌────┐
   │职员室││厕 所││存 衣│
   └────┘└────┘└────┘
```

宴会厅

```
┌────┐┌────┐     ┌────┐
│休息室││舞 台│     │洗手间│
└────┘└────┘     └────┘
┌────┐┌────┐     ┌────┐
│服务台││坐席区│     │储藏室│
└────┘└────┘     └────┘
      ┌────┐
      │门厅接待│
      └────┘
```

图133

093

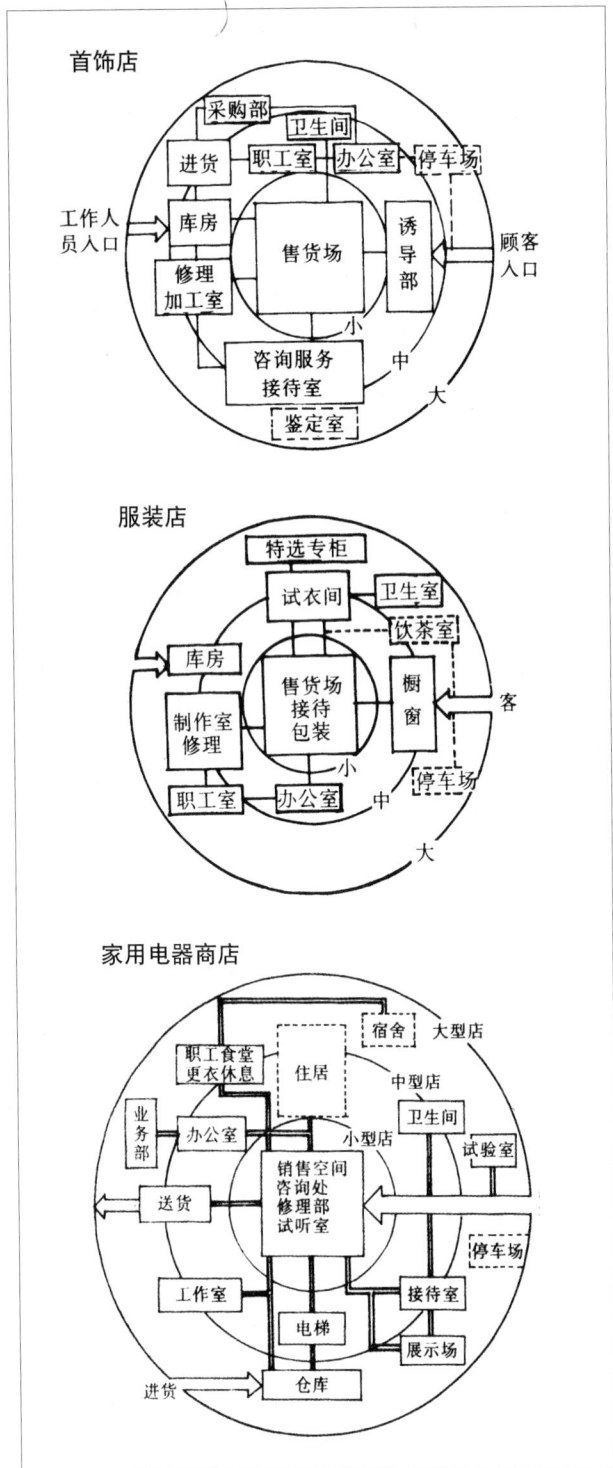

首饰店

服装店

家用电器商店

图134

三、人机工程学与室内设计

作为一门新兴的学科，人机工程学在室内设计中的应用范围随着人在空间中地位的进一步确认而不断地扩展。它的应用使室内设计在心理上、生理上以及物理上更符合室内活动的需求，因而使室内空间的使用功能得到充分利用和提高。人机工程学在室内设计中的主要作用和应用表现在以下几个方面：

1.提供室内空间尺度的依据

室内空间最主要的制约因素为人体尺寸。人机工程学为这些尺度的制定提供了科学的依据。根据其所提供的基础数据和理论，确立各种行为的空间尺度和必要的空间范围。

2.提供家具、设施的尺度、组合、使用空间的依据

无论是家具、设施还是室内其他陈设都是为人所使用，这些物体设计的合理度在一定程度上取决于人在各种使用状态下的舒适状况、疲劳状况和方便程度。可见人机工程学提供的人体基础数据是设计这些物体不可缺少的必备参数。

不仅如此，在室内空间、家具组合排列、设施安放等设计过程中也不能忽视人体数据。人们在使用这些家具和设施的同时，需要有一定的摆放空间、使用空间和心理空间，这些空间尺度是由人在站立、坐等不同的使用状态下的身体尺度、舒适度、工作效率和能耗决定的。

3.提供无障碍设计依据

无障碍设计是为方便残疾人在室内外活动的一种空间设计。由于残疾人在行动时需借助一定的工具如轮椅、扶手等来完成行走、站立、坐下等动作。因此在空间设计时，必须考虑辅助工具在行为中的影响和占有的空间范围，同时还要考虑这些工具的操作方式、操作时最小的空间占有范围、特点和必要条件。

4.提供室内物理环境的最佳参数

人机工程学提供声、光、热、辐射等舒适范围物理因素的数据，它对进行各种功能空间的设计、各种装饰材料的选择有重要的参考作用，以确保使室内空间设计符合人的生理与心理要求。

5.为室内行为组织提供科学依据

人在室内的各种行为都离不开人本身对各种环境的本能反应，这包括人在听觉、视觉、嗅觉、触觉等方面对环境的感应。具体地说是对色的认知、对光的感应、对温度和湿度的适应、对空间形状的感受、环境对心理的影响而导致的各种心理行为等，这些外界因素往往会直接影响人在某一环境内的感情和行为。因而，利用人机工程学在此领域中的研究成果，可以使环境在色彩、光线、形状、格局等方面更符合不同场合的要求，并在一定程度上能疏导人们的室内行为和情感发挥，从而使有限的使用空间从功能上和情感上发挥更大的作用。

第二节　家具陈设设计

一、座椅设计

（一）坐姿生理解剖基础

1.脊柱与椎间盘

人体骨骼共有206块，支撑头颅与全身的骨结构为脊柱、骨盆与下肢。脊柱共24节椎骨分为5个区段（颈椎7节、胸椎12节、腰椎5节、骶尾骨各1节）（图135）。

坐姿引起的脊柱形态改变。坐姿时大腿鼓边带髋骨一起转动90°，从而带动整个脊柱曲度发生变化，而其中腰椎变化最大，腰椎由向前凸出变为向后凸出。此时腰椎骨间的压力不能维持正常，这对坐姿的舒适性产生了影响。若座椅有靠背且有一定的后仰角度，使整个身体能较多地由靠背分担，那么脊柱变化对舒适性产生的影响则有所缓解，见图137。

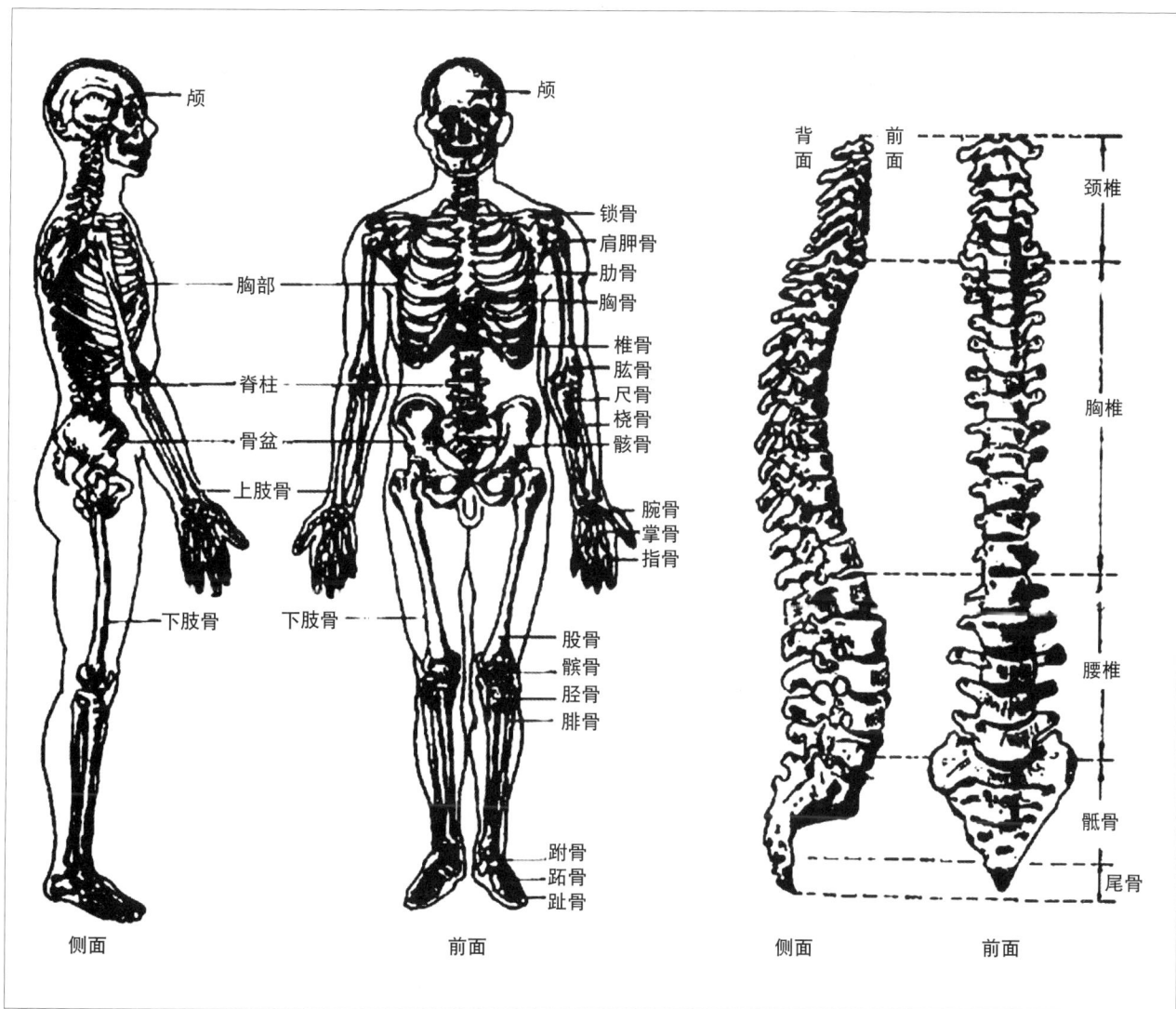

图135　全身骨骼图与脊柱的构造图

脊椎骨之间的软组织称为椎间盘。全部椎间盘的厚度约占脊柱总长度的1／4，其中以腰椎段的椎间盘为最厚，所以腰椎活动度较大。

2.坐姿脊柱形态的变化及其生理效应

下图是人直立时脊柱的正常生理弯曲状态，应注意的形态特征是腰椎段向前凸出的弧形，曲度较大（图136）。

3.坐姿下的体压

⑴ 椅面上臀部与大腿的体压

骨盆下两个坐骨粗大健壮，局部皮肤厚实，由此处承受坐姿的大部分体压比均匀分布更加合理。但压力过于集中，会阻碍微血管血液循环，局部神经末梢受压过重也不好（图138）。

影响椅面上体压的主要因素是椅面软硬、椅面高

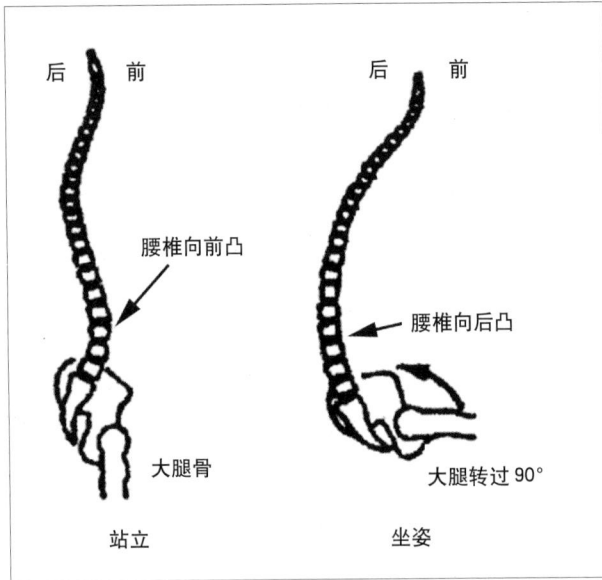

图136 坐姿脊柱形态的变化

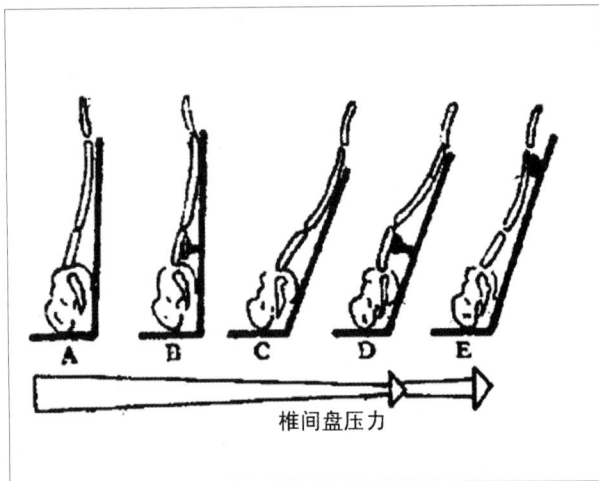

图137 靠背仰角、支撑对第三腰椎椎间盘压力的影响

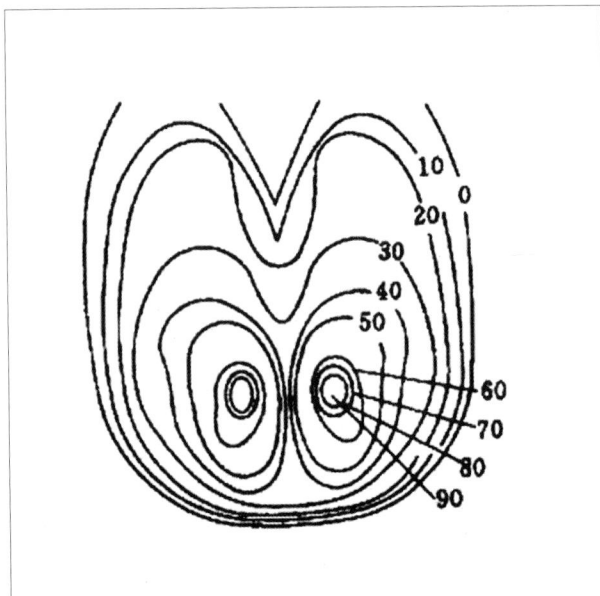

图138 椅面上适宜的体压分布（10^2Pa）

度、椅面倾角及坐姿等。

椅面软硬与椅面体压：人坐在硬椅面上，上身体重约75%集中在两坐骨骨尖下各25平方厘米的面积上，体压过于集中。硬椅面上加一层薄软的垫子，坐骨下的压力峰值将大幅度下降，可改善体压分布情况。但坐垫太软、太厚，使体压分布过于均匀也不合适。

座高与椅面体压：图139是3种不同座高下椅面体压分布的等压线图。

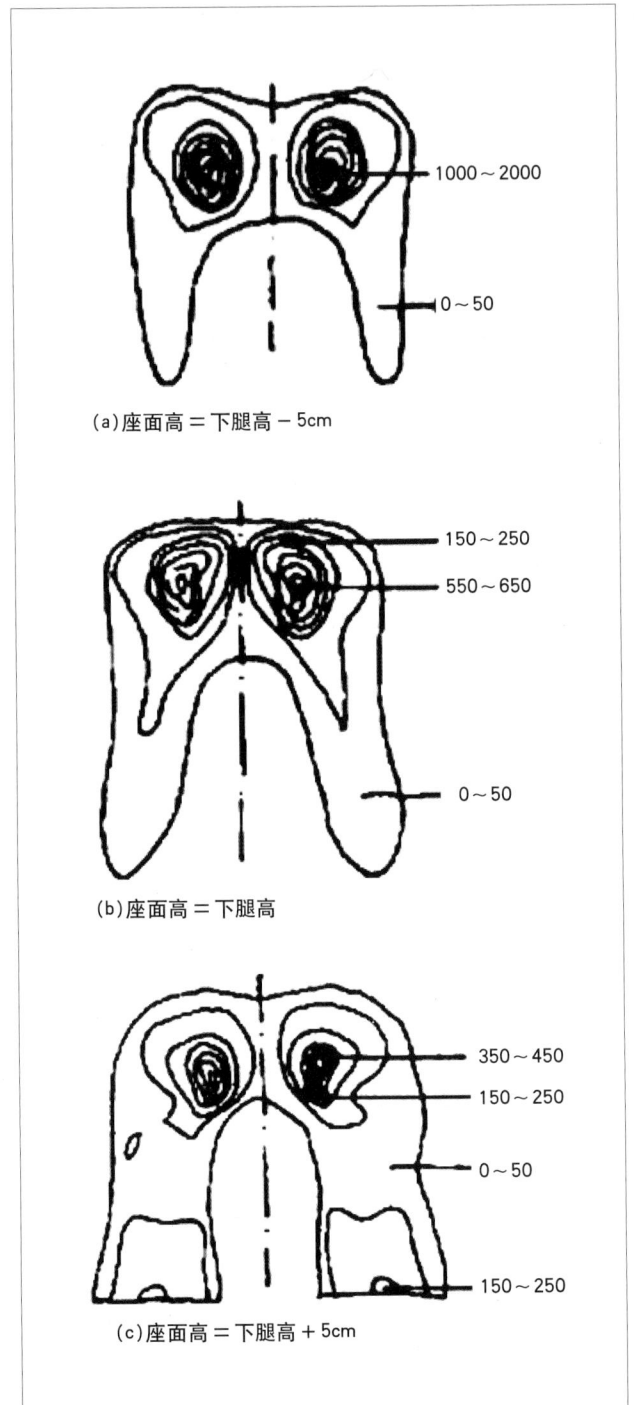

（a）座面高＝下腿高－5cm

（b）座面高＝下腿高

（c）座面高＝下腿高＋5cm

图139 三种座高下椅面体压等压线图（10^2Pa）

座面倾角及坐姿对椅面体压的影响：前倾坐姿（如打字）与后仰坐姿（如休息）的体压分布是不同的（图140）。

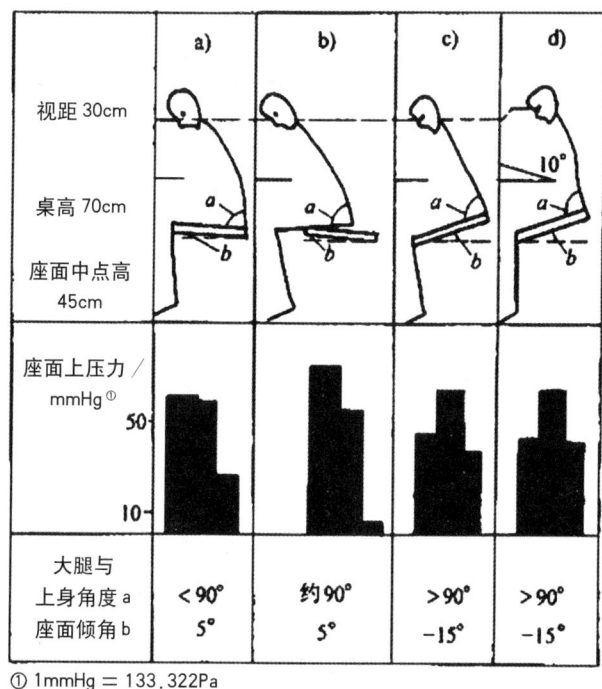

① 1mmHg ＝ 133.322Pa

图140　前倾工作时座面倾角与椅面体压的关系

（2）腘窝的压力

从大腿向小腿的血管和神经都从腘窝经过，且离体表较近，因此腘窝是对压力敏感的部位，此处受压时会造成小腿麻木，应避免。座面过高或过深都会造成腘窝受压（图141）。

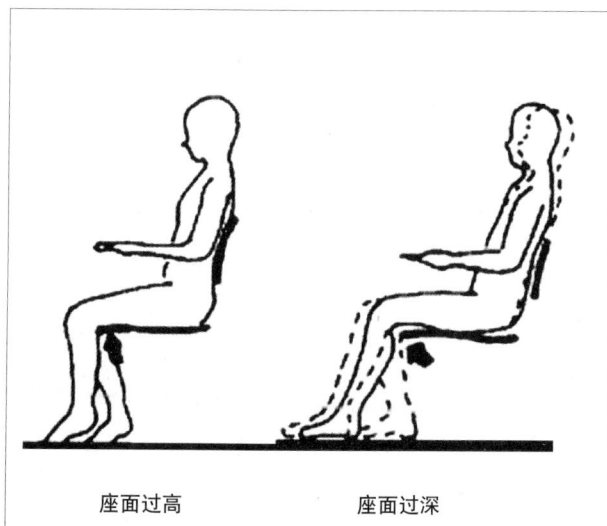

座面过高　　座面过深

图141　造成受压的原因

4.坐姿下的股骨、肩部、小腿与背肌

（1）股骨与座面形状

椅面设计成与臀部形状一致时（较大的凹形），会使股骨两侧往上推移，髋部肌肉受压，造成不适，还是接近平面的椅面要好。

（2）肩部与扶手高度

扶手明显高于坐姿肘高，会造成肩部耸起，肌肉紧张，引起酸痛。适宜的扶手高度略低于坐姿肘高。下图分别表示扶手高度的适宜与否（图142）。

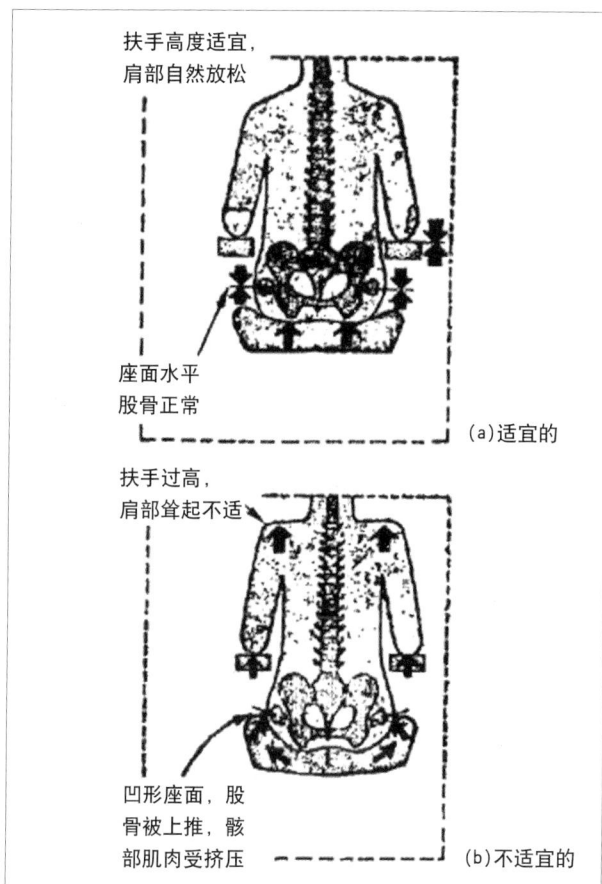

图142　椅面形状和扶手高度的解剖学分析

（3）小腿的支承与背肌

正直端坐时，上身重心在坐骨连线的前方25mm处，若读书写字等前倾操作时，重心会向前移，此时为了保持平衡，背肌受力很大且处于紧张状态，同时大腿受压增大。若小腿在地面获得支承，可降低大腿的体压和背肌紧张，而且轻松实现上身平衡。

（二）座椅的功能尺寸

座椅的功能尺寸和形态应随就座的目的要求而异，座椅可分为：①工作座椅，简称工作椅。②休息用椅，简称休息椅。③办公室用椅、会议室用椅。

1.座面(前缘的)高度

(1) 工作座椅

工作椅座高的设计要点是:①大腿基本水平,小腿垂直地获得地面支撑。②腘窝不受压。③臀部边缘及腘窝后部的大腿在椅面获得"弹性支承"。符合上述要求的工作椅座高为:比坐姿腘窝高低10～15mm。

工作椅座高＝膝腘高度＋(女鞋20或男鞋25)－(裤厚6)－(10～15)

5百分位女子坐姿腘窝高342,工作椅座高为342＋20－6－10＝346mm。

95百分位男子坐姿腘窝高448,工作椅座高为448＋25－6－10＝457mm。

所以中国男女通用工作椅座高的调节范围:346mm～457mm。一般工作椅座高400mm。同时,座高也与人的习惯有关。

(2) 其他椅子

非工作椅座高与工作椅的要求不同。大部分非工作椅为了坐姿的舒适,座高宜比工作椅低一些,从会议室用椅、影剧院座椅、候车室座椅、公园休闲椅、沙发、安乐椅到躺椅,座高可以依次降低。

2.座面倾角

(1) 工作座椅

前缘翘起的椅子用于读写,打字操作时将使腘窝附近的大腿体受压加大,实际上并不合适。后面翘起的椅子反而使椅面上的体压相对集中在坐骨骨尖位置,椅面体压分布更合理。

图143是前倾工作时座面倾角与椅面体压的关系:

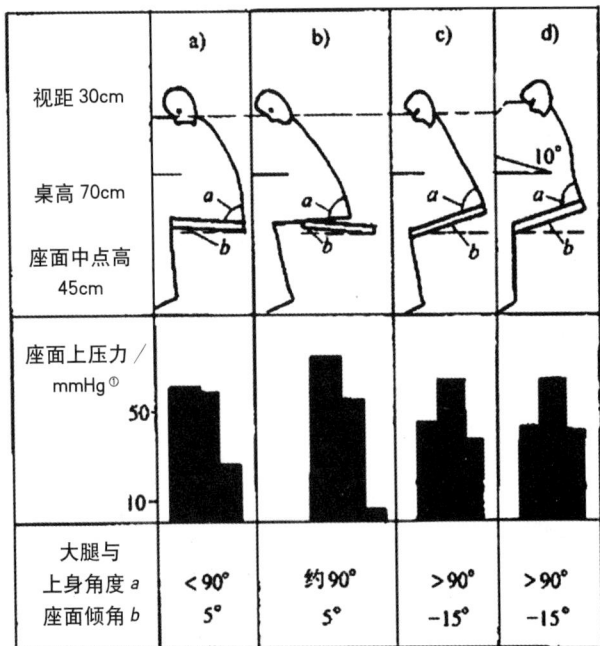

图143 前倾工作时座面倾角与椅面体压的关系

① 1mmHg＝133.322Pa

工作椅的合理座面倾角可简要归结为3条:

①一般办公椅可取前缘翘起0～5度,推荐3～4度。

②前倾工作用座椅可设计成后面翘起。为避免在上面坐不住、往下滑,可加一个软的膝靠,对膝部提供支承,如图144中的"平衡椅"和"云椅"。

平衡椅　　云椅

图144

③新式办公椅应提供前倾工作和后倚放松的两种可能性,所以座面倾角应可自动调节(图145)。

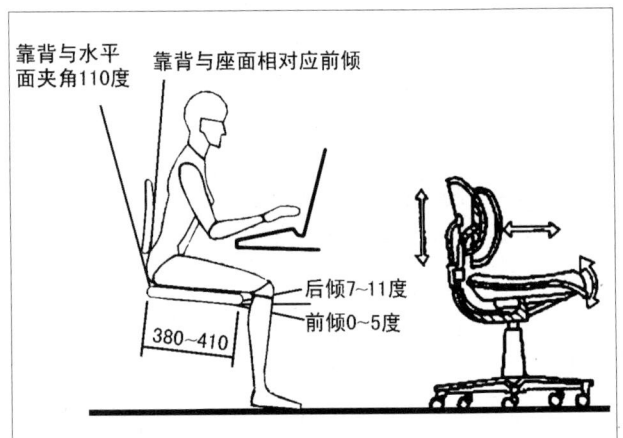

图145　座面与靠背倾角可调节的工作椅

(2) 休息椅

休息椅多为椅面前缘翘起,越是以休息放松为主的座椅,前缘翘起角度越大。

公交车等振动环境中的座椅为了防止在振动中下滑,也应使后倾角加大(见表39)。

表39　几种非工作椅的座面倾角参考值

座椅类型	会议室椅	影剧院座椅	公园休闲椅
座面倾角	≈5°	5°～10°	≈10°
座椅类型	公交车座椅	一般沙发	安乐椅
座面倾角	≈10°	8°～15°	可达20°

3.靠背的形式及倾角 (图146、表40)

(1) 不同座椅的靠背功能

a.工作椅：工作椅的靠背主要不是为了撑上身体，而是为了维持脊柱的良好形态，避免腰椎严重后凸。因此工作椅的靠背主要是腰靠，即在第三、四腰椎的位置上，提供尺寸、形状、软硬适当的顶靠物（腰靠高165～210mm，无级调节）。

b.休息椅：休息椅的靠背是后仰的，靠背功能的要点转向支承躯干的体重、放松背肌，宜在第八胸椎骨的位置提供倚靠。安乐椅、躺椅等长时间休息的用椅，为缓解颈椎的负担，最好能提供头枕。

c.办公椅：办公椅介于工作椅和休息椅之间，可采用以支承躯干体重为主的靠背。

(2) 四种座椅靠背形式(小原二郎)

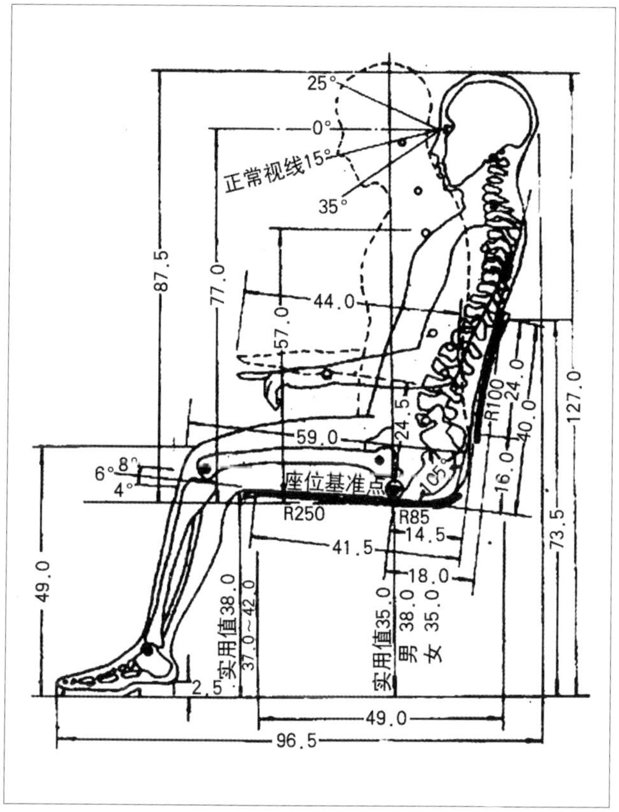

图146 中靠背座椅的功能尺寸(小原二郎)

4.座深

指座面前沿到后沿的距离，座深对人体坐姿的舒适度影响也很大，如座面过深，超过大腿长度，人体挨上靠背将有很大的倾斜度，腰部则缺乏支撑点而悬空，加剧了腰部的肌肉活动强度而致使疲劳产生。同时座面过深，会使膝窝处受压而产生麻木，而且也难以起立。座面过浅同样也是不利的。

因此，座深设计应适中，通常座位应小于坐姿时大腿的水平长度，使座面前沿离小腿有一定距离（60mm），以保证小腿有一定的活动自由。我国男子坐姿大腿水平长度为457mm，女子为433mm，所以座深为380～420mm。

同时，座深也与工作性质有关。工作椅由于工作时腰椎—骨盘之间成垂直状态，所以座深可浅一些；而休息椅因为就座者小腿前伸，膝窝不易受压，同时增大座面面积能降低座面体压，所以座深可大些。但座深过大会让老年人起站起困难（图147）。

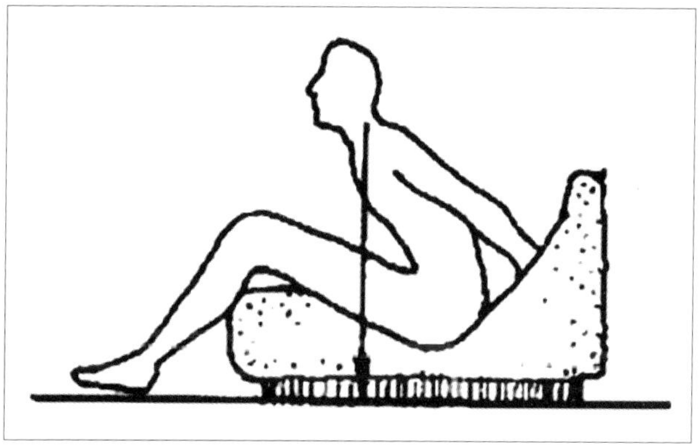

图147 座深过大起立困难

5.座宽

座宽根据人的坐姿及动作而定，往往呈前宽后窄的形状，座宽应使臀部得到全部支撑，并作适当的放宽，便于人体坐势的变换和调整。一般中国男子95%臀宽为334mm，女子为346mm，所以一般座宽应大于380mm。

表40 四种座椅靠背形式及其适用条件(小原二郎等)

名称	支承特性	支承中心位置	靠背倾角	座面倾角	使用条件
低靠背	1点支承	第三、四腰椎骨	≈93°	≈0°	工作椅
中靠背	1点支承	第八腰椎骨	105°	4°～8°	办公椅
高靠背	2点支承	上：肩胛骨下部	115°	10°～15°	大部分休息椅
		下：第三、四腰椎骨			
全靠背	3点支承	高靠背的2点支承再加头枕	127°	15°～25°	安乐椅、躺椅等

对于有扶手的靠椅，要考虑人体手臂的扶靠，以扶手的内宽作为座宽，其尺度以人体肩宽为依据（人体最大宽度男子95百分位为469mm），一般座宽应不小于460mm，但也不要过宽，以自然垂臂的舒适姿态为准（图148）。

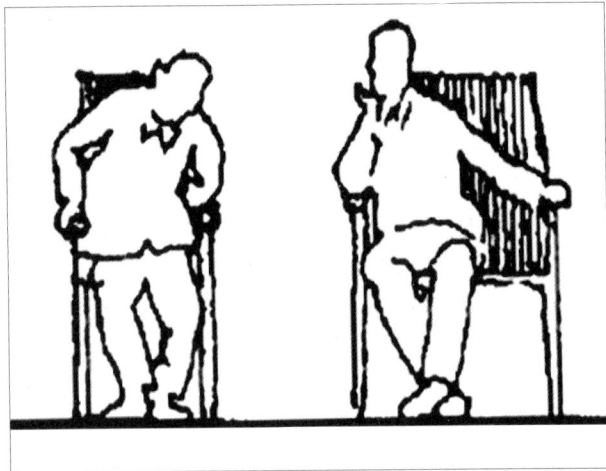

图148　座宽过小与过大

6.扶手

扶手功能主要有：①用手臂支撑起座、调节体位，尤其是躺椅、安乐椅。②支撑手臂重量，减轻肩部负担。③对座位相邻者形成身体和心理上的隔离。

扶手过高，会使肩部被耸起；扶手过低，起不到支撑大小臂的作用，均会使肩部肌肉受力紧张，应避免（图149）。

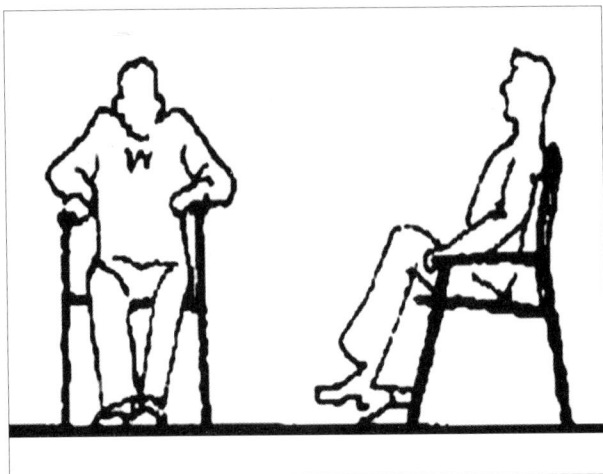

图149　扶手过高与过低

扶手高度宜略小于坐姿肘高（坐姿肘高，女5百分位为215mm，男95百分位为298mm）。一般扶手表面至座面高200～250mm，同时，扶手前端略可升高。

表41　国标《工作座椅一般人类工效学要求》

参数	符号	数值
座高	a	360～480mm
座宽	b	370～420mm 推荐值400mm
座深	c	360～390mm 推荐值380mm
腰靠长	d	320～310mm 推荐值330mm
腰靠宽	e	200～300mm 推荐值250mm
腰靠厚	f	35～50mm 推荐值40mm
腰靠高	g	165～210mm
腰靠圆弧半径	R	400～700mm 推荐值500mm
倾覆半径		195mm
坐面倾角		0°～5° 推荐值3°～4°
腰靠倾角		95°～115° 推荐值110°

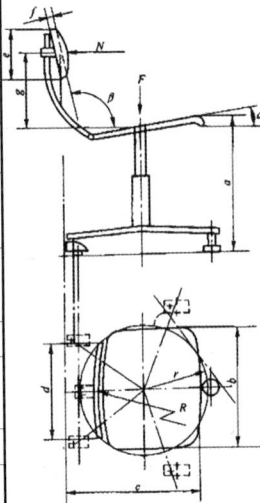

（三）坐垫与靠垫

1.椅垫的生理学评价要素

（1）椅垫的软硬性能（也就是力学性能或机械性能）。

（2）椅垫材质对于体肤的生理舒适性。

2.椅垫的软硬性能

硬椅面使局部体压过大，让人难受。椅垫过厚过软，会使体压过于均匀，不利于通过活动作生理调节，既不舒适，还容易使人提不起精神。在硬座面上加一层薄软垫子，形成软硬适中的椅面才好（图150）。

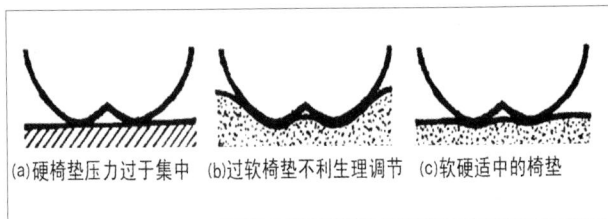

(a)硬椅垫压力过于集中　(b)过软椅垫不利生理调节　(c)软硬适中的椅垫

图150　椅垫的软硬性能

3.椅垫材质的生理舒适性（图151）

（1）椅垫材质的皮肤触感：触感应柔软、暖和、粗糙而不是硬挺、僵冷、光滑。

（2）椅垫的微气候条件：椅垫蒙面材料应该：①透气性良好，能保持皮肤的干爽。②保温性适当，不过强或过弱。③表面不过于光滑，触感好。

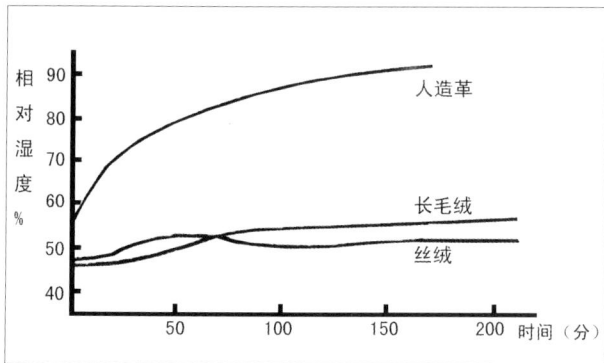

图151 椅垫材料与人体接触面上的湿度状况

二、工作面的高度与办公桌设计

（一）工作面的高度

工作面的高度是决定工作时的身体姿势的重要因素，不正确的工作面高度将引起身体的歪曲，以致腰酸背痛。不论坐着还是站着工作，都存在一个最佳工作面高度的问题，这里要强调的是：桌面高度不一定等于工作面高度，因为工作物本身可能也有一定高度，如打字键盘。

一般设为，手在身前工作时，肘部自然放下，手臂内收呈直角时，作业速度最快。研究表明：最佳工作面高度在人肘下76mm（50～100mm）处（图152）。

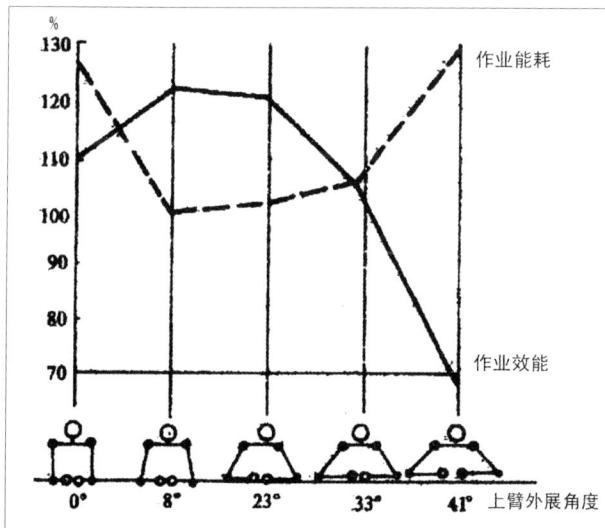

图152 上臂姿势对作业效能和能耗的影响

工作面高度设计按基本作业姿势可分为：

1.站立作业

站立作业的最佳工作面高度在肘以下50～100mm处，男女平均肘高为1050mm、980mm，因此作业面高度男900～950mm，女850～950mm，同时作业面高度还受作业性质的影响。

（1）对于精密工作，作业面应上升到肘以上50～100mm处，以适应眼睛观察距离。同时，给肘部一定支撑，以减轻背部肌肉静态负荷。（男1000～1100mm，女950～1050mm）

（2）若作业体力强度大，作业面应降到肘以下150～400mm处。对于不同的作业性质，必须具体分析其特点，以确定最佳工作面高度（男750～900mm，女700～850mm）（图153）。

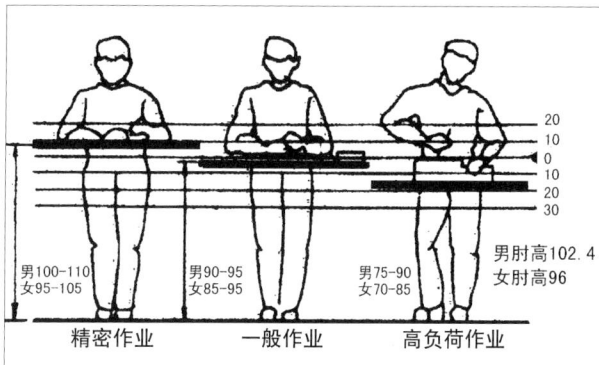

图153 作业性质与工作台高度

站立作业面高度可按身材较高的人设计，此时身材较低的人可用脚垫抬高。也可以矮个为标准，此时身材较高的人要弯腰工作（图154）。

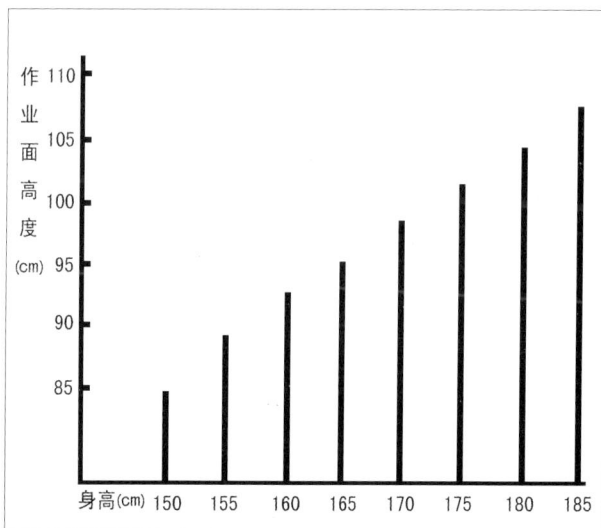

图154 立姿轻负荷作业中身高与作业面高度关系

2.坐姿作业

一般坐姿作业：作业面高度应在坐姿时肘高以下50～100mm处，同样在精密作业时，作业面高度必须增加，这是由于此作业要求手眼之间的精密配合。

打字机工作面最低高度＝膝盖高＋R活动空隙＋工作面厚，其中R为50～70mm（图155）。

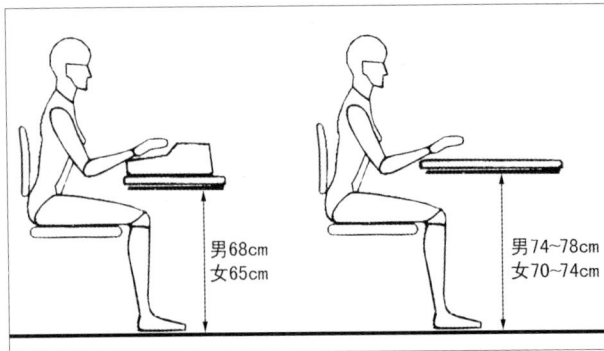

图 155　办公桌高度

3. 坐立交替作业

这种作业符合生理学和矫形学，坐姿解除了站立时人的下肢肌肉负荷，而立姿可放松坐姿引起的肌肉紧张，所以坐立交替可解除部分肌肉的负荷，提高效率。坐立交替设计要求见图156。坐、立交替作业可减少坐、立交换所需的热能。

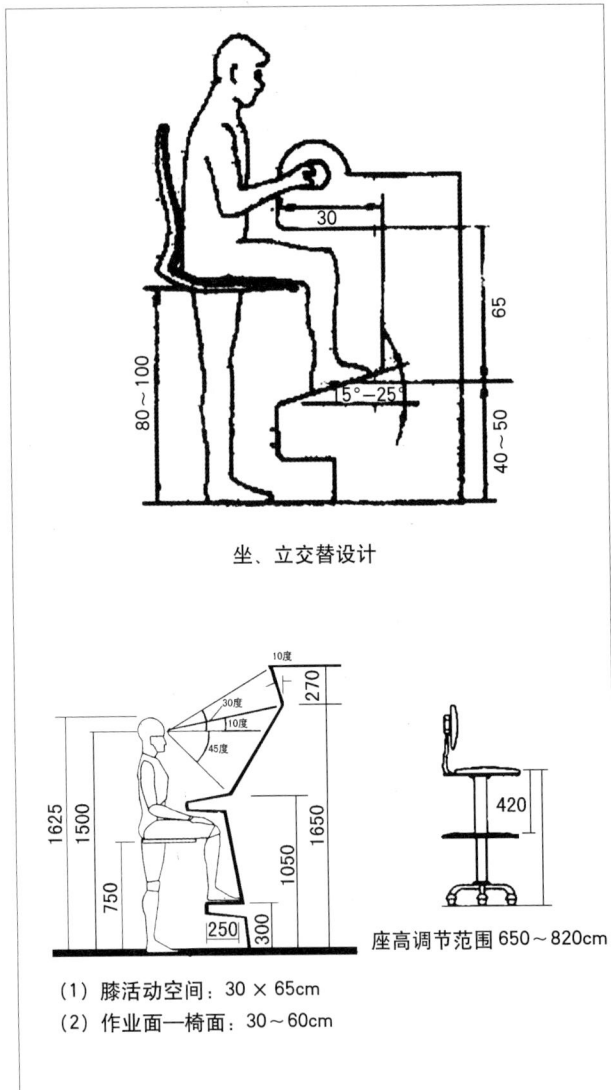

坐、立交替设计

(1) 膝活动空间：30 × 65cm
(2) 作业面—椅面：30～60cm

座高调节范围 650～820cm

图 156

4. 斜面作业

人头的姿势要舒服，视线与水平线之间应有一定夹角，站立时为 23°～34°，坐姿时为 32°～44°。由于视线倾斜的角度包括头的倾斜和眼球转动两个角度，实际的头倾斜角度为坐姿 17°～29°，站立 8°～22°。但在实际生活中，由于设备的原因，头的姿势很难保持在这一角度，因此出现了作业面倾斜的设计。特别是作业面过低时，由于人的头不可能超过30°，人不得不增加躯体的弯曲度，所以倾斜桌面有利于保持躯干自然姿势，避免弯曲过度（图157）。

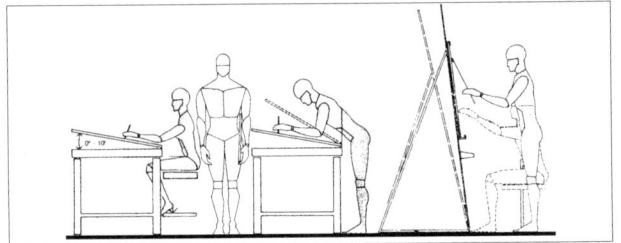

图 157

斜面作业设计要点：

(1) 高度和倾斜度可调。

(2) 桌面前缘高度应在 650～1300mm 之间。

(3) 桌面倾斜度应在 0°～75° 间可调。

(4) 由于桌面斜了，放东西就困难，这一点在设计中应予考虑。

(二) 办公桌的功能尺寸

1. 桌面高度（桌椅配合）

桌面过高使人难受，它还是引起青少年近视的原因之一。桌面过低，则工作时脊柱曲度加大，腹部受压，妨碍呼吸和有关部位的血液循环，颈椎弯曲尤其厉害。

桌高的确定方法：桌高 = 座高 + 桌面椅面高度差（桌高 700～760mm）

桌高 = 座高 + 桌椅高度差

大量研究表明，合理的桌椅高度差（C_{zy}）可依据坐姿的"坐高"确定，例如：

书写用的桌子，C_{zy} =（坐高 / 3）-（20～30）mm

学生用的桌子，C_{zy} =（坐高 / 3）-10mm，等

所以中等身材男子、女子书写用桌的桌高如下：

书写用桌高 = 座高 + C_{zy} = 座高 +（坐高 / 3）- 20mm

对 50 百分位数身高的男子，座高 $_{50男}$ =422mm

坐高 $_{50男}$ =908mm

（请注意"座高"与"坐高"的区别）

所以书写用桌高 $_{50男}$ =［422+（908 / 3）- 20］mm=705mm

对 50 百分位数身高的女子，座高 $_{50女}$ =386mm

坐高$_{50女}$=852mm

所以书写用桌高$_{50女}$=［386+（852/3）−25］mm=655mm

因为办公桌与书写专用桌略有区别,也难以区别男用或女用。GB/T 3326−1982规定桌高范围为H=700~760mm,级差$\triangle S$=20mm。

2.中屉深度

桌高降低到700~760mm,使中间抽屉(简称中屉)深度减小。(80~100mm)

桌椅高度差的尺寸组成为:

$a−b+x+c+d+e+f$,式中:

a—桌椅高度差

b—桌子面板的厚度

x—中屉的深度

c—中屉底板的厚度

d—坐姿人体尺寸"3.6坐姿大腿厚"

e—穿衣修正量

f—中屉下面大腿的（小幅度）活动空间

对中等身材的男子,应该有:

a=［(908/3)−20］mm=283mm,d=130mm,设取b=20mm,c=10mm,e=(2×6mm)=12mm,f=30mm,于是得到:x=［283−20−10−12−130−30］mm=81mm。

可见新式办公桌的中屉深度仅80mm左右,相当浅。

3.办公桌尺寸的相关规定

⑴ 双柜写字台长1200~1400mm,宽600~750mm。

⑵ 单柜写字台长900~1200mm,宽500~600mm。

⑶ 长度级差为100mm,宽度级差为50mm,一般批量生产的单件产品均按标准选定尺寸,但对组合框中的写字台和特殊用处的办公桌不受此限制。

⑷ 餐桌、会议桌以人均占周边长为准进行设计,一般人均占550~580mm,较舒适为600~750mm。(注:男最大肩宽95百分位为469mm)。

⑸ 桌下净空高于双腿交叠起时的膝高,并留有一定活动余量,如有抽屉,抽屉不可太厚,桌面到抽屉底距离不应超过桌椅高差的1/2（一般抽屉厚120~150mm）。桌下容膝空间净高大于580mm,净宽大于520mm（男膝高95百分位为532mm）。

（三）立式用桌（台）

如售货柜台、讲台、服务台等,立式用桌下部可不设容膝空间,因此桌下可用于贮藏柜用,但底部应设容足空间,以利于人紧靠桌台的需要,这个容足空间高为80mm,深为50~100mm。

三、卧具（床）设计

（一）床的尺寸

人睡眠时经常辗转反侧,人的睡眠质量与床的大小和床垫软硬有关（温度、湿度、照明、通风、精神心理因素等也会影响睡眠质量）（图158）。

图158

1.床宽

当床较窄时,由于担心翻身掉下的心理影响,使人不能熟睡。一般床宽应为肩宽的2.5倍左右（男子肩宽95百分位为469）,即1000mm,单人床最小不能小于700mm,双人床1200~1500mm。

2.床长

L=H（身高）×1.05+A头前余量+B脚后余量,男子95百分位身高为1775mm,国标规定,成人用床净长一律为1920mm。对于宾馆用床,一般不设床架,便于特高客人需要,可以加接脚凳（图159）。

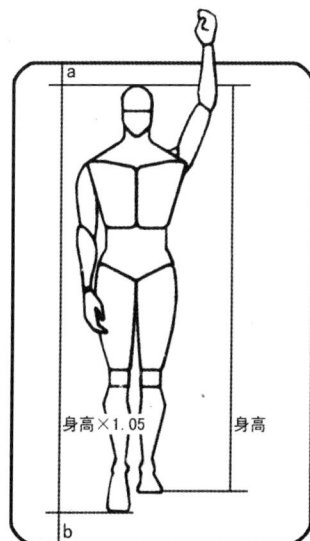

身高×1.05　身高

图159

3.床高

一般与座椅高一致，使床同时具有坐卧的功能，一般床高400～500mm。

双层床层间净高必须保证下铺使用者的就寝和起床有足够的动作空间，但不可太高，过高会造成上下的不便及上层空间的不足。按国标规定，双层床底层离地高不大于420mm，层间净空不小于950mm（注：男子坐高95百分位为958）（图160）。

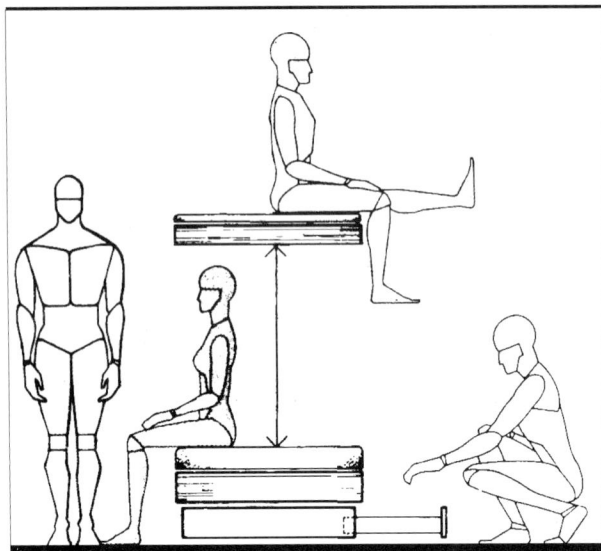

图160

（二）褥垫与躺卧的解剖生理因素

1.仰卧时的身体形态与褥垫

健康人站立和仰卧时自然合适的背部曲线如下图所示。这种全身放松的状态有利于安然入睡（站立时腰部向前突出60mm，仰卧时腰部向前凸出20～30mm）（图161）。

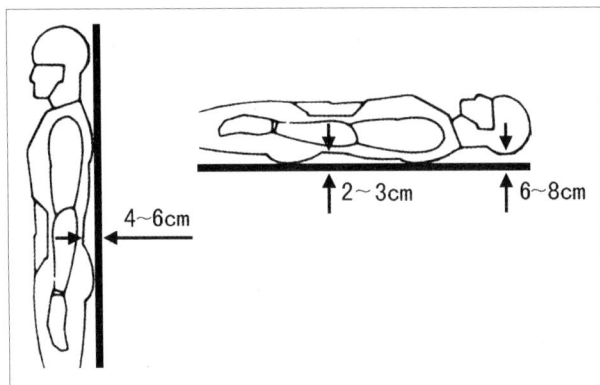

图161　站立和睡眠时背部形态差异

过于柔软的褥垫使人睡觉时肩部和臀部下沉过多，人体背部曲线显现不自然状态，不利于进入深度睡眠状态。

仰卧时的透视照片（图162）。

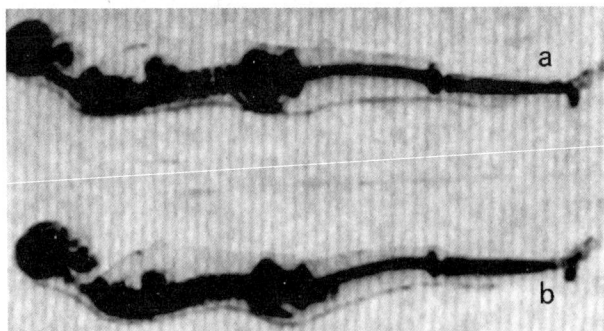

图162

2.仰卧时的体压

与座椅一样，人体在卧姿时的体压是决定体感舒适的主要原因之一，当床面过硬时，压力集中于几个小区域，造成局部血液循环不好，肌肉受力不适等；而床面过软，使背部和臀部下沉，腰部突起，形成骨骼结构的不自然状态，人体各部位均受同样的压力，时间过长产生不舒适感，需通过不断翻身来调整人体敏感部位的受压状况。而敏感部位受压较小时，这种压力分布才合理，故床的软硬更应适中（图163）。

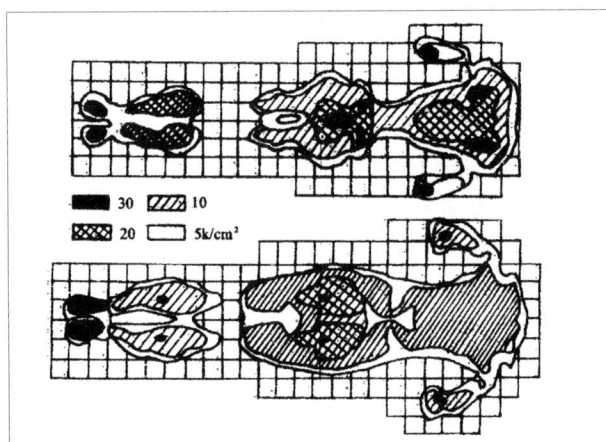

| ■ | 30 | ⫻ | 10 |
| 𝄜 | 20 | □ | 5k/cm² |

图163

为了使体压分布合理，床垫常由不同材料的三层结构组成，上层与人体接触部分采用柔软材料，中层较硬，下层用有弹性的钢丝弹簧构成，这样有利于保持自然和良好的卧姿（图164）。

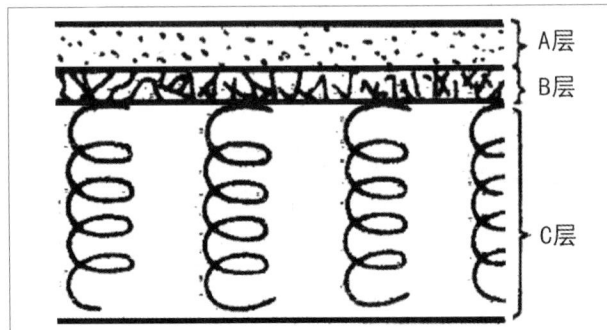

A层
B层
C层

图164

（三）枕头

适宜的枕头高为 60～80mm（指使用压缩后的高度）。枕头选材时应注意有弹性、散热性、透气性。

四、贮存类家具

这类家具的功能设计应考虑人和物两个方面：一方面要求贮存空间划分合理，方便人们存取，有利于减少疲劳；另一方面要求家具存贮方式合理，贮存数量充分，满足存放条件。

1.贮存类家具与人体尺寸的关系

家庭贮存类家具应适应妇女的使用要求，我国柜高限度为1850mm。在1850mm以下，根据动作行为和使用的舒适性及方便性，可分为两个区，第一区为以人肩为轴（高1328mm），上肢为半径的活动区域650～1850mm，此区是存取物品最方便的区域；第二区从地面到手臂垂下手指尖的距离0～650mm），该区存贮物品不便，人必须蹲下操作而且视阈不好，一般放较重且不常用物品。若要扩大贮存空间，可用1850mm以上区域存放较轻且不常用物品（图165）。

在上述区域可设搁板、抽屉、挂衣棒等。除考虑物品尺寸外，贮存类家具设计时还要考虑人的视线（如抽屉）及合材问题。

表42反映了家具中搁板、抽屉、门的可选高度范围。

表42　搁板、抽斗、门的高度范围

	搁板		抽斗		扯门	侧开门		上翻门		下翻门	
	适用范围立	舒适范围坐	适用范围立	舒适范围坐	适用范围	适用范围	适用范围	适用范围	适用范围	适用范围	适用范围
尺寸位置	搁板上皮		抽斗上缘		执手	执手		门上缘		门上缘	

（纵坐标尺寸：100～2200mm）

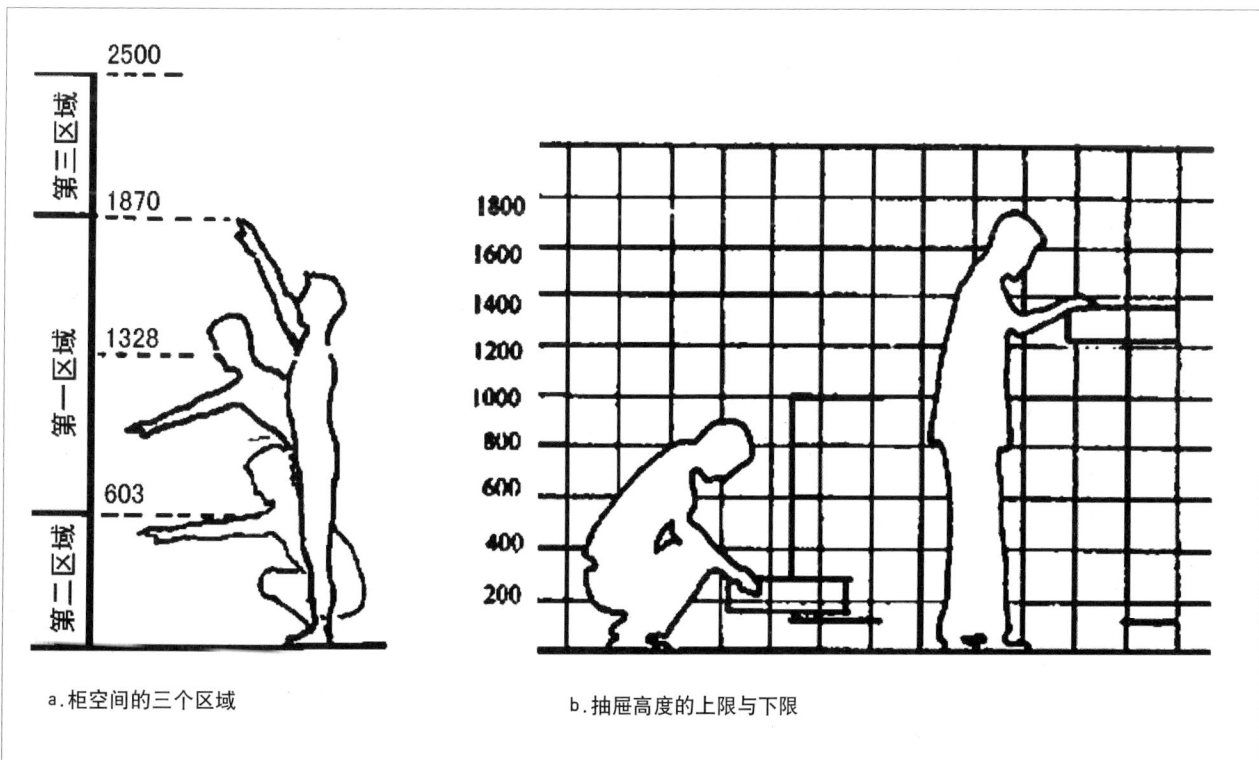

a.柜空间的三个区域

b.抽屉高度的上限与下限

图165　家具与人体尺寸的适应性

2.贮存类家具与贮存物的关系

生活中的各种物品丰富多彩，其尺寸不一，形式多异，贮存时力求做到有条不紊，分门类别地存放，从而达到节约空间、美化室内环境的作用。各类物品尺寸见下图（图166～168）：

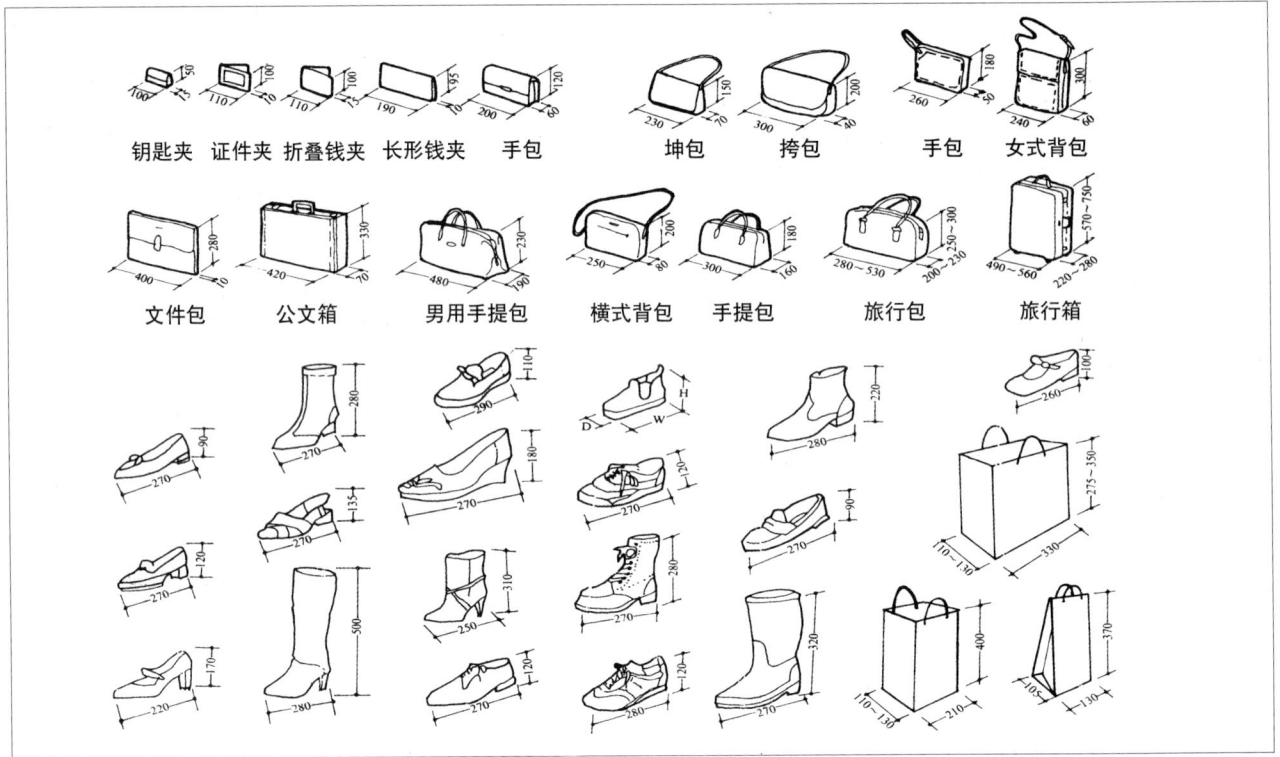

图 166

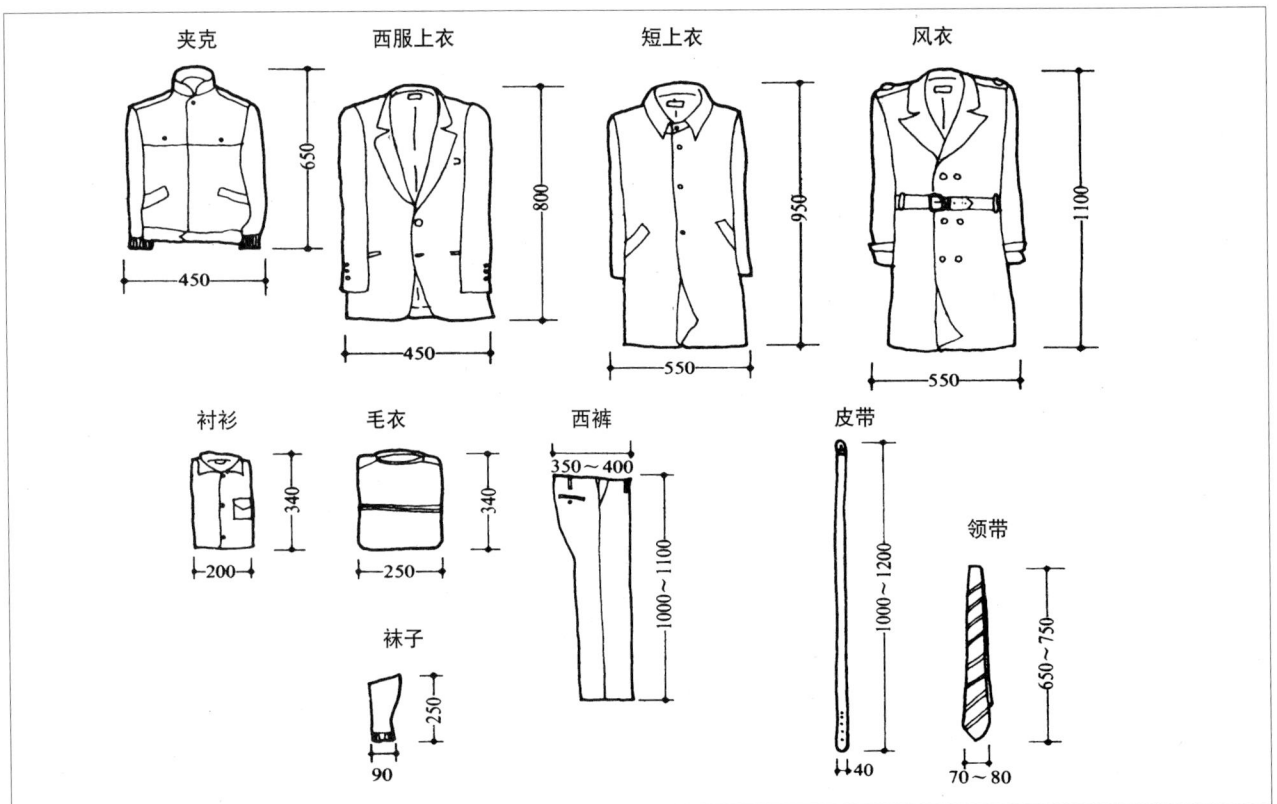

图 167

图 168

类别	限定内容	尺寸范围(mm)
衣柜	宽	>500
	挂衣棒至底板	>850(短衣)
		>1350(长衣)
		>450(叠衣)
	顶层抽屉上层	<1250
	底层抽屉下沿	>80
	抽屉深	400~500
书柜	宽	450~900
	深	300~400
	高	1200~1800
	层高	≥220
文件柜	宽	900~1050
	深	400~450
	高	1800

表43

国标对柜类家具的部分尺寸规定（表43）：

附：家具在室内空间中的作用

1.组织空间，决定空间性质。

2.分隔空间，含活动式和固定式分隔。

3.填补空间角落。

4.体现空间风格的重要载体。

5.调节空间色彩，活跃空间。

6.装饰空间（此类家具的作用不是为了使用而是装饰）。

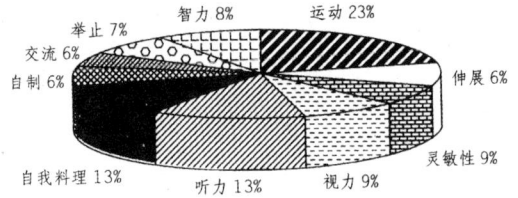

举止 7%　　智力 8%　　运动 23%
交流 6%
自制 6%　　　　　　　　　　　　　伸展 6%

灵敏性 9%

自我料理 13%　　听力 13%　　视力 9%

第三节　无障碍设计

一、残疾人与环境障碍

1.残疾人

残疾人是指在心理生理、人体结构上、某种组织、功能丧失或不正常,全部或部分丧失以正常方式从事某种活动能力的人。

我国残疾人分为五类,视力残疾、听力和言语残疾、智力残疾、肢体残疾、精神病残疾。我国各类残疾人约5164万,其中视疾755万,精神病残疾194万(表44)。

人类致残原因:战争、自然灾害、交通事故、疾病、污染等。

2.环境障碍的由来

通过调查表明,妨碍残疾人参与社会生活的环境障碍主要是人行道路口的缘石、过街天桥、地道、建筑的阶梯,还有比较窄的出入口、楼梯、厕所、浴室的地面及使用不便的设施,服务柜台及售票窗口不适合的高度等(图169)。

表44　从能力障碍看残疾人区别

能力障碍	残疾区别		基本状态
信息障碍	感觉器官障碍	视觉残疾	包括色盲、色弱、全盲、弱视
		听觉残疾	信息源以视觉为主
		触觉残疾	依赖视觉
		听力/语言残疾	依赖于文字及标志等
行动障碍	下肢动作障碍	轮椅+扶助者	移动时需帮助
		手动轮椅	可独立运动
		电动轮椅	可独立运动
		拐杖	有步行及移动能力
		假肢	可以步行
		其他	采用特殊器械
	视觉障碍导致的行动障碍	靠扶助	移动时需以某种方式引导
		导盲犬	主要为外出时使用
		盲杖	主要为室外使用
		其他	可不使用盲杖的弱视者
细致动作障碍	上肢动作障碍	假手	有可动式和不可动式
		电动假手	目前应用较少
		其他	采用特殊器具和工具
	智力或精神障碍	需要帮助	属经常性
		只需辅助	指生活中的一部分

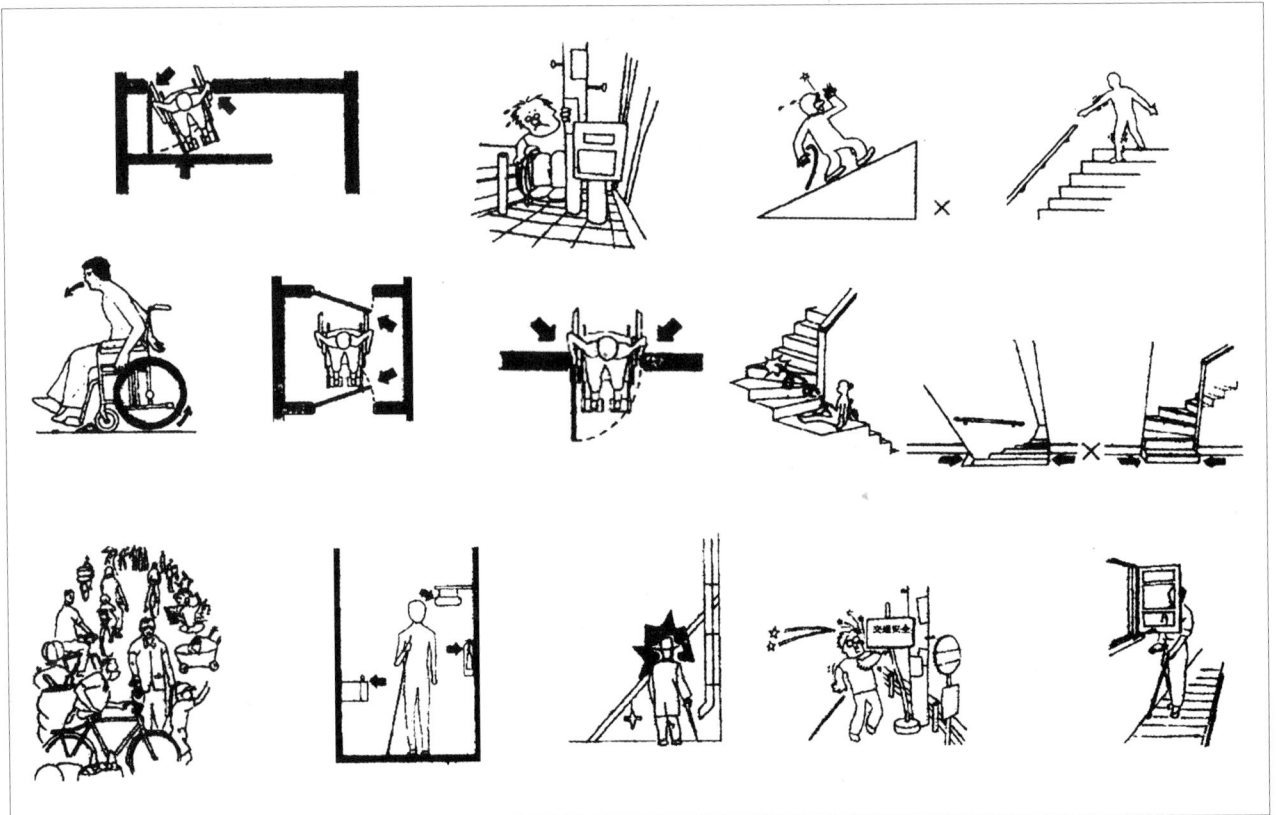

图169

(1) 视觉、听力残疾者的特点（表45）

(2) 肢体残疾者的特点（表46）

(3) 残疾人尺度

表45　环境的障碍与设计对策

人员类别		动作特点	环境中的障碍	设计对策
视力残疾者	盲	1.不能利用视觉信息定向、定位地从事活动，而均需借助其他感官功能了解环境、定位，定向地从事活动 2.需借助盲杖行进，步速慢，在生疏环境中易产生意外损伤	1.复杂地形地貌缺乏导向措施，人行空间内有意外突出物 2.旋转门、弹簧门、手动推拉门 3.只有单侧扶手或不连贯的楼梯 4.拉线式灯开关	1.简化行动线，布局平直 2.人行空间内无意外变动及突出物 3.强化听觉、嗅觉和触觉信息环境，以利引导（如扶手、盲文标志、音响信号等） 4.电气开关有安全措施，且易辨别，不得采用拉线开关 5.已习惯的环境不轻易变动
	低视力	1.形象大小、色彩反差及光照强弱直接影响视觉辨认 2.借助其他感官功能有助于行为动作的安排	1.视觉标志尺寸偏小 2.光照弱、色彩反差小	1.加大标志图形，加强光照，有效利用反差，强化视觉信息 2.其余可参考盲人的设计对策
听力及语言障碍		1.一般无行动困难，单纯语言障碍者困难更少 2.在与外界交往中，常借助增音设备 3.重听及聋者需借助视觉及震动信号	1.只有常规音响系统的环境，如一般影剧院及会堂 2.安全报警设备，视觉信息不完善	1.改善音响信息系统，如在各类观演厅、会议厅设增音环行天线，使配备助听器者改善收音效果 2.在安全疏散方面，配备音响信号的同时，完善同步视觉和震动报警

表46　环境的障碍与设计对策

人员类别		动作特点	环境中的障碍	设计对策
肢体残疾者	上肢残疾	1.手活动范围小于普通人 2.难以承担各种精巧动作，持续力差 3.难以完成双手并用的动作	对球形门执手、对号锁、钥匙门锁、门窗插销拉线开关以及密排按键等均难以操作	1.设施选择应有利于减缓操作节奏、减少程序、缩小操作半径 2.采用肘式开关、长柄执手、大号按键，以简化操作
	偏瘫	半侧身体功能不全，兼有上下肢残疾等特点，虽可挂杖独立跛行，或乘坐特种轮椅，但动作总有方向性，依靠"优势侧"	1.只设单侧扶手或不易抓握扶手的楼梯 2.卫生设备的安全抓杆与优势侧不对应 3.地面滑而不平	1.楼梯安装双侧扶手并连贯始终 2.抓杆与优势侧相对应，或双向设置 3.采用平整不滑的地面做法
	下肢残疾独立乘轮椅者	1.各项设施的高度均受轮椅尺寸约束 2.轮椅行动快速灵活，但占用空间较大 3.卫生间设施需设支持物，以利移位和安全、稳定	1.台阶、楼梯、高于500mm的门槛、路缘、过长的坡道 2.旋转门、强力弹簧门以及小于800mm净宽的门洞 3.光滑残疾人专用的卫生间及其他设施 4.阻力较大的地面如长绒地毯	1.门、走道及所行动的空间均以轮椅通行为准 2.上楼应有适当的升降设备 3.按轮椅乘用者的需要设计残疾人专用卫生间设备及有关设施 4.地面平整、尽可能不选用长绒地毯
	下肢残疾挂杖者	1.攀登动作困难，水平推力差，行动缓慢，不适应常规行动节奏 2.挂双杖者，只有坐姿时，才能使用双手 3.挂双杖者行走时幅宽可达950mm 4.使用卫生设备常需支持物	1.级差大的台阶，有直角突缘的踏步，较高较陡的楼梯及坡道，宽度不足的楼梯及门洞 2.旋转门、强力弹簧门 3.光滑、积水的地面宽度>20mm的地面缝隙和>20×20mm的孔洞 4.扶手不完备，卫生设备缺支持物	1.地面平坦、坚固、不滑、不积水、无缝隙及大孔洞 2.尽量避免使用旋转门及弹簧门 3.台阶、坡道平缓，设有适宜扶手 4.卫生间设备安装支持物 5.利用电梯解决垂直交通问题 6.各项设施安装要考虑残疾人的行动特点和安全需要 7.通行空间要满足挂双杖者所需宽度

(1) 正面宽

轮椅宽650mm,加上行进时的双手操作需800mm;挂双拐者宽幅为900mm,行进时需1200mm;视力残疾者用盲杖行进的幅宽为900mm(图170)。

(2) 侧面宽

乘轮椅者侧面宽为1100～1120mm;挂双拐者为600～700mm。

(3) 眼高

乘轮椅者眼高约为1100mm;挂双拐者姿势向前倾斜、眼位稍低,平均约为1500mm(图171)。

(4) 旋转180°

健全人旋转180°需直径600mm的圆面积;乘轮椅者以轮椅中心旋180°需直径1500mm的圆面积;挂双拐者旋转180°需直径1200mm圆面积;盲人借助盲杖旋转180°需直径1500mm的圆面积(图172)。

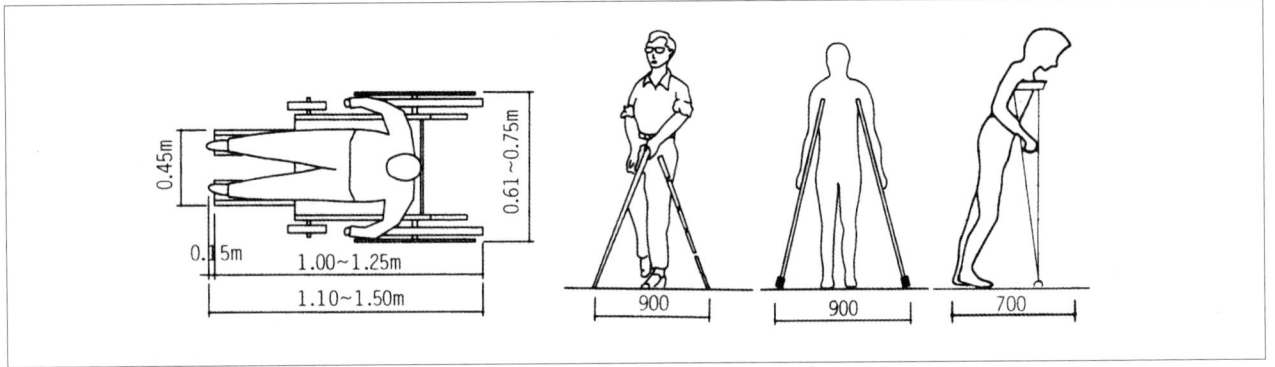

图170

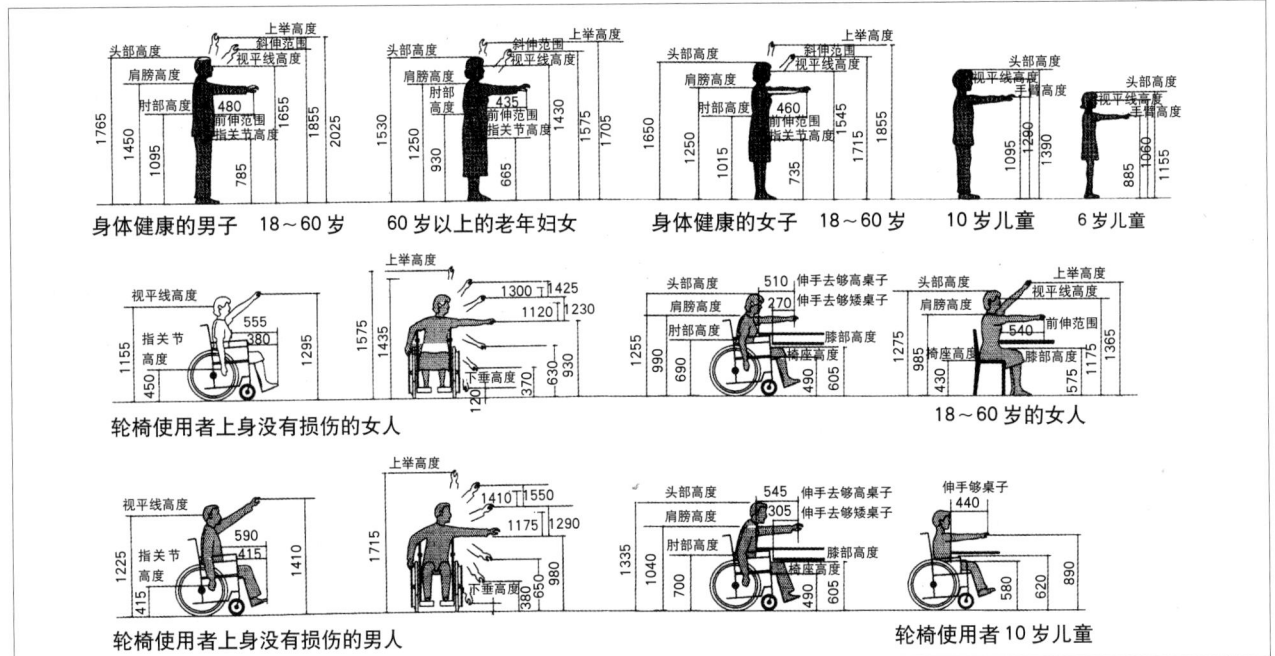

图171

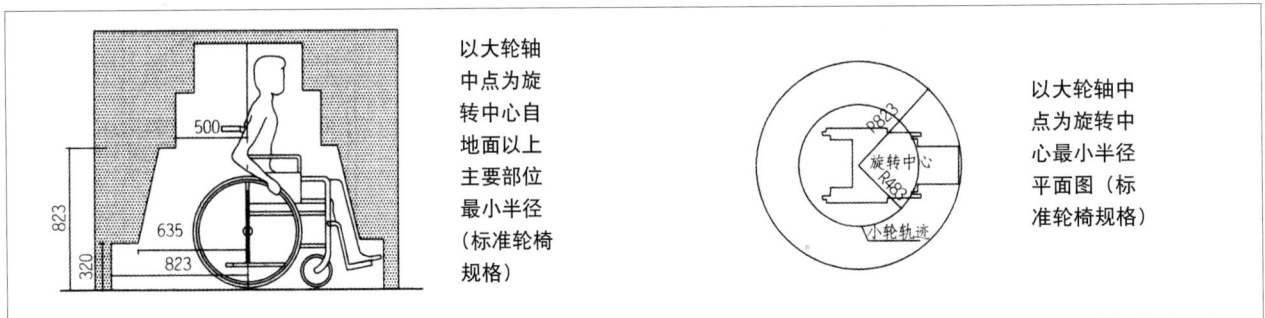

图172

(5) 水平移动

健全人 1m/s；手动轮椅 1.5～2m/s ；挂双拐者 0.7～1m/s。

(6) 垂直移动

健全人跨150～200mm的台阶没问题。乘轮椅者的台阶应控制在20mm以下。挂拐者每级台阶不高于120mm。因此，解决残疾人垂直运动方式是在台阶一侧建供轮椅能

行的坡道，其坡度室内1/12，室外1/12～1/20。

(7) 手的范围

残疾人的摸高为1500～1350mm，手向侧面伸出可触及 600mm 以内的物体。

(8) 残疾人对各种设施的使用尺度（图173）

(9) 残疾人行走的辅助工具尺寸：手动轮椅；助行架与拐杖（图174）。

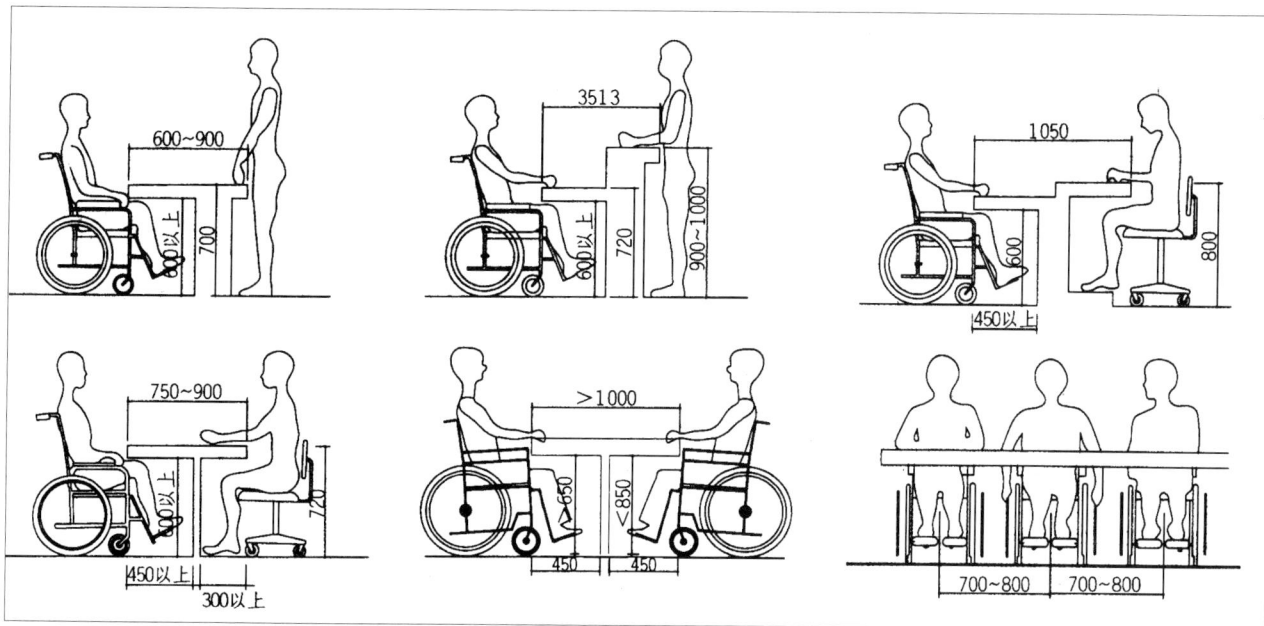

图 173

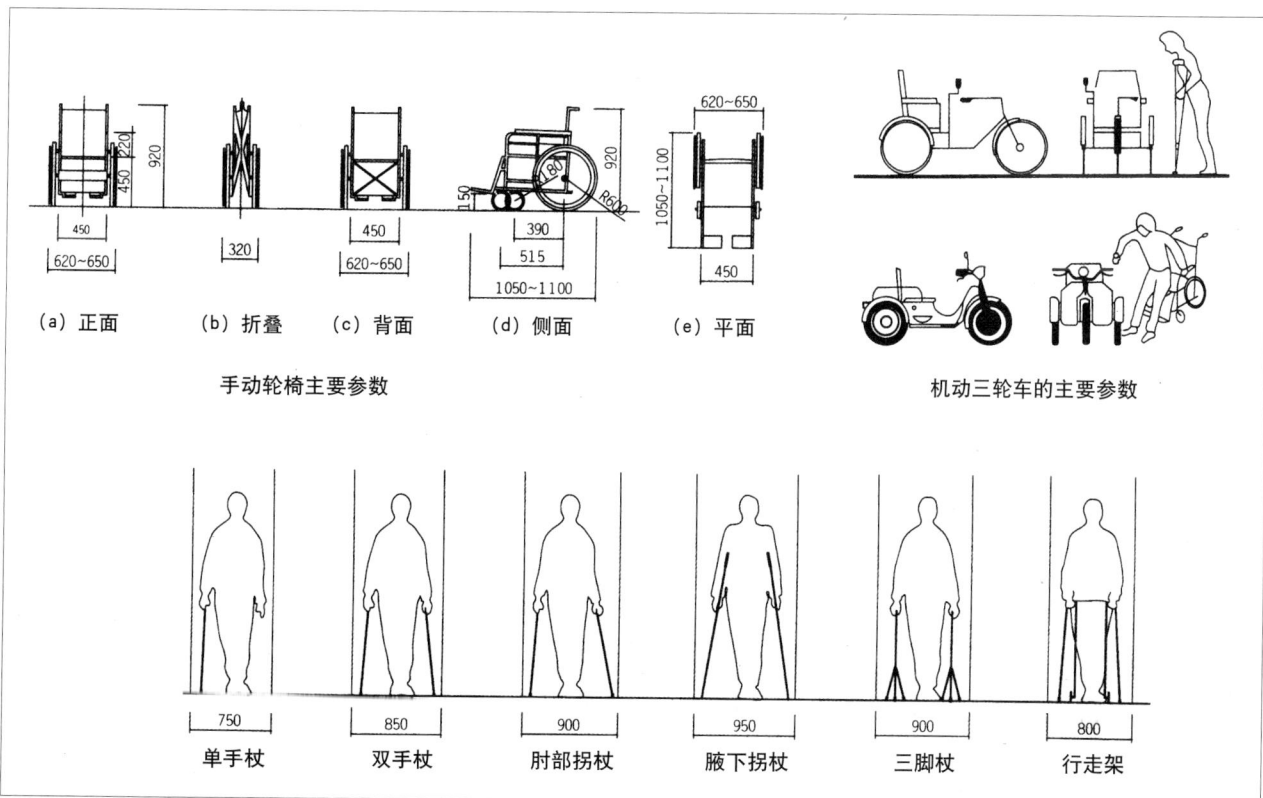

(a) 正面　(b) 折叠　(c) 背面　(d) 侧面　(e) 平面

手动轮椅主要参数　　　　　　　机动三轮车的主要参数

单手杖　　双手杖　　肘部拐杖　　腋下拐杖　　三脚杖　　行走架

图 174

二、建筑设施中的无障碍设计

1.坡道

坡道是用于联系地面不同高度的通行设施，其形式有直线形、L形、U形。为了避免轮椅在坡面上的重心产生倾斜而摔倒。坡道不应设计成圆弧形。在坡道两端和转向处的水平段，应设深度不小的缓冲地段（表47）。

表47　坡度与高度及水平的最大容许值

坡度(高／长)	1/20	1/16	1/12	1/10
最大高度(m)	1.50	1.00	0.75	0.60
水平长度(m)	30.00	16.00	9.00	6.00
坡度(高／长)	1/8	1/6	1/4	1/2
最大高度(m)	0.35	0.20	0.08	0.04
水平长度(m)	2.80	1.20	0.32	0.08

坡道坡度不应大于1/12。有条件的话可做成1/16或1/20（图175）。

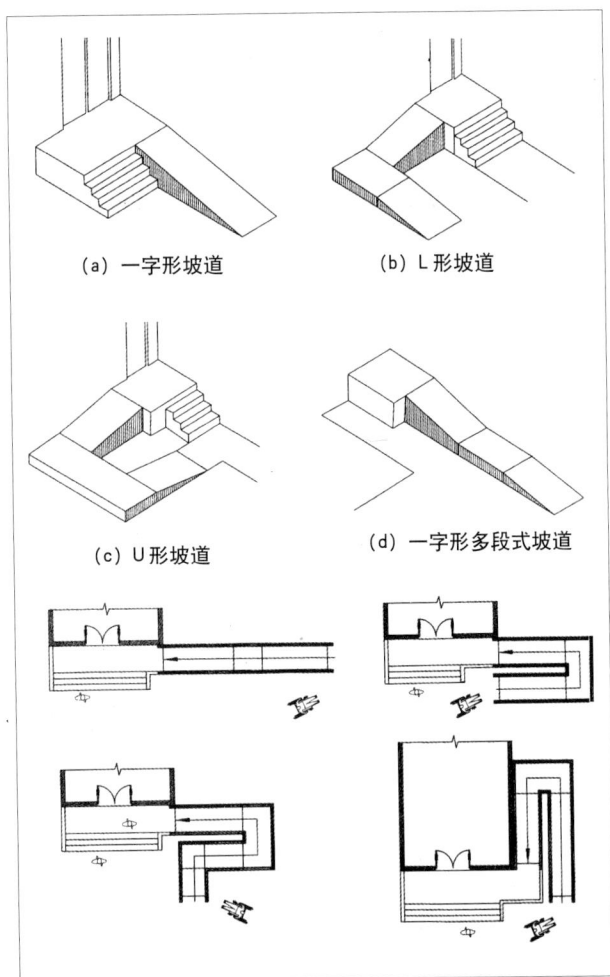

(a) 一字形坡道　　(b) L形坡道

(c) U形坡道　　(d) 一字形多段式坡道

图175

对于1/12的坡道，每段坡最大高度为750mm。此时坡道水平长度为9000mm。当高差超过于750mm时，需在坡道中间设深度为1500mm的休息平台。同时，坡道的高度与水平长度最大允许值与坡度有关。

坡道宽度可依据坡道长短和通行量而定，当坡道短而通行量少时，室内坡道不小于1000mm，以保证一轮椅的通行；室外坡道宽1200mm，以保证一轮椅和一人侧行。当坡道长且流量大时，室内坡道宽最小为1200mm；室外为1500mm，以保证两轮椅相对而行。坡道要求坚实、平整、不光滑，一般不设防滑条，坡道两侧设850mm高的扶手，扶手两端要水平延伸300mm以上。

坡道入口或醒目地段应设国际无障碍标志。

2.出入口及门

门的开启方式设计需考虑残疾人在使用上的方便性，适用于残疾人的门在顺序上是：自动门、推拉门、折叠门、平开门、轻度弹簧门（图176）。

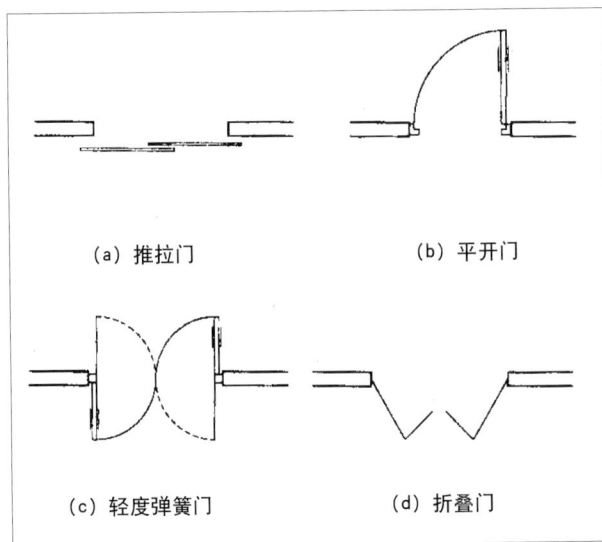

(a) 推拉门　　(b) 平开门

(c) 轻度弹簧门　　(d) 折叠门

图176

门前应留1500mm×1500mm的轮椅回旋空间，门宽800mm以上，自动门门宽在1000mm以上，门厅长度最少为1800mm，以保证轮椅进入后避免对方开门时的碰撞。

为了让乘轮椅者靠近门扇开门，在门侧的墙面要留有宽500mm的空间，当乘轮椅者进门后，需用关门拉手，关门拉手高为900mm。否则，乘轮椅者还要倒回去用门把手，这会给残疾人带来不便（图177）。

门上应设观察玻璃，以利于提前知晓门另一面的情况，以免发生碰撞。门下方设高350mm的护门板（图178）。

残疾人使用的出入口及门厅，应设标志和盲文说明。

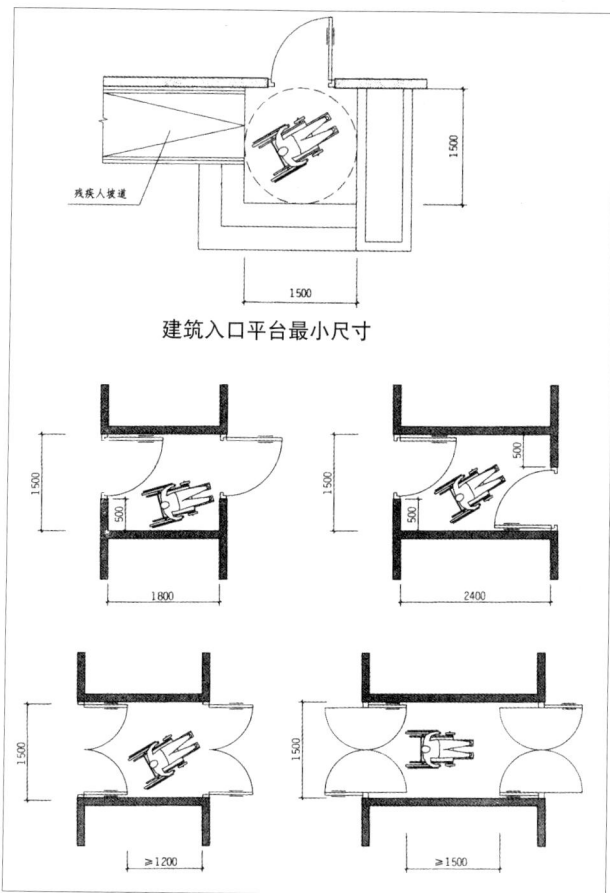

建筑入口平台最小尺寸

图177

3.室内走道

大型建筑室内走道不小于1800mm,中型不小于

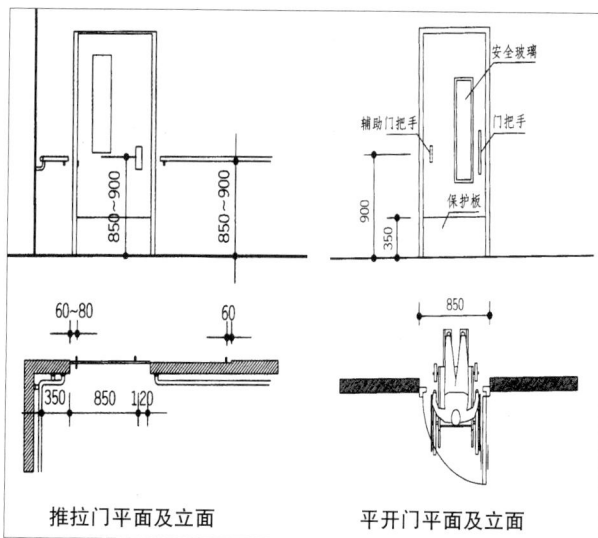

推拉门平面及立面   平开门平面及立面

图178

1500mm,小型不小于1200mm。当走道小于1500时,在走道的末端,应设1500mm × 1500mm的轮椅回旋空间,以便掉头。

走道两侧应设高850mm的扶手,为了避免轮椅的搁脚板在行进时损坏墙面,在走道墙面下方设高350mm的护墙挡板,可用木材、塑料、水泥等制作。

走道转角处的阳角应做成圆弧形或切角形,使转弯处视野开阔,以防止意外碰撞。

当门向走道方向开启时,应设凹室,大小为900mm × 1300mm。

走道地面要平整,不光滑,无积水(图179)。

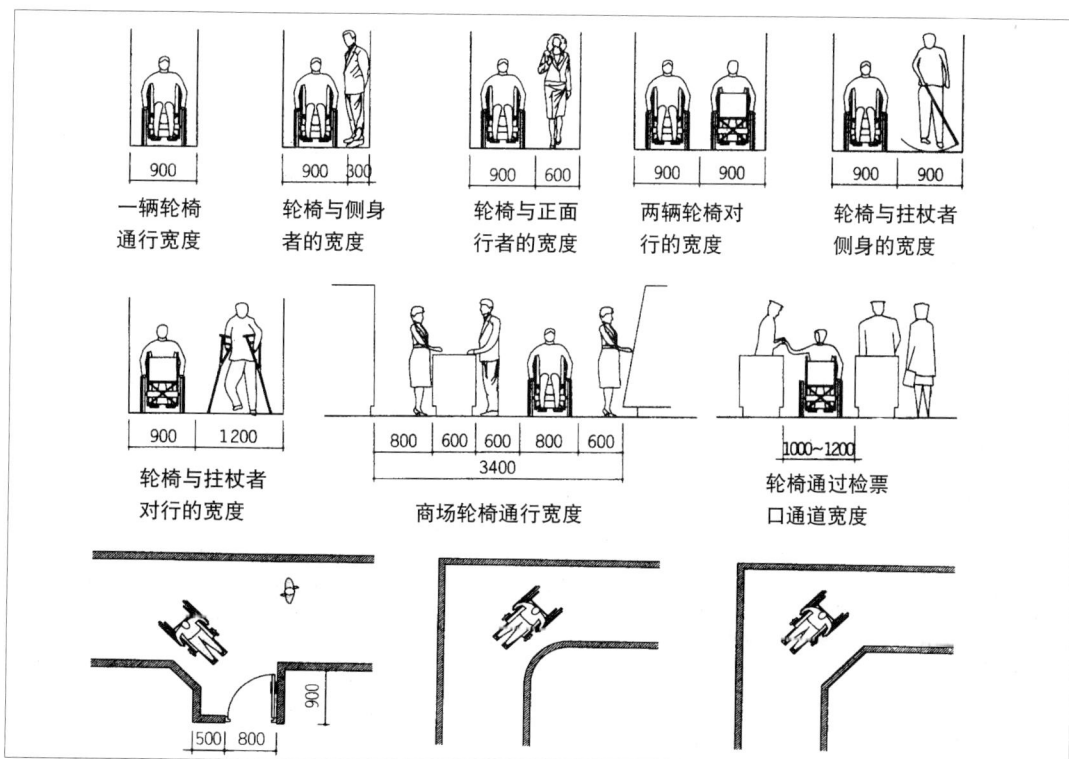

图179

4.楼梯

楼梯形式每层以二跑或三跑直线形梯段为好,避免采用每层单跑楼梯或弧形及螺旋形楼梯,这些楼梯会给残疾人、老人、儿童、妇女带来不便(图180)。

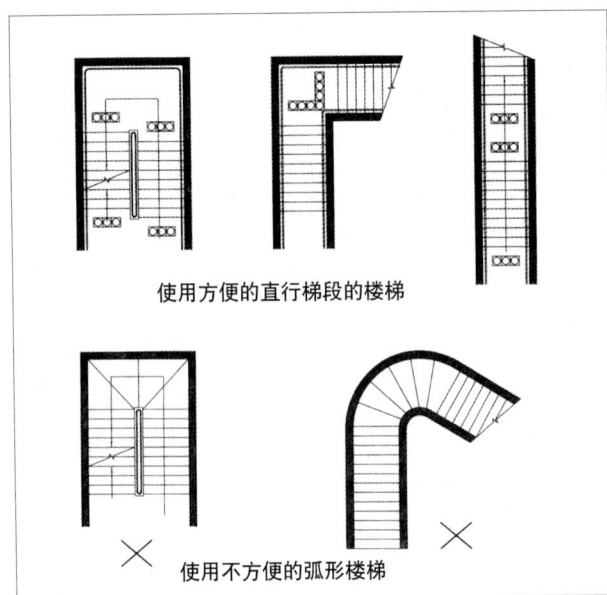

使用方便的直行梯段的楼梯

使用不方便的弧形楼梯

图180

楼梯位置应易于发现,光线要明亮。

梯段净宽和休息平台深度应不小于1500mm,以保证挂拐者与健全人的对行通过,在踏步起点和终点300mm处,应设400~600mm宽的提示盲道,告之视残者楼梯所在位置及踏步起点和终点。

踏面用不光滑材料,并在前缘设防滑条。不能选用没踢面的楼梯,它容易造成将拐杖向前滑出而摔倒致伤。

楼梯两侧设850~950mm高的扶手,并在起、终点处水平延伸300mm,扶手表面贴盲文说明牌,告知视力残疾者所在的层数和位置,扶手下方设高50mm的安全挡台,防止拐杖向侧面滑出造成摔伤(图181)。

5.电梯

乘轮椅者到达电梯厅后要进行回施和等候,因此公共建筑电梯厅深度不应小于1800mm,电梯按钮高900~1100mm,电梯运行层数显示器不小于50mm×50mm,以利于视弱者使用。电梯入口地面应设提示盲道,告知视觉残疾者电梯的准确位置和等候地点。

电梯门应大于800mm,进深1400mm以上,如用1400mm×1100mm的电梯箱,则轮椅只能正进倒出;

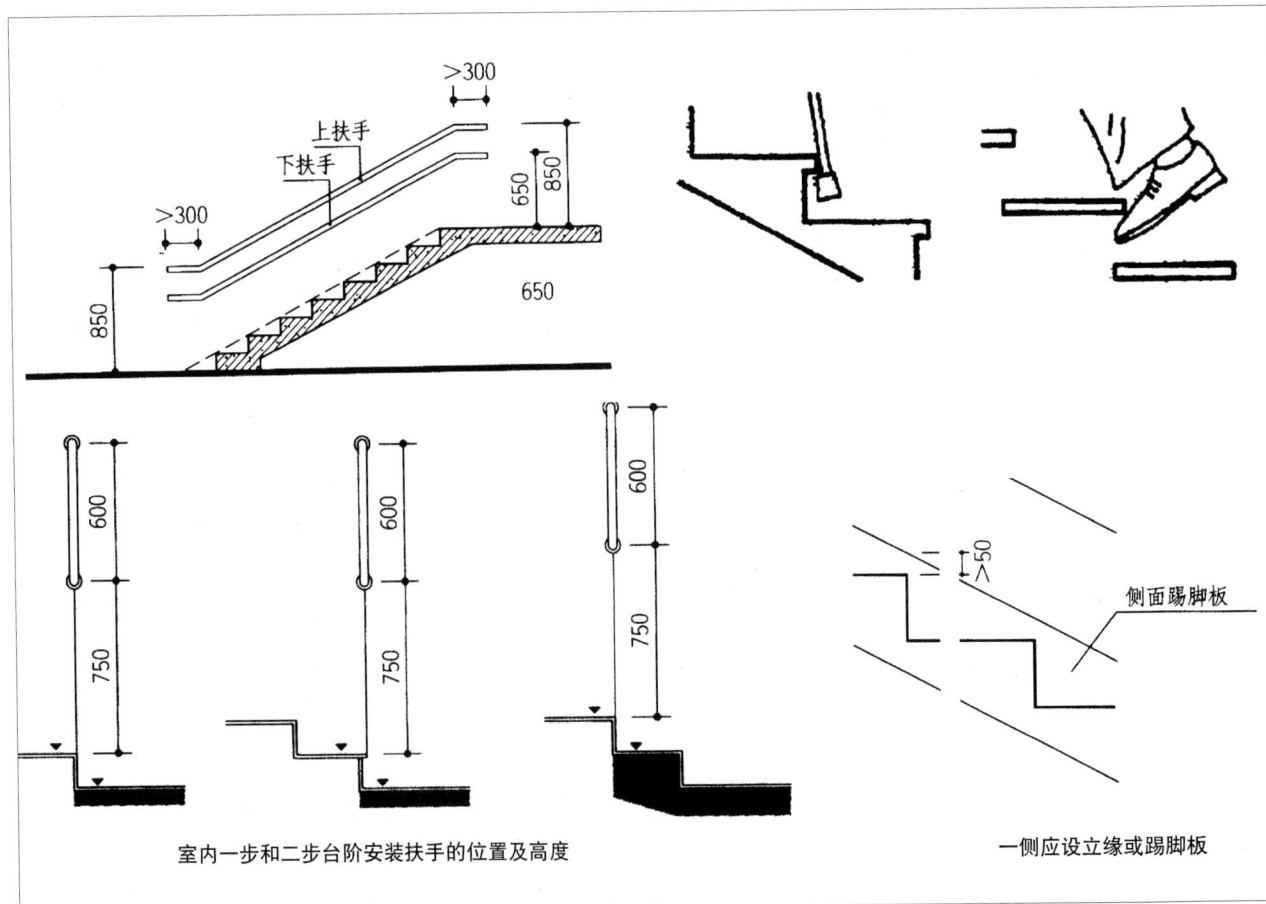

室内一步和二步台阶安装扶手的位置及高度

一侧应设立缘或踢脚板

图181

如用1700mm×1400mm的电梯，则轮椅可转弯而出。

电梯内设850mm高的扶手，选层按钮高900～1100mm，按钮要用有凹凸的阿拉伯数字或盲文数字，还应设报层音响，以给视觉残疾者带来方便。电梯扶手上方要装镜子，以方便乘轮椅者从镜中看到电梯运行的情况，为退出电梯做好准备。

在高层住宅应设一座能使急救担架方便进入的电梯，以利紧急抢救。

建筑入口可设升降平台（图182～184）。

图184　乘轮椅者使用的选层按钮

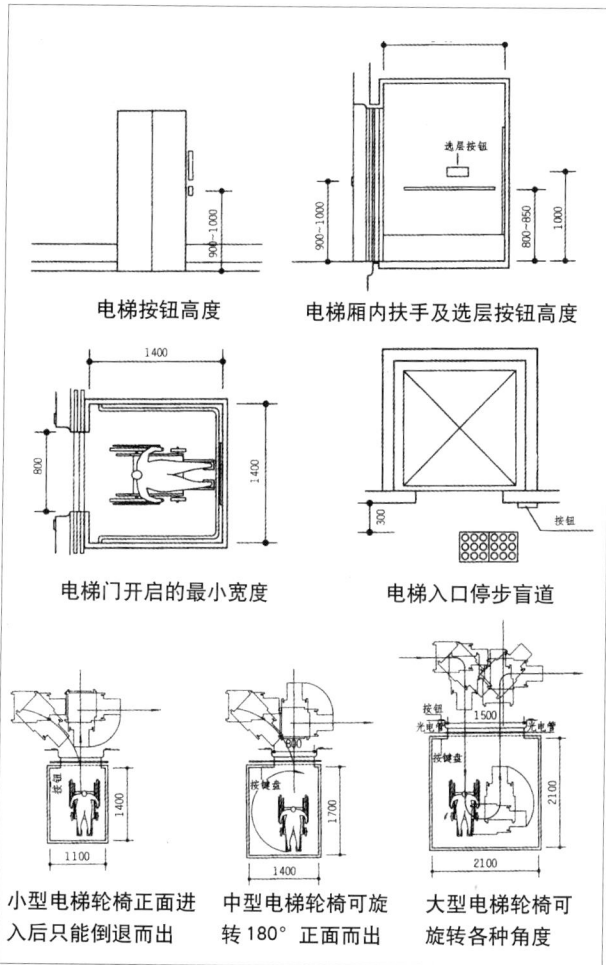

图182

图183　建筑入口升降平台

6.自动扶梯

净宽为800mm，自动扶梯上下入口自动水平板要在3片以上，以使乘轮椅者能更好地使用。

自动扶梯的扶手端部处应留有1500mm×1500mm的轮椅回旋面积。在扶梯入口的栏板上或其他适当部位安装无障碍标志。

乘轮椅者坐自动扶梯，易上难下，因下时为倒退式。目前有一种电梯，只需按下按钮，可使3个踏面（1200mm左右）成为一个完整平面，轮椅可平稳上下（图185）。

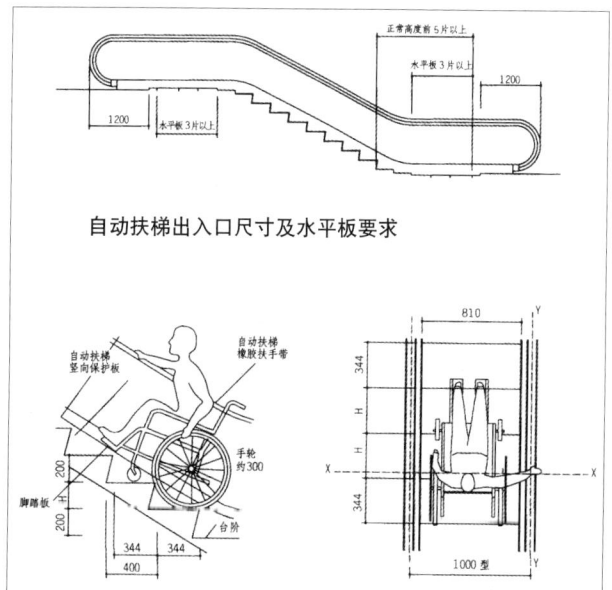

图185

7.公用电话

要求拨号区中心距地900～1000mm，电耙1000mm×1000mm的空地，使轮椅可以接近电话。如是台式电话，在电话下方应设一个高不小于650mm、深度不小于400mm的空间，使轮椅可进入台下靠近电话。

电话前要设盲道，以告知电话所在方位，键上要配有凸出的阿拉伯数字或盲文数字。为方便挂拐者使用，电话旁应设扶手，以利于保持身体平衡，电话旁还应设无障碍标志（图186）。

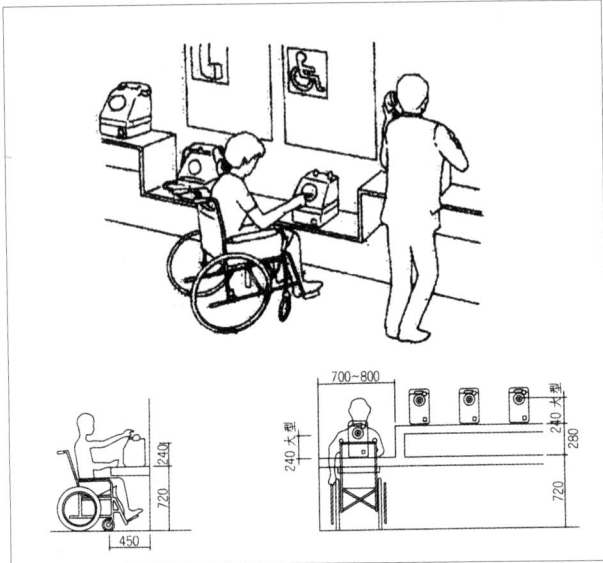

图186

8.扶手

坡道、台阶、楼梯、走道两侧应设扶手，高度为850～900mm。

为了安全和平稳，扶手起点应水平延伸300～400mm，扶手末端应伸向墙里。在水平扶手两端应安装盲文标志，以向视力残疾者提供所在位置及层数信息。

在公众集中场所和幼儿园等处，应安装上下两层扶手，下层高650～700mm。扶手断面应设计成L形，抓握部分直径为38～50mm。当扶手靠墙时，应留有40～50mm的空隙。

在栏杆式扶手的下方，为防止轮椅滑出，应设高为50mm的挡板图（187）。

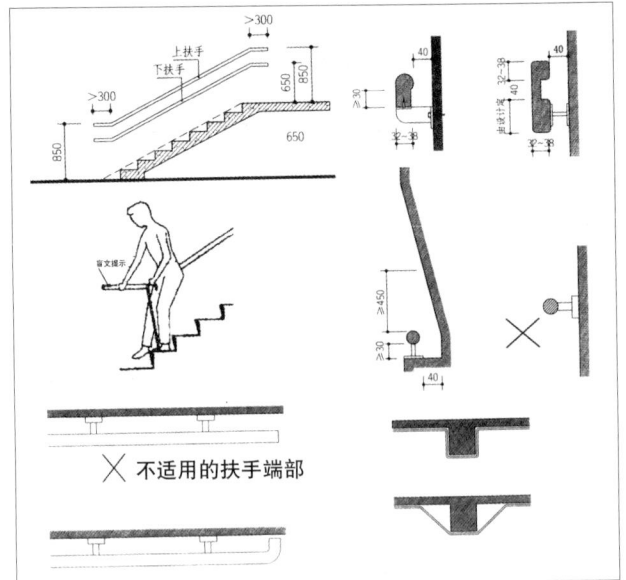

图187

9.厕所

公共厕所中应设男女各一专用厕所，小型厕位为1800mm×1000mm，由于空间不大，轮椅只能进入而不能旋转角度，只能从正面对着坐便器进行身体转移，最后倒退出厕位。大型厕位为2000mm×1500mm，轮椅进入后可回转，轮椅可在坐便器侧面靠近平移就位。对于残疾人专用厕所应不小于2000mm×2000mm。

厕位内应设900mm高的水平关门拉手，坐便器与轮椅座面平齐，高450mm，坐便器两侧应设安全抓杆。

男厕小便器下口高度不应超过500mm，小便器两侧和上方设安全抓杆，洗手盆前要留有1000mm×1000mm的轮椅使用面积，洗手盆前设安全抓杆（图188）。

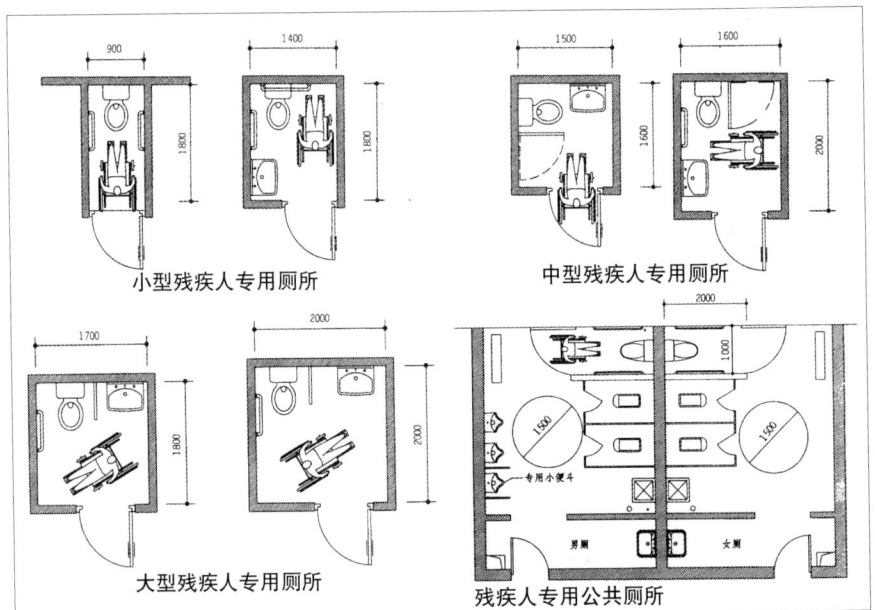

小型残疾人专用厕所 中型残疾人专用厕所

大型残疾人专用厕所 残疾人专用公共厕所

图188

10.浴室

浴室内设回旋空间、安全抓杆、呼叫设施、更衣台、淋浴座椅。洗浴台高应与轮椅座面平齐,高450mm(图189)。

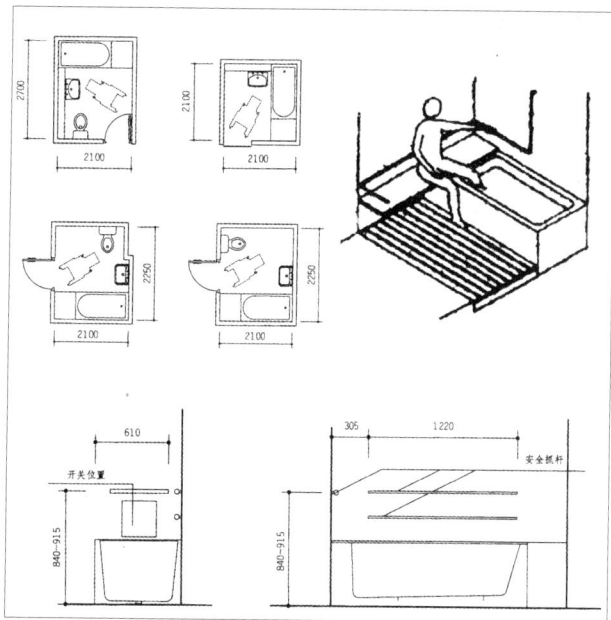

图189

11.安全抓杆

安全抓杆设在厕所坐便器、小便器、蹲式便器、洗水盆、盆浴间、淋浴间的周围,以方便老人和残疾人使用。其形式有水平式、直立式、旋转式、吊环式。

安全抓杆采用不锈钢管制作,管径为30~40mm。安装在墙壁上的安全抓杆内侧距墙40mm。

(1)厕位安全抓杆

在坐便器两侧安装高700mm的水平抓杆,其中至少一侧要安装高1400mm的垂直抓杆,供残疾人从轮椅上平移到坐便器上和挂拐杖者在起立时用(图190)。

吊环式抓杆设在坐便器上方,切不可左右移动和旋转。使用时往往比水平抓杆省力,还节省空间,可使轮椅安全靠近坐便器(图191)。

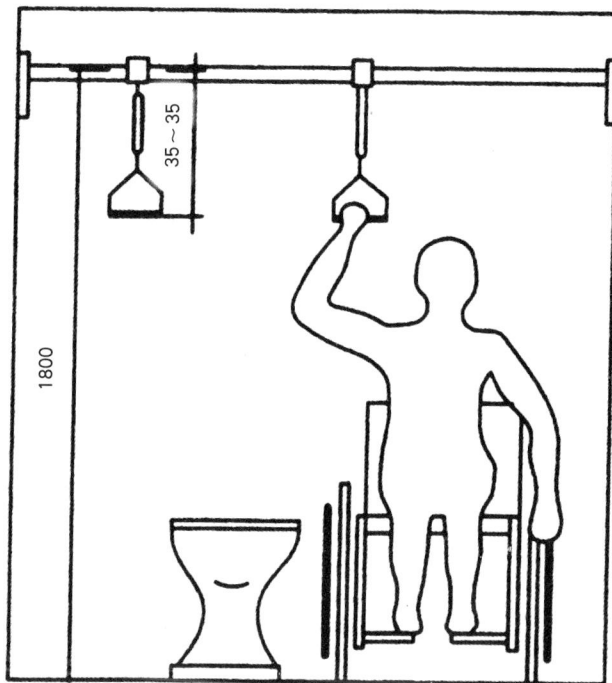

图191

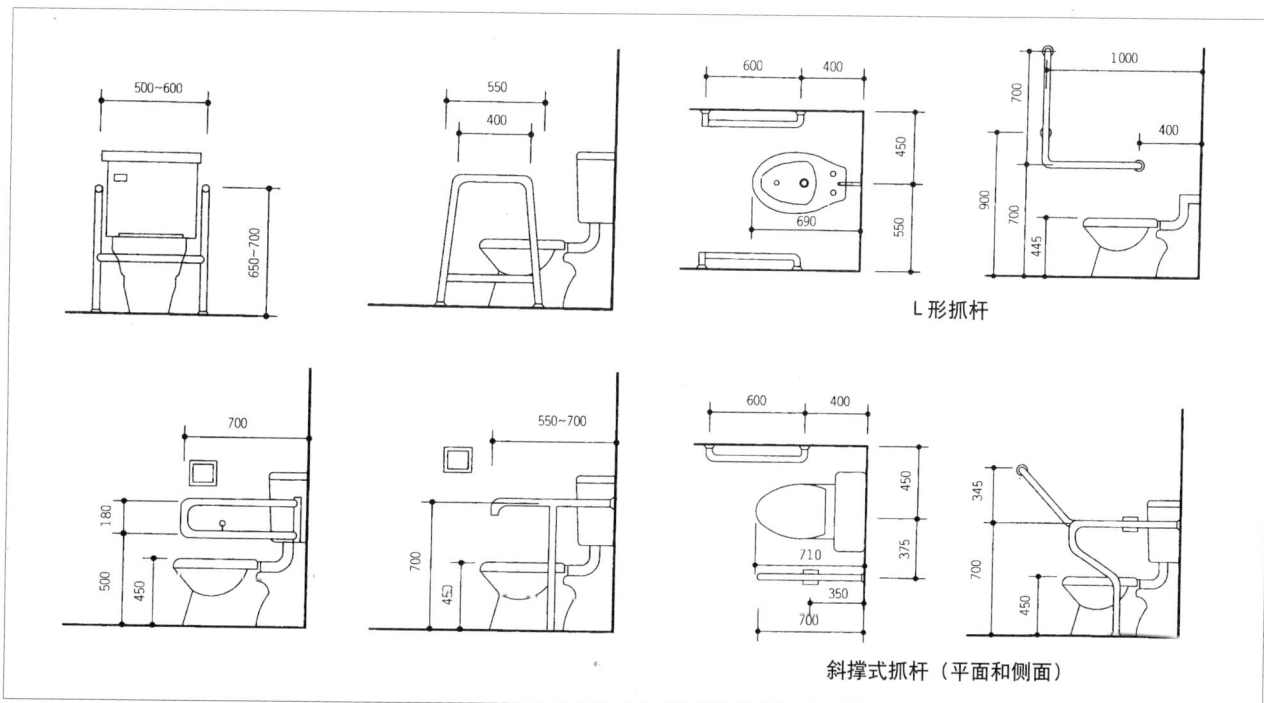

图190

男厕至少要有一个小便器设安全抓杆,两侧抓杆间距600～650mm,高900mm,水平长度为550mm,上部横向抓杆高1200mm,距墙250mm,主要是供残疾人将上身胸部靠住,使重心更稳定。悬臂式小便器外口高度不应大于500mm(图192)。

洗手盆三面的抓杆应距盆50mm,高出盆面50mm,两侧抓杆的水平长度比洗手盆长出150～250mm。抓杆可做成落地式或悬挑式,但要方便乘轮椅者靠近洗手盆下部空间(图193)。

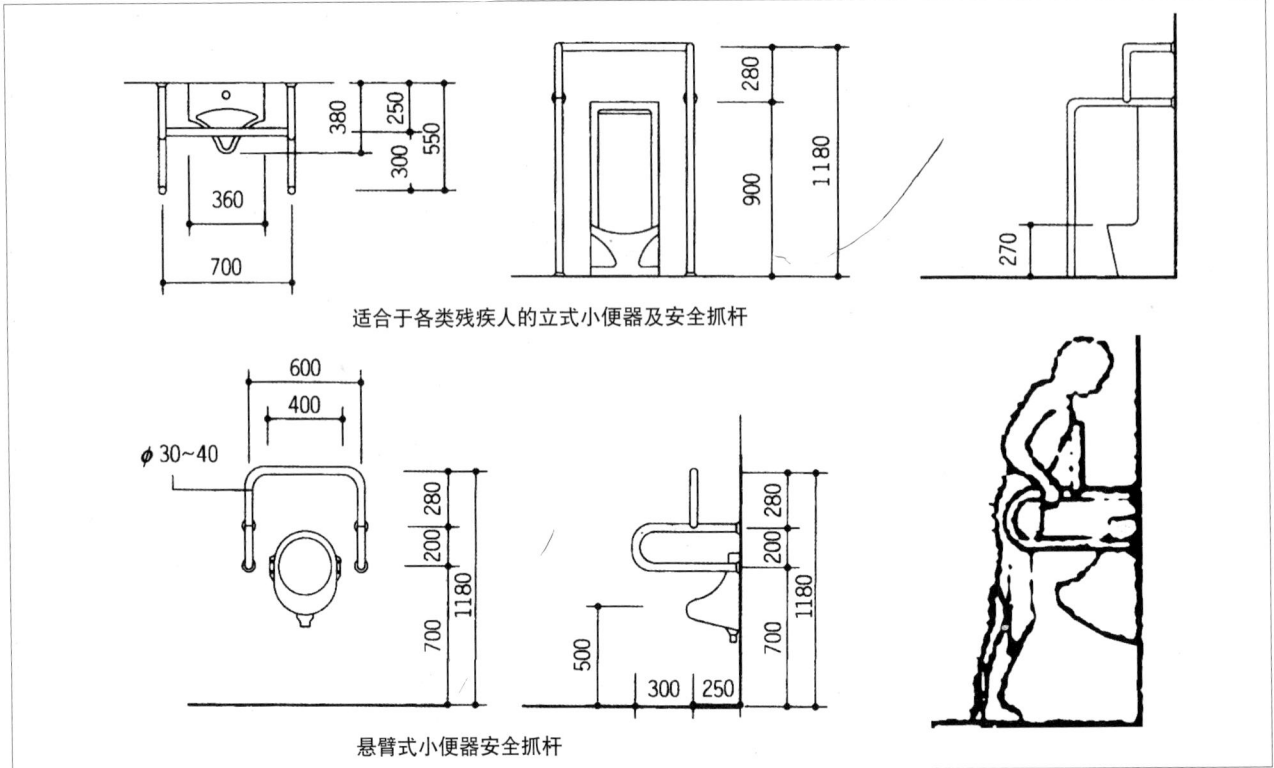

适合于各类残疾人的立式小便器及安全抓杆

悬臂式小便器安全抓杆

图192

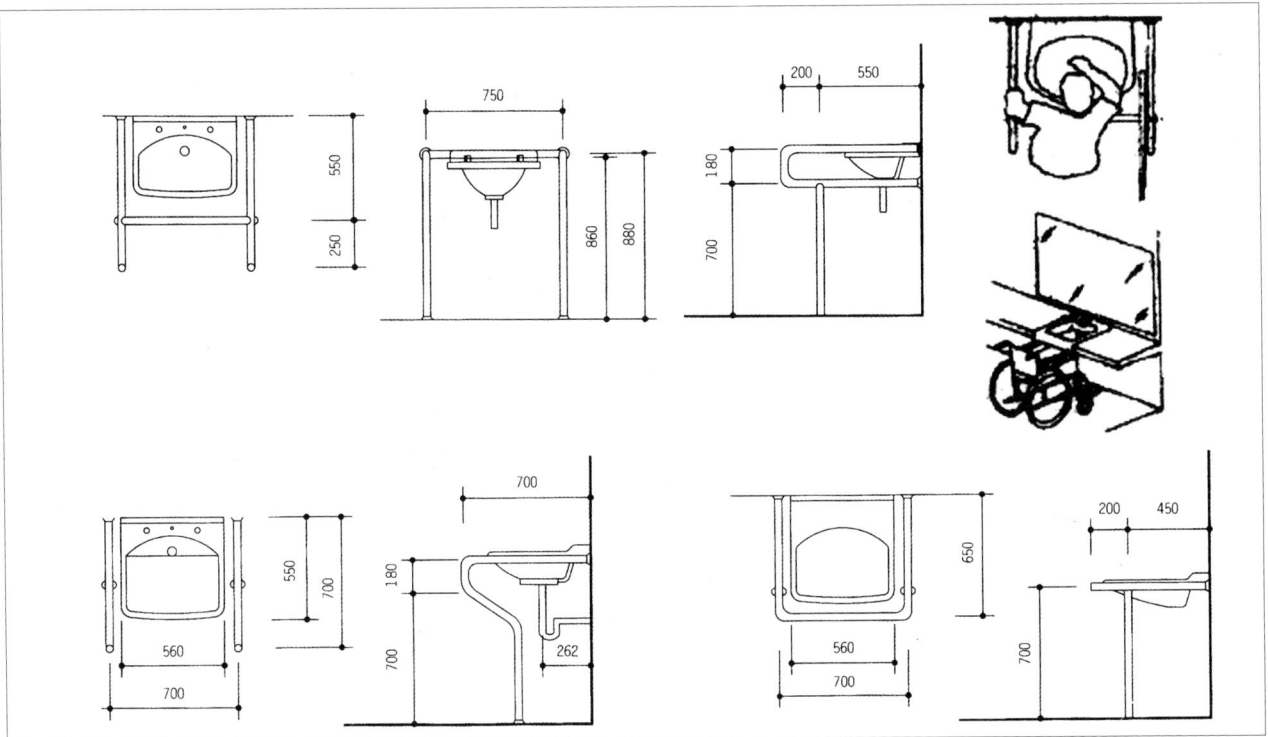

图193

(2) 盆浴间、淋浴间安全抓杆

盆浴间抓杆设在浴盆里侧和浴台一侧的墙上，为方便不同残疾人使用，在浴盆里侧墙面设高低两层抓杆为好，高度分别为900mm和600mm，水平长1200mm。洗浴座一侧抓杆设一层即可，高600mm，水平长600mm。

淋浴间在更衣座台及淋浴座两侧墙面上设高900mm、长600~800mm的抓杆。同时在淋浴座椅一侧设与水平抓杆垂直高1400~1600mm的抓杆，可方便挂拐杖残疾人和老人使用（图194）。

12.轮椅客房

一般100套客房应设一套轮椅客房，且位于低层靠近服务台处，同时与公共活动区及安全出口靠近。

在客房内留有直径不小于1500mm的轮椅回转空间，以方便乘轮椅者使用。客房的床高、坐便器高、浴盆或淋浴座椅高度应与轮椅坐高一致，即450mm。为方便残疾人进行转移，在卫生间及客房的适当部位，需设紧急呼叫按钮（图195）。

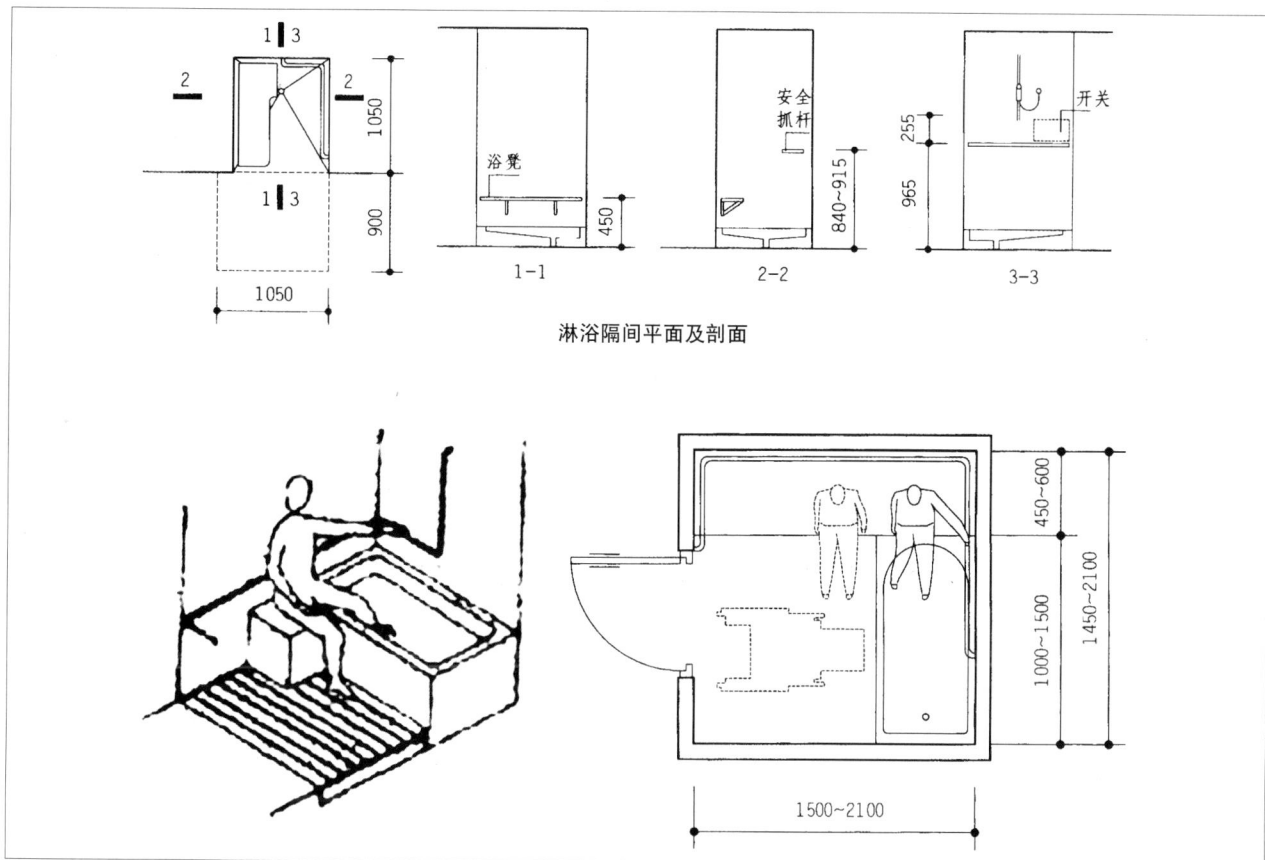

淋浴隔间平面及剖面

图194

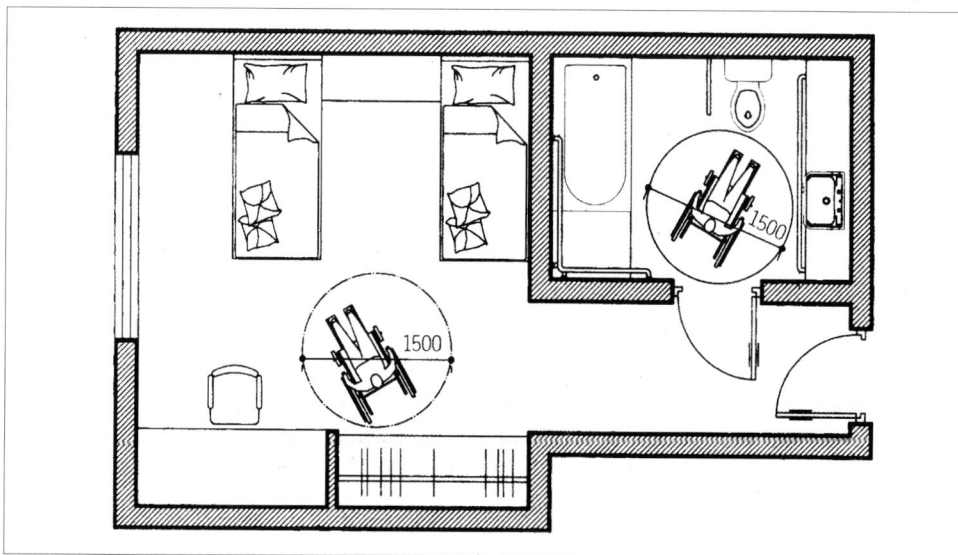

图195

13.轮椅席位

在会堂、法庭、图书馆、影院、音乐厅、体育馆等观众厅及阅览室应设轮椅席位，一般每400个席位设一个轮椅席位，一般设在出入方便的地方。

轮椅席位深为1100mm，宽800mm，地面平坦。为防止乘轮椅者和其他观众座椅碰撞，在轮椅席周围宜设高400～800mm的栏杆或挡板，席位地面应绘无障碍标志（图196）。

14.停车车位

残疾人停车车位不应少于总车位的2%，车位地面绘无障碍标志，停车场要求平整，车位一侧要留出1200mm以上的轮椅通道，两车位可共用一个通道。

为了安全，轮椅通道不应与车行道交叉，要通过宽1500mm的安全步道直接到达建筑入口（图197）。

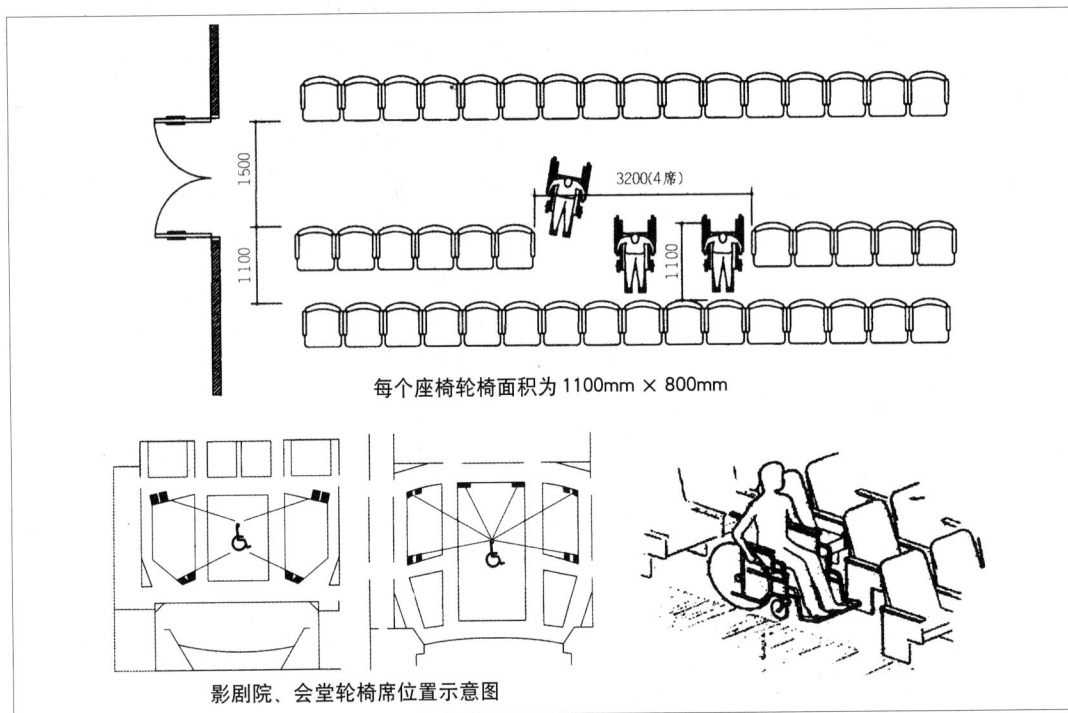

每个座椅轮椅面积为 1100mm × 800mm

影剧院、会堂轮椅席位置示意图

图 196

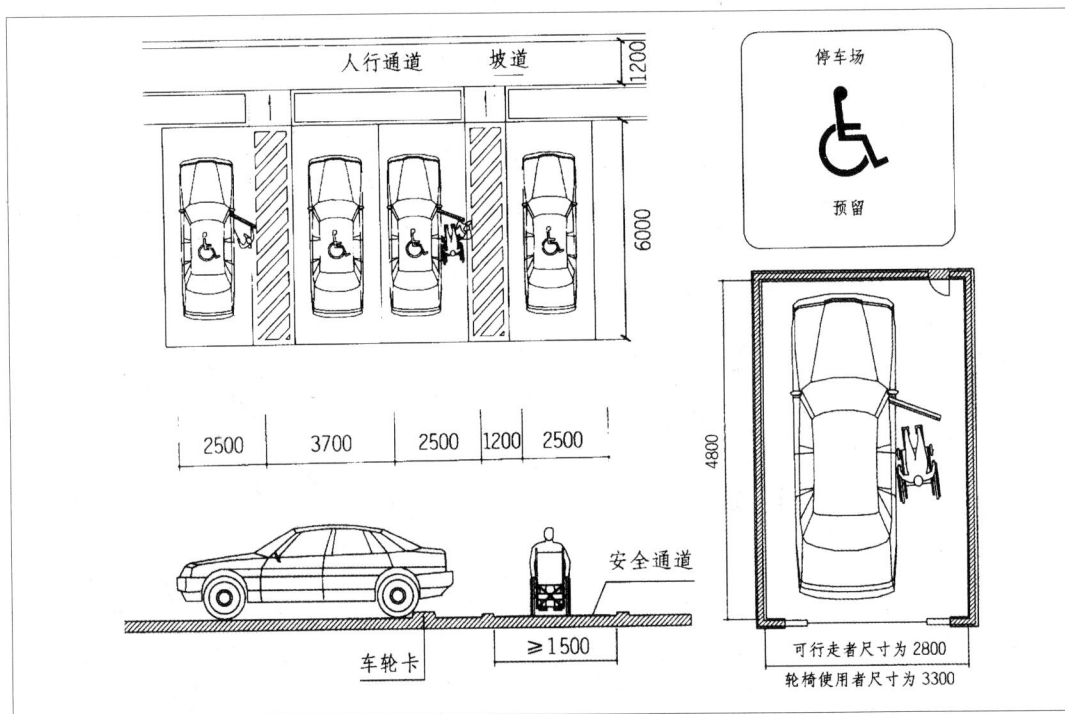

图 197

15.国际通用无障碍标志

国际通用无障碍标志是国际康复协会于1960年在爱尔兰首都都柏林召开大会时通过的。

此标志是用来帮助残疾人在视觉上辨认和引导其行动的符号，标牌为白底黑色轮椅图案，轮椅方向指明方向，其方向左右可换（图198）。

凡符合无障碍设计标准的道路和建筑物,会在其显著位置挂上无障碍标志，如广场、公园、停车场、室内处坡道、电梯、电话、洗手间、轮椅席等处（图199）。

无障碍标志的大小要与其观看距离相匹配，大小为100mm × 100mm 到 400mm × 400mm，其一侧和下方可注以文字说明。

对于视力残疾者，应设置触觉地图、导盲声体、触觉信号等导向。

图198

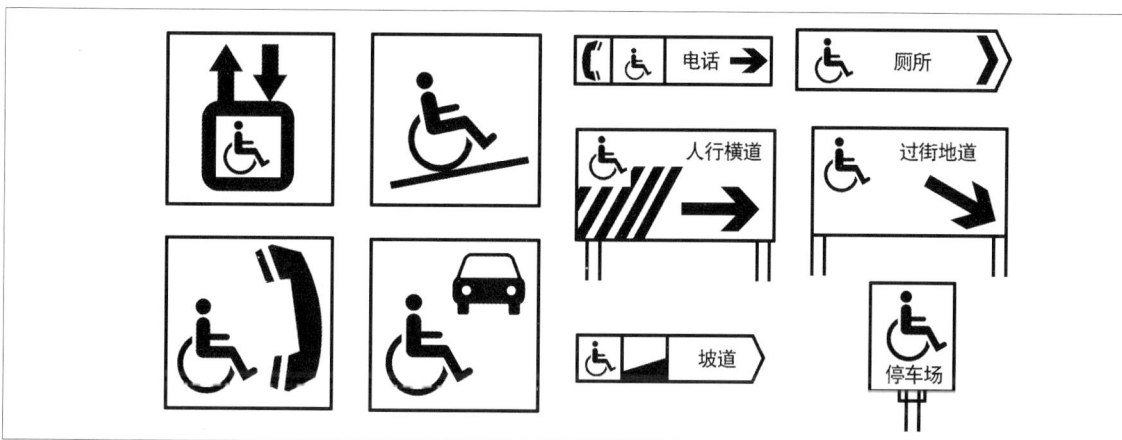

图199

三、城镇道路无障碍设计

（一）缘石坡道

1.缘石坡道石坡规格（图200）：

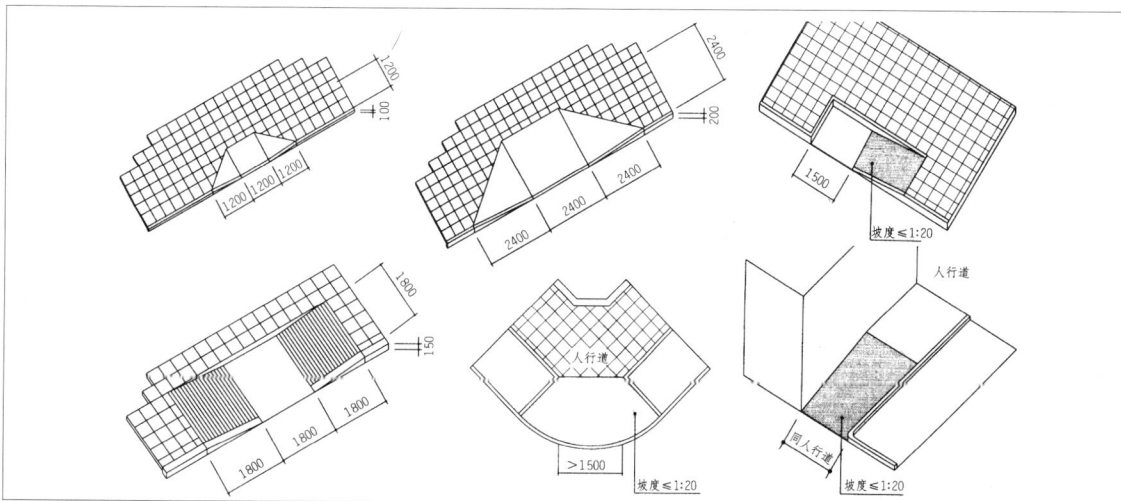

图200

2.人行横道缘石坡道（图201）

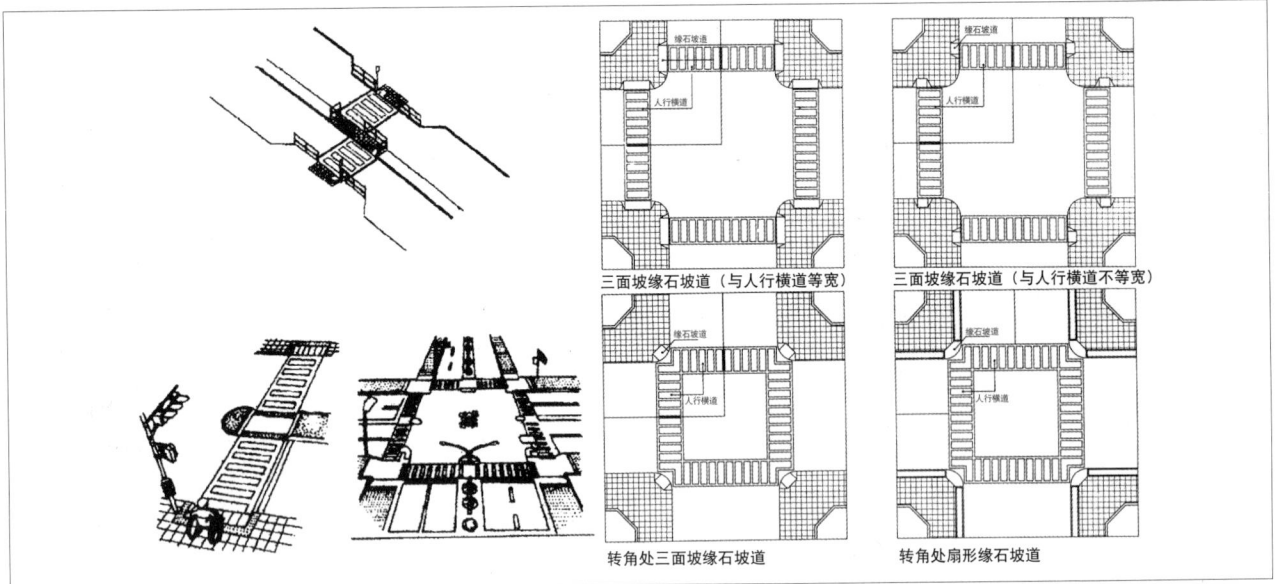

三面坡缘石坡道（与人行横道等宽）　　三面坡缘石坡道（与人行横道不等宽）

转角处三面坡缘石坡道　　　　　　转角处扇形缘石坡道

图201

（二）过街天桥与过街地道

1.形式

(1) 阶梯式：直线式上下阶梯式、折返式上下阶梯式、螺旋形上下阶梯式、带休息平台的阶梯式。

(2) 坡道式：直线形上下坡道、折返形上下坡道、弧线形上下坡道、带休息平台的坡道（图202）。

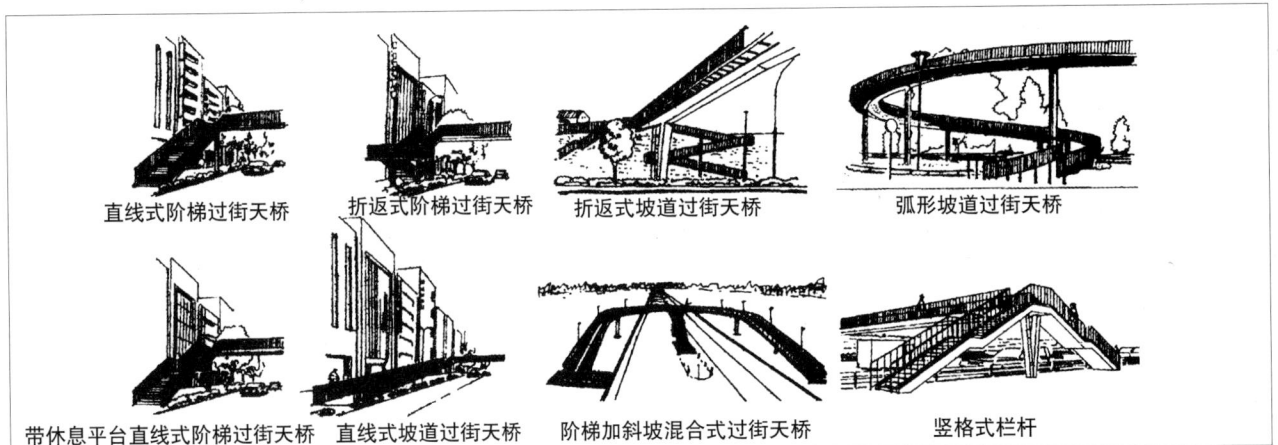

直线式阶梯过街天桥　　折返式阶梯过街天桥　　折返式坡道过街天桥　　弧形坡道过街天桥

带休息平台直线式阶梯过街天桥　　直线式坡道过街天桥　　阶梯加斜坡混合式过街天桥　　竖格式栏杆

图202

2.坡度与宽度设计要求（表48）

表48　过街天桥与过街地道设计要求

	类别		标准宽度	下限宽度(m)	最小宽度(m)（有困难地段）
阶梯式	直线形上下的阶梯	阶梯	1：2(50%)		
	折返形上下的阶梯			1.50	1.20
	螺旋形上下的阶梯	阶梯加斜坡	1：4(25%)		
	带休息平台的阶梯			2.10	1.80
坡道式	直线形上下的坡道	坡道	1：12(8%)最大的1：8		
	折返形上下的坡道			2.00	1.70
	弧线形升降的坡道				
	带休息平台的坡道				

3.栏杆及扶手设计（图203）

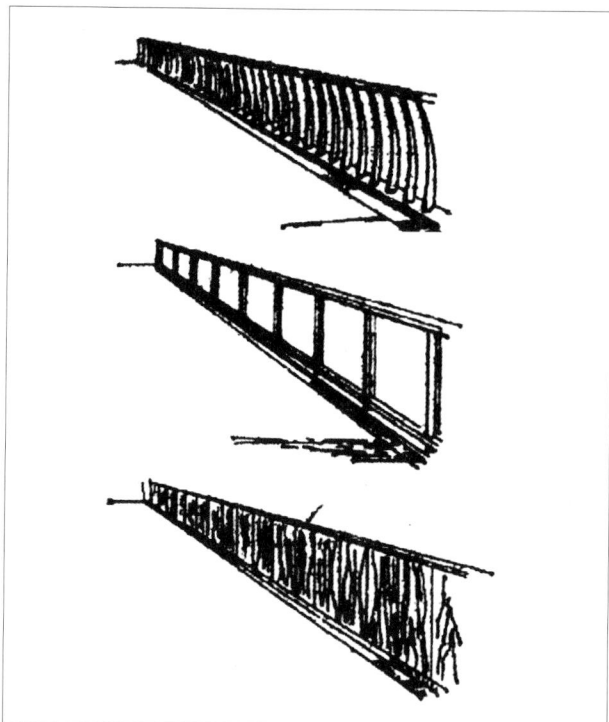

图203

（三）盲道设计

盲道是为了指引视残者向前行走和告知前方路线的

空间环境将出现的变化或到达的位置。盲道分为行进盲道（导向砖）和提示盲道（位置砖）两种（图204）。

1.行进盲道

其呈条状形，每条高出地面5mm，人脚底触及可产生感觉，以起到引导方向的作用。

行进盲道一般宽为300～600mm，常设在距绿化带或树池250～300mm处，行进盲道应躲开不能拆迁的柱杆和树木及拉线等地上障碍物。

行进盲道转弯处的做法（图205）：

2.提示盲道

提示盲道呈圆点形，每个圆点高出地面5mm，提示盲道同样会使盲杖和脚产生感觉，可告知视力残疾者前方的空间环境将出现变化，以便提前做好心理准备（图206）。

提示盲道的铺设位置如下：

(1) 行进盲道的转弯位置；

(2) 行进盲道的交叉位置；

(3) 地面有高差的位置：应在距台阶或坡道250～400mm处铺设宽400～600mm，长度大于台阶或坡道1/2的提示盲道，告知视力残疾者前方地面将出现高差；

(4) 无障碍设施位置：供残疾人用电梯、电话、客房门口、洗手间等位置。

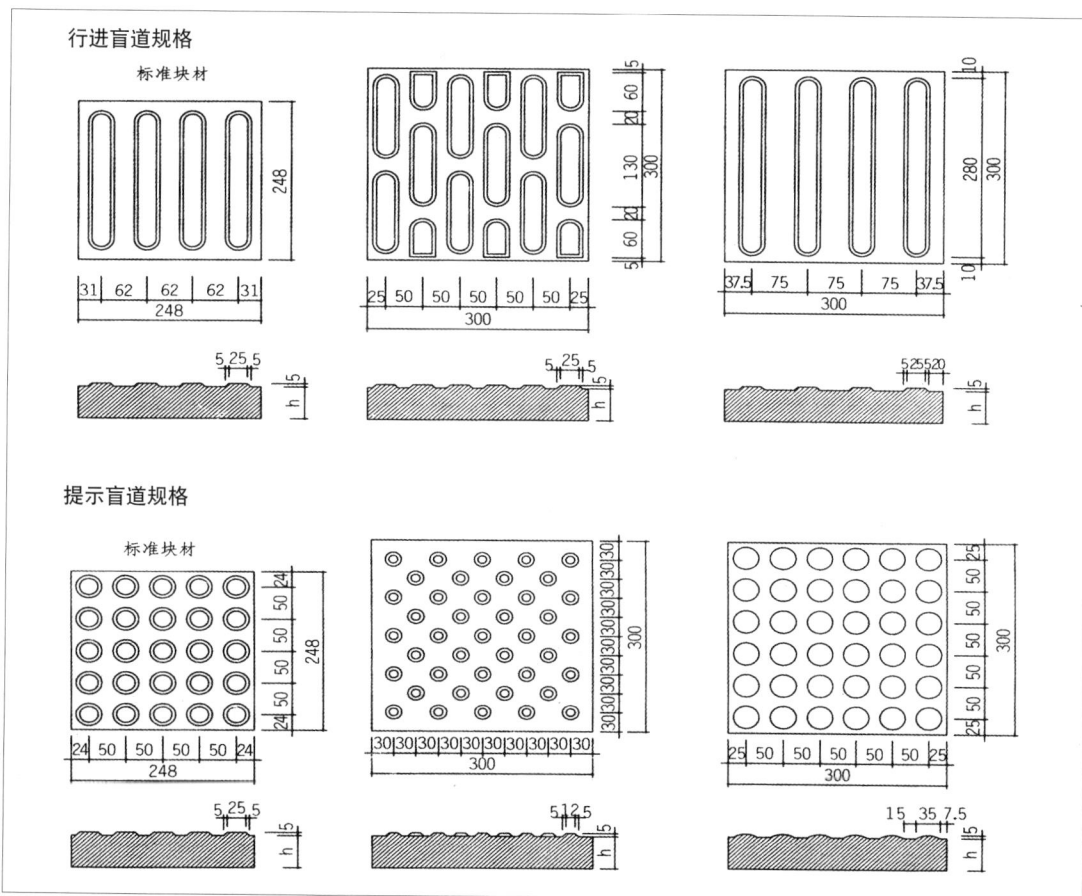

图204

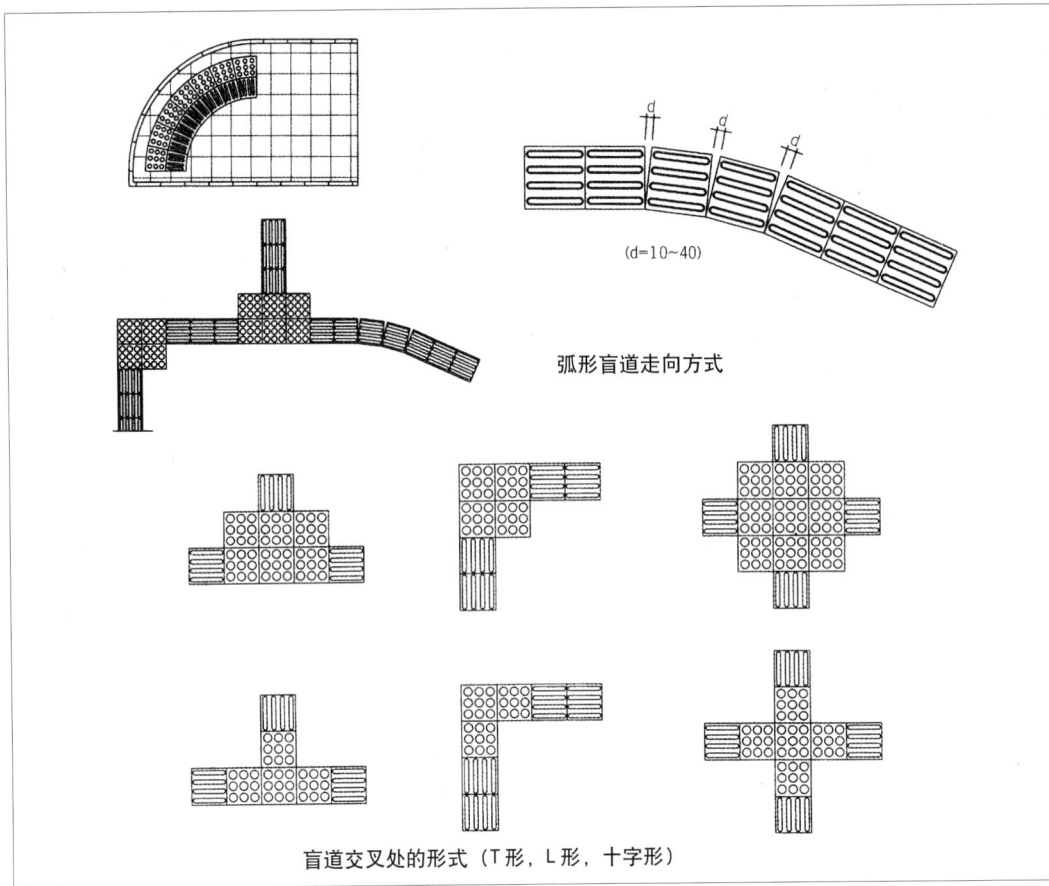

(d=10~40)

弧形盲道走向方式

盲道交叉处的形式（T 形，L 形，十字形）

图 205

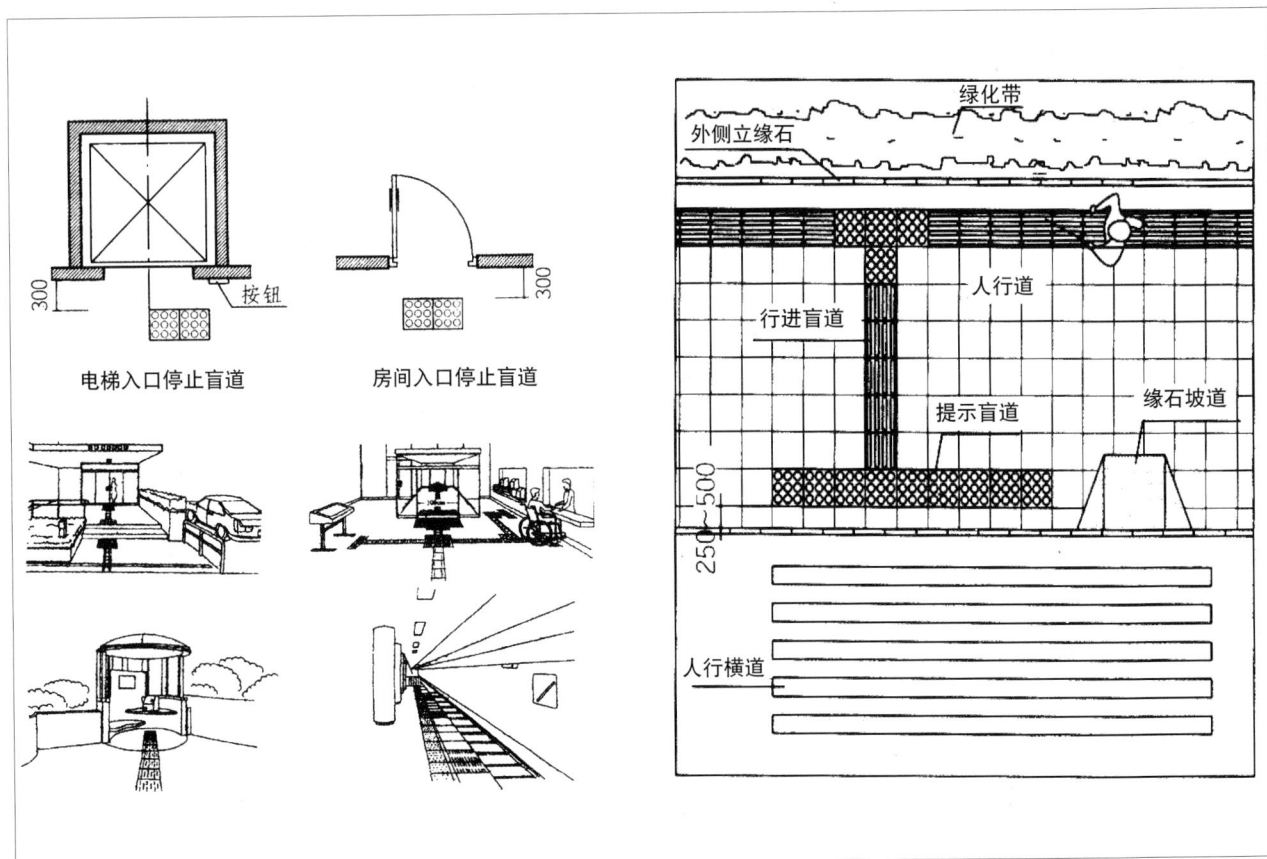

按钮

300　　　　　　　300

电梯入口停止盲道　　房间入口停止盲道

绿化带

外侧立缘石

人行道

行进盲道

提示盲道

缘石坡道

250~500

人行横道

图 206

附：我国人体构造尺寸

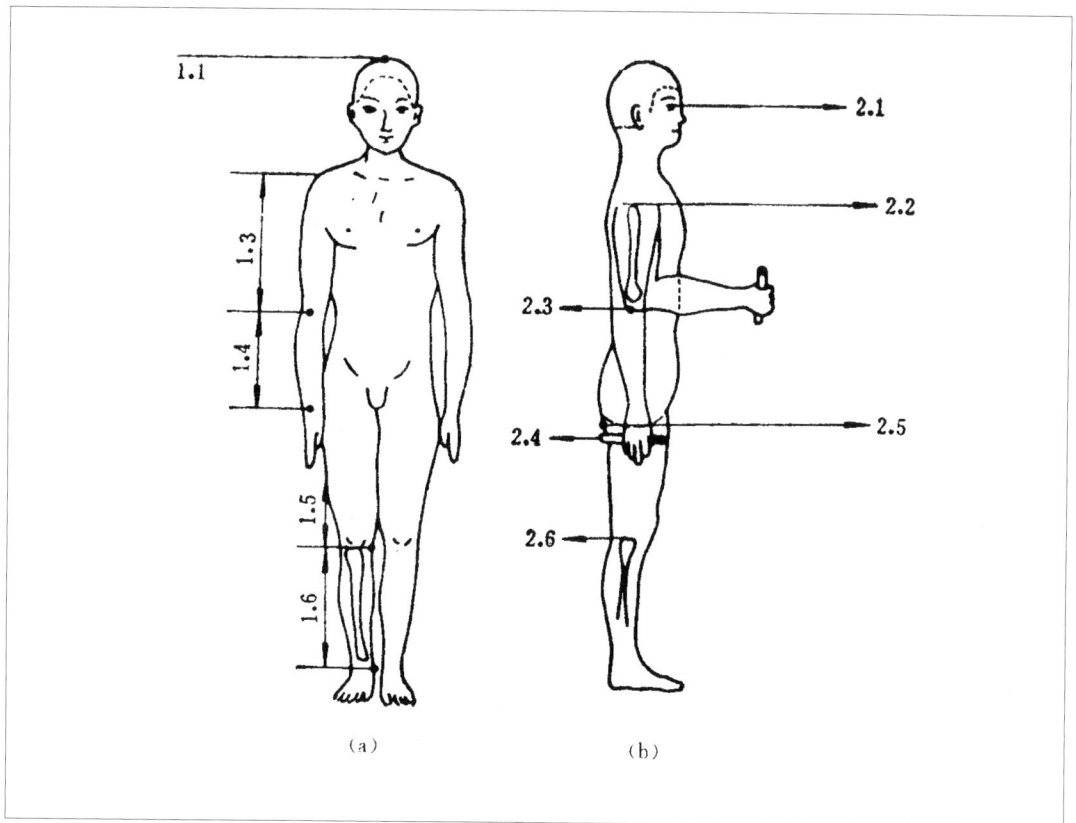

（a）　　　　　（b）

人体主要尺寸

测量项目	年龄分组 百分位数	男(18～60岁)							女(18～55岁)						
		1	5	10	50	90	95	99	1	5	10	50	90	95	99
1.1 身高 (mm)		1543	1583	1604	1678	1754	1775	1814	1449	1484	1503	1570	1640	1659	1697
1.2 体重 (kg)		44	48	50	59	71	75	83	39	42	44	52	63	66	74
1.3 上臂长 (mm)		279	289	294	313	333	338	349	252	262	267	284	303	308	319
1.4 前臂长 (mm)		206	216	220	237	253	258	268	185	193	198	213	229	234	242
1.5 大腿长 (mm)		413	428	436	465	496	505	523	387	402	410	438	467	476	494
1.6 小腿长 (mm)		324	338	344	369	396	403	419	300	313	319	344	370	376	390

立姿人体尺寸

测量项目	年龄分组 百分位数	男(18～60岁)							女(18～55岁)						
		1	5	10	50	90	95	99	1	5	10	50	90	95	99
2.1 眼高 (mm)		1436	1471	1495	1568	1643	1664	1705	1337	1371	1388	1454	1522	1541	1579
2.2 肩高 (mm)		1244	1281	1299	1367	1437	1455	1494	1166	1195	1211	1271	1333	1350	1385
2.3 肘高 (mm)		925	954	968	1024	1079	1090	1128	873	899	913	960	1009	1023	1050
2.4 手功能高 (mm)		656	680	693	741	787	801	828	630	650	662	704	746	757	778
2.5 会阴高 (mm)		701	728	741	790	840	856	887	648	673	686	732	779	792	819
2.6 胫骨点高 (mm)		394	409	417	444	472	481	498	363	377	384	410	437	444	459

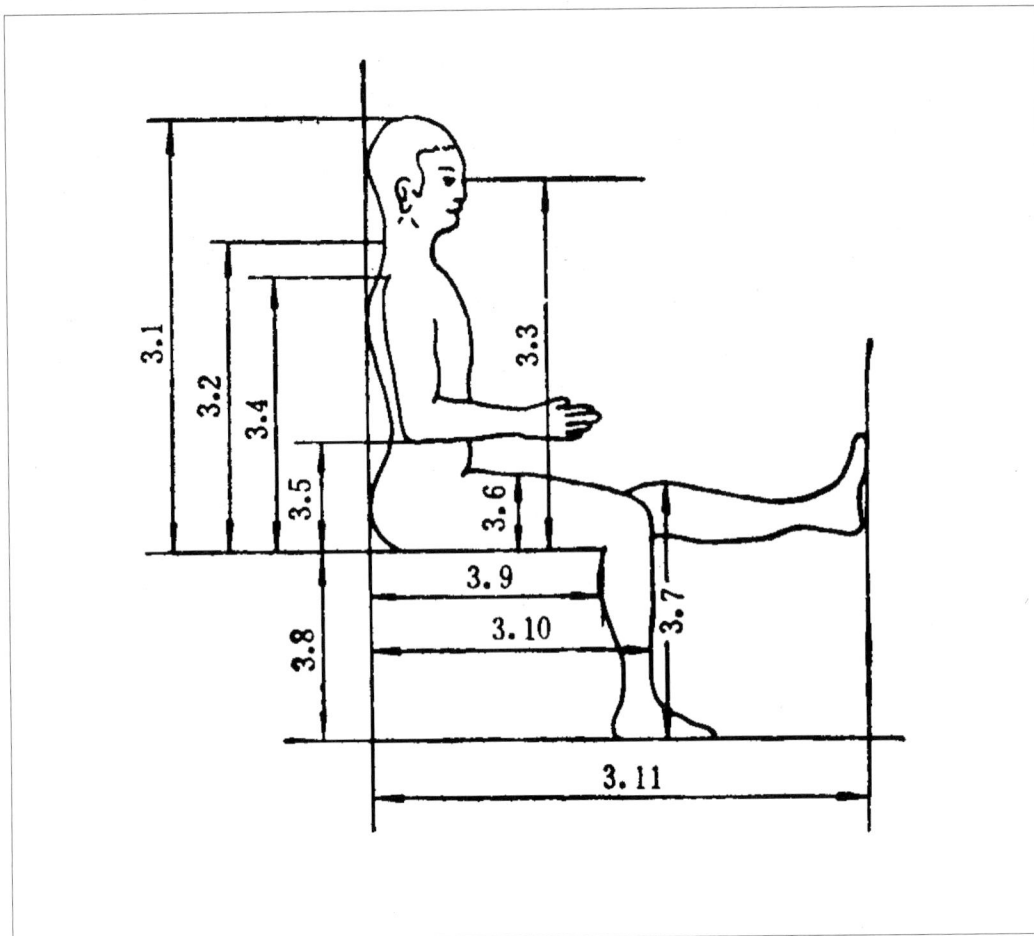

坐姿人体尺寸

测量项目 \ 年龄分组 百分位数	男(18～60岁)							女(18～55岁)						
	1	5	10	50	90	95	99	1	5	10	50	90	95	99
3.1 坐高	836	858	870	908	947	958	979	789	809	819	855	891	901	920
3.2 坐姿颈椎点高	599	615	624	657	691	701	719	563	579	587	617	648	657	675
3.3 坐姿眼高	729	749	761	798	836	847	868	678	695	704	739	773	783	803
3.4 坐姿肩高	539	557	566	598	631	641	659	504	518	526	556	585	594	609
3.5 坐姿肘高	214	228	235	263	291	298	312	201	215	223	251	277	284	299
3.6 坐姿大腿厚	103	112	116	130	146	151	160	107	113	117	130	146	151	160
3.7 坐姿膝高	441	456	464	493	523	532	549	410	424	431	458	485	493	507
3.8 小腿加足高	372	383	389	413	439	448	463	331	342	350	382	399	405	417
3.9 座深	407	421	429	457	486	494	510	388	401	408	433	461	469	485
3.10 臀膝距	499	515	524	554	585	595	613	481	495	502	529	561	570	587
3.11 坐姿下肢长	892	921	937	992	1046	1063	1096	826	851	865	912	960	975	1005

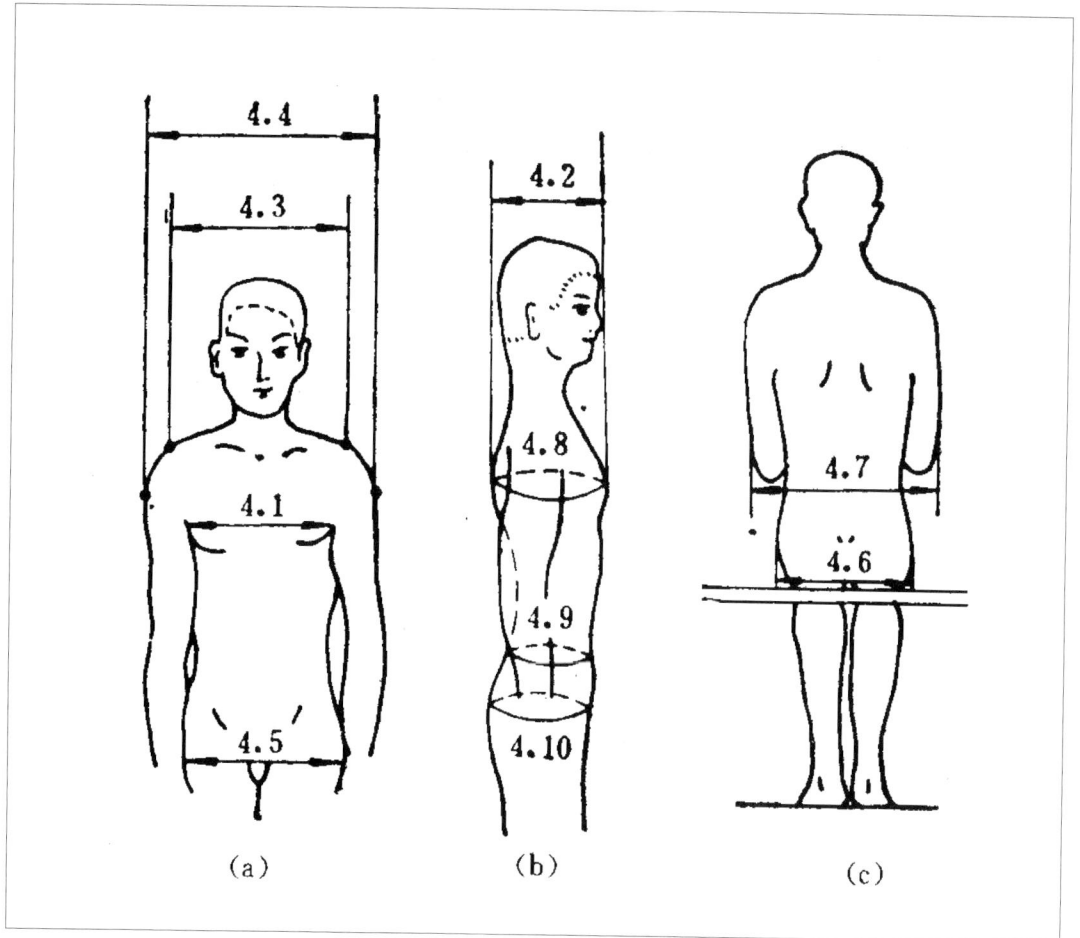

(a)　　　　　　　　　　(b)　　　　　　　　　　(c)

人体水平尺寸

测量项目	年龄分组 百分位数	男(18~60岁)							女(18~55岁)						
		1	5	10	50	90	95	99	1	5	10	50	90	95	99
4.1胸宽		242	253	259	280	307	315	331	219	233	239	260	289	299	319
4.2胸厚		176	186	191	212	237	245	261	159	170	176	199	230	239	260
4.3肩宽		330	344	351	375	397	403	415	304	320	328	351	371	377	387
4.4最大肩宽		383	398	405	431	460	469	486	347	363	371	397	428	438	458
4.5臀宽		273	282	288	306	327	334	346	275	290	296	317	340	346	360
4.6坐姿臀宽		284	295	300	321	347	355	369	295	310	318	344	374	382	400
4.7坐姿两肘间宽		353	371	381	422	473	489	518	326	348	360	404	460	478	509
4.8胸围		762	791	806	867	944	970	1018	717	745	760	825	919	949	1005
4.9腰围		620	650	665	735	859	895	960	522	659	680	772	904	950	1025
4.10臀围		780	805	820	875	948	970	1009	795	824	840	900	975	1000	1044

主要参考书目：

1.《室内设计资料集》\中央工艺美术学院 张绮曼、郑曙旸　主编\中国建筑工业出版社1994年

2.《人体工程学与室内设计》\同济大学刘盛璜编著\中国建筑工业出版社2004年

3.《工业设计人机工程》\北京理工大学阮宝湘、邵祥华编著\机械工业出版社2005年

4.《人体尺度与室内空间》\龚锦编译、曾坚校\天津科技出版社1987年

5.《工业设计家应用人类工程学》\周美玉编著\中国轻工业出版社2001年

6.《室内人体工程学》\中央工艺美术学院张月编著\中国建筑工业出版社 1999年

7.《人机工程设计》\郭青山、汪元辉编\天津大学出版社1994年

8.《人机工程学》\朱序璋主编 \西安电子科技大学出版社1999年

9.《人机界面设计》\罗仕鉴、朱上上、孙守迁编著\机械工业出版社2002年

10.《建筑人体效能——建筑工效学》\杨公侠著\天津科技出版社2000年

11.《建筑室内与家具设计人体工程学》\李文彬、朱守林编著\中国林业出版社2002年

12.《环境心理学》\徐磊青、杨公侠编著\同济大学出版社2002年

13.《环境心理学与室内设计》\哈尔滨建筑大学常怀生编著\中国建筑工业出版社 2000年

14.《环境行为学概论》\李道增编著\清华大学出版社1999年

15.《环境心理学》\华中理工大学林玉莲、胡正凡编著\中国建筑工业出版社 2000年

16.《交往与空间》\[丹麦]扬.盖尔著、何人可译\ 中国建筑工业出版社 2002年

17.《建筑设计资料集》（第二版1）\中国建筑工业出版社 1994年

18.《城市无障碍环境设计》\周文麟编著\科学出版社2000年

19.《道路和建筑无障碍设计图说》\江海涛主编\山东科学技术出版社2004年

20.《无障碍设计概论》\刘连新、蒋宁山主编\中国建材工业出版社2004年

21.《国外建筑设计详图图集——无障碍建筑》\[日]荒木兵一、藤本尚久、田中直人著\中国建筑工业出版社
2000年